综合化学实验教程

主　编　王成刚　涂海洋
副主编　金　山　刘祖明

华中师范大学出版社
2012年·武汉

内 容 提 要

本书是华中师范大学国家实验教学示范中心近几年来教学改革和实践的结晶。全书共选编49个实验，主要来自中心前期的实验教学内容，教师的科研成果以及近些年文献上发表的比较重要的研究成果。实验内容涉及手性合成及催化、绿色合成、有机方法学、光化学、生物无机化学，以及纳米材料、导电复合材料制备和结构解析等，并使用红外光谱、紫外光谱、核磁共振谱、质谱、高效液相色谱、毛细管电泳等现代化大型仪器进行表征，体现了化学各二级学科之间及化学与材料、生命、环境等学科之间的交叉和融合。

本书可作为本科化学专业、化学教育专业、应用化学专业、药物化学专业和材料化学专业高年级学生的综合训练实验教学用书，也可供其他院校相关专业人员阅读和参考。

新出图证(鄂)字10号

图书在版编目(CIP)数据

综合化学实验教程/王成刚　涂海洋 主编. —武汉:华中师范大学出版社，2012.8
(21世纪高等院校示范性实验系列教材)
ISBN 978-7-5622-5668-7

Ⅰ.①综…　Ⅱ.①王…　②涂…　Ⅲ.①化学实验—高等学校—教材　Ⅳ.①O6-3

中国版本图书馆CIP数据核字(2012)第191589号

综合化学实验教程

©王成刚　涂海洋　主编

责任编辑:沈艳青　王文琴　　**责任校对**:罗　艺　　**封面设计**:罗明波
编 辑 室:第二编辑室　　**电话**:027－67867362
出版发行:华中师范大学出版社有限责任公司
社址:湖北省武汉市珞喻路152号
销售电话:027－67863426/67863280
邮购电话:027－67861321
传真:027－67863291
网址:http://www.ccnupress.com　　**电子信箱**:hscbs@public.wh.hb.cn
印刷:湖北恒泰印务有限公司　　**督印**:章光琼
字数:280千字
开本:889mm×1194mm　1/16　　**印张**:10.25
版次:2013年2月第1版　　**印次**:2013年2月第1次印刷
定价:19.80元

欢迎上网查询、购书

敬告读者:欢迎举报盗版，请打举报电话027－67861321

前 言

化学是一门实践性很强的学科，实验教学是培养高素质人才的一个重要环节，通过实验教学，不仅可以教授学生实验操作技能，同时还可以训练学生的思维能力，培养学生的创新精神和实践能力，随着化学学科的综合发展和学科间的交叉渗透，对人才思维方式综合化、多样化培养提出了更高的要求。

华中师范大学化学实验教学中心在1998年开始改革传统的建立在化学二级学科基础上的实验教学体系，尝试在一级学科框架下建立“基础化学实验、综合化学实验、研究设计实验”三层次实验教学新体系。综合化学实验课程是在基础化学实验的基础上开设的第二层次的化学实验教学，着重培养学生的综合化学实验技能、思维能力和信息处理以及加工能力等。该课程在高年级化学实验课程中打破传统的小而全的二级学科范围，保持化学学科的内在联系，在基础化学实验和研究设计实验之间起着承上启下、总结创新的作用，主要着重于对学生进行研究方法和思维能力的训练。

综合化学实验教学体系注重实验能力的培养，将“三基”(即基本知识、基本技能和基本方法)融会贯通并加以运用，为培养学生基本的研究能力打基础。一方面，实验通过强化基本知识、基本技能和基本方法，更重要的是掌握和了解化学学科发展的新的实验技术、手段及仪器等。另一方面是科学素质的培养，科学素养是社会进步的基本因素，成为一个国家综合国力和劳动者素质的重要组成部分，关系到一个国家的综合竞争能力和社会的全面进步，提高学生的科学素养成了世界各国科学教育改革的核心议题。

综合化学实验是基于“合成制备——分析表征——实际应用”的基本思路，选材既体现化学二级学科特色、知识和技能，又具有综合性，注重引导学生综合思维，学会基本的化学实验研究方法。

综合化学实验课程的设置针对实验项目进行了精心筛选、优化组合，使之更有利于启迪学生的科学思维和创新意识。

所以，不论是从化学学科本身的发展情况来看，还是从培养人才的目标来看，编写一本既能适应化学发展趋势，又能满足教学培养目标的新实验教材已迫在眉睫。

本书是华中师范大学化学实验教学中心综合化学实验课程近几年来教学改革和实践的结晶。在实验内容的选取上，一方面，实验难易程度适当，以便于学生对所学的知识系统化和实用化，有利于启发学生探究实验的思维；另一方面，实验具有现实意义，实验项目与生产和生活紧密结合，以激发学生的兴趣。在实验内容中，力求使学生了解现代化学研究的手段、仪器的原理及其使用方法，培养学生正确设计实验以解决实际问题的能力。随着科学技术的发展，对物质分析结果的可靠性要求的提高以及对残留限量的不断严格，分析仪器及应用技术必然会不断进步，当今科学仪器的发展呈现出自动化、微型化、多功能化、智能化和网络化的趋势，同时各种先进的实验手段也在不断涌现，因此，在综合化学实验课程体系的设置上我们充分地考虑化学学科的发展，使学生能适应化学甚至于社会的发展。三是培养学生通过查阅手册、工具书及其他信息源获得信息的能力，使学生初步获得化学科学研究的训练。科学研究是在继承和借鉴他人研究和发现的基础上，不断进行新探索的过程，文献资料作为前人研究成果的记录是科学研究的基础，因此学生通过查阅手册、工具书及其他信息是自主学习的关键，进而对实验内容进行设计和选择。不求“多”，但求“精”。全书共选编49个实验，一部分来自中心不同阶段的实验教学内容，一部分来自教师的科研成果，还有一部分则来自近些年文献上发表的比较重要的研究成果。实验内容涉及手性合成及催化、绿色合成、有机方法学、光化学、生物无机化学，以及纳米材料、导电复合材料制备和结构解析等，同时还涉及红外光谱、紫外光谱、核磁共振谱、质谱、高效液相色谱、毛细管电泳等现代化大型仪器进行分析，体现了化学各二级学科之间及化学与材料、生命、环境等学科之间的交叉和融合。

本书由王成刚、涂海洋担任主编并负责全书的统稿，金山和刘祖明担任副主编。负责华中师范大学综合化学实验课程教学的20余位教师参与了本书的编写。本书中的核磁共振资源数据来源于Spectral Database for Organic Compounds(SDBS)(http://riodb01.ibase.aist.go.jp/sdbs/cgi-bin/direct_frame_top.cgi)，红外光谱资源数据来源于上海有机所红外光谱数据库。同时由于本书涉及的知识面较多、较广，受编者水平有限，难免有错漏与不妥之处，敬请各位读者批评指正。

本书的内容适合于本科化学专业、化学教育专业、应用化学专业、精细化工专业和材料化学专业高年级学生的综合化学实验。

编　者

2012年6月

目　录

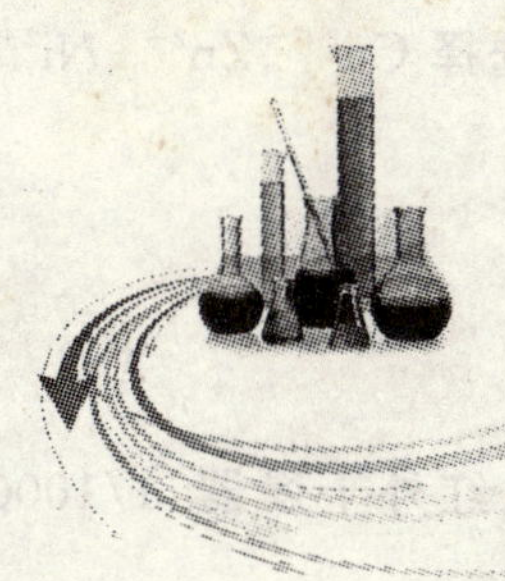

实验一
水杨醛缩邻苯二胺与Cu(Ⅱ)、Ni(Ⅱ)配合物的微波合成与表征

【背景知识】

微波是包含电场和磁场的电磁波，频率约为 3×10^{8} Hz～3×10^{11} Hz(波长 1 mm～1 m)，其电场对带电粒子产生作用力并使之迁移或旋转。由于微波中的电磁场以每秒 2.4×10^{9} Hz 的频率变换方向，通常的分子集合体如液体或固体根本跟不上如此快速的方向切换，因此产生摩擦而发热。微波加热的频率可以是 918 MHz 和 2.45 GHz。

物体在微波加热中的受热程度可以用下式表示：

$$\tan\delta=\varepsilon+\varepsilon'$$

式中，ε 是分子或分子集合体能被电场极化的程度，ε' 是介质将电能转化为热能的效率，而 $\tan\delta$ 值则表征物体在给定频率和温度下将电磁场能转化为热能的效率，它的大小取决于其物理状态、电磁波的频率、温度和混合物的成分。实验表明，微波介电加热的效果除了取决于物体本身的 $\tan\delta$ 值之外，还与反应物的粒度、数量及介质的热容量有关。

Liu 和 Wightman 最早将微波技术用于有机物分解反应。自 1986 年 Cedye 发现微波可以显著加快有机化学合成以来，微波技术在化学反应中的应用倍受重视。因为微波介电加热可以直接在普通家用微波炉中进行，具有时间短、耗能低和高效率等特点。如果选用 $\tan\delta$ 值大且沸点高的溶剂(如 DMF)，并采用微波加热快速升温(应注意使最高温度低于溶剂沸点以避免溶剂挥发)，则反应不仅可以在敞开的体系中进行，而且不会污染环境。

微波介电加热中的能量大约为几个焦每摩尔($J\cdot mol^{-1}$)，不能激发分子进入高能级，但是可以通过在分子中储存微波能量即通过改变分子排列等焓或熵效应来降低活化中的自由能。实验发现，采用微波介电加热可使反应物体中某些热点温度高于体相 50 ℃，活化了反应物分子并缩短了反应的“诱导期”，从而加快了反应。

由于微波介电加热是对反应物直接加热，因此，如果反应物的量足够大而又包含有偶极运动的分子，就可以采用“干反应”(不用溶剂传导热)，从而避免溶剂挥发造成的污染以及封闭体系反应中产生的压力过高等现象。

【实验目的】

1. 熟悉微波反应的基本原理及操作方法。
2. 掌握配位化合物的基本合成方法及微波合成的反应条件。
3. 掌握配位化合物基本性质的测定方法。

【实验原理】

邻苯二胺的两个氨基易与水杨醛的醛基反应，脱水缩合形成金黄色的晶体。

$$\text{邻苯二胺}(C_6H_8N_2)+\text{水杨醛}(C_7H_6O_2)\xrightarrow{\text{微波}}\text{配体}+H_2O$$

所生成的配体含有四齿，可与过渡金属离子形成稳定的配合物。本实验可选择 Cu^{2+}、Zn^{2+}、Ni^{2+} 等金属离子在微波辐射下与该配体反应，如：

$$配体+CuAc_2\cdot H_2O \xrightarrow{微波} 铜配合物+HAc+H_2O$$

【仪器与药品】

1. 仪器：MAS-Ⅰ型微波反应仪、熔点测定仪、摩尔电导率仪、循环式真空泵、红外干燥器、1/1000电子天平、圆底烧瓶

2. 药品：邻苯二胺、水杨醛、无水乙醇、DMF、$CuAc_2\cdot H_2O$、$NiAc_2\cdot 4H_2O$

【实验内容】

1. 配体的合成

(1)称取 0.33 g(约 3 mmol)邻苯二胺(M:108.14 g·mol^{-1})，放入 100 mL 圆底烧瓶中，加入 10 mL 无水乙醇，待邻苯二胺完全溶解后，再加入 0.8 mL(约 7.6 mmol)水杨醛(M:122.12 g·mol^{-1}，d:1.17)，放入小磁子。

(2)将装有样品的圆底烧瓶、连接管、冷凝管在微波炉中装配好并注意密闭性。

(3)设置反应条件：70 ℃，2 min；80 ℃，4 min。

(4)反应完毕后，关闭搅拌器和循环水，开启炉门(微波反应时严禁开启炉门!)，小心取出圆底烧瓶。

(5)将反应产物冷却至室温，用布氏漏斗抽滤，取 10 mL 乙醇洗涤产品。取固体，红外干燥，称量，计算产率。

2. Cu(Ⅱ)配合物的合成

(1)称取 0.20 g $CuAc_2\cdot H_2O$(M:199.65 g·mol^{-1})，放入 100 mL 烧杯中，加 10 mL 蒸馏水，搅拌使之溶解。

(2)称取 0.31 g 所制配体液放入小烧瓶中，加 10 mL DMF 使之溶解。

(3)将醋酸铜溶液加入含有配体溶液的小烧瓶中。

(4)反应条件设置：85 ℃，2 min；95 ℃，4 min。

(5)将反应产物冷却至室温，用布氏漏斗抽滤，取 10 mL 乙醇洗涤产品。取固体，红外干燥，称量，计算产率。

也可选取 Ni(Ⅱ)盐、Zn(Ⅱ)盐来制备配合物。

3. 熔点的测定

用熔点测定仪测配体的熔点。

4. 配合物摩尔电导率的测定

将所制备的配合物配制成 0.010 mol·L^{-1} 的 DMF 溶液 10.00 mL。用摩尔电导率仪测定配合物的摩尔电导率。

5. 实验结果和处理

配体属单斜晶系，$P2(1)/c$ 空间群。晶胞参数：$a=0.5971(7)$ nm，$b=1.6585(19)$ nm，$c=1.6340(19)$ nm；$\beta=91.56(2)°$，$V=1.618(3)$ nm^3。如图 1-1 所示是配体的结构单元，如图 1-2 所示是配体的晶胞堆积图。

(1)写出配体和配合物的合成反应方程式(合成路线)，并给出化合物结构。

(2)设计一个合理的表格，给出配体和配合物的反应时间、用量、产量、产率、颜色、熔点、摩尔电导率等信息，并给出产率的计算过程。

水杨醛的结构为：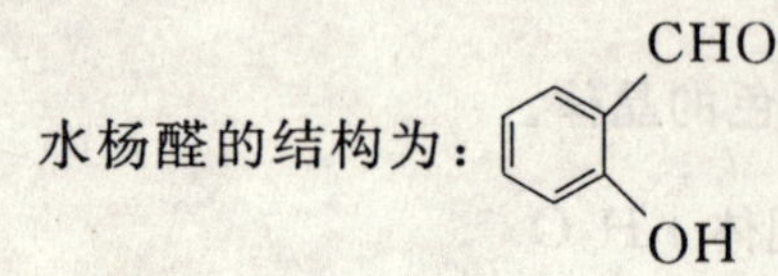

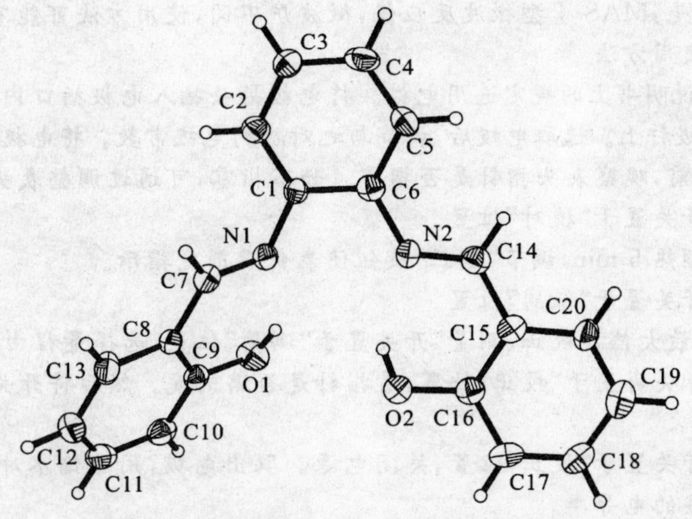

图 1-1　配体的结构单元

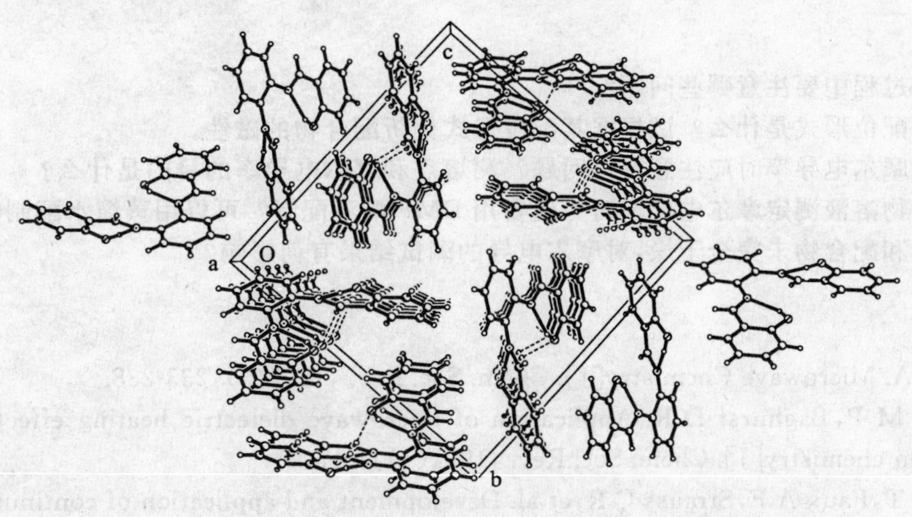

图 1-2　配体的晶胞堆积图

注意：铜配合物 $M=377.5\ \mathrm{g\cdot mol^{-1}}$。

【注意事项】

1. 微波炉使用方法

打开炉门，打开电源开关，开启搅拌器，检查搅拌是否正常。

打开电源或按“复位”键(或按“预置”键)后，自动显示“方案 0”→“工步 1”，设置温度、时间后按“确定”键；自动显示“方案 0”→“工步 2”，设置温度、时间；可多步设置。设置完成后按“确认”键，关闭微波炉门，按下“启动”键，再依次按“确认”键、“运行”键，即开始微波加热反应。

反应过程中如出现意外或需更改设置，按“暂停”键。

2. 熔点测定注意事项

取两片干净、干燥的盖玻片，在其中一片上放适量的待测物品(量一定要少)，并使样品均匀分布，盖上另一片盖玻片，轻轻压实，然后放置在热台中心，盖上隔热玻璃，调好显微镜。

升温调节按钮调至“手控”，打开电源开关，调节“1”、“2”旋钮至最大，升温，当温度升至 140 ℃时，应降低升温速率，使在熔点附近时的升温速率为 1 ℃ · $\mathrm{min^{-1}}$ 左右。在 158 ℃～168 ℃区间内观察配体的熔点。

测试完毕后关闭电源开关，小心取出被测物，谨防烫伤。

＊注：本实验使用的是：MAS-Ⅰ型微波反应仪，微波炉不同，使用方法可能不同。

3.摩尔电导率仪的使用方法

(1)按电导率仪使用说明书上的规定选用电极。将电极插头插入电极插口内，拧紧螺丝，将电极夹夹紧电极胶木帽，固定在电极杆上。选取电极后，调节与之对应的电极常数。将电极插入待测溶液数分钟。

(2)未打开电源开关前，观察表头指针是否指零。如不指零，可通过调整表头螺丝使指针指零。

(3)将“校对、测量”开关置于“校对”位置。

(4)打开电源开关，预热 5 min，调节“调正”旋钮使表针满刻度指示。

(5)将“高周、低周”开关置于“低周”位置。

(6)“量程”开关置于最大挡，“校正、测量”开关置于“测量”位置，选择量程由大到小至可读出数值。

(7)将“校正、测量”开关再置于“校正”位置，看指针是否满刻度。然后将开关返回“测定”位置，重复测定一次，取其平均值。

(8)将“校正、测量”开关置于“校正”位置，关闭电源。取出电极，用蒸馏水冲洗后用滤纸吸干，再重复上述步骤测定其他溶液的电导率。

(9)测试完毕后将“校正、测量”开关置于“校正”位置。关闭电源，拔下插头，用蒸馏水冲洗电极。

【思考题】

1.微波合成过程中要注意哪些问题？

2.配合物的配位形式是什么？试根据其配位形式分析配合物的磁性。

3.测熔点和摩尔电导率时应注意哪些问题？测熔点和摩尔电导率的目的是什么？

4.配制配合物溶液测定摩尔电导率时为何要用 DMF 溶液配制？可以用蒸馏水配制吗？

5.如果配体和配合物未完全干燥，对摩尔电导的测试结果有何影响？

【参考文献】

[1] Galema S A. Microwave Chemistry[J]. Chem. Soc. Rev. ,1997(3):233-238.

[2] Mingos D M P, Baghurst D R. Application of microwave dielectric heating effects to synthetic problems in chemistry[J]. Chem. Soc. Rev. ,1991(1):1-47.

[3] Cablewski T, Faux A F, Strauss C R, et al. Development and application of continuous microwave reactor for organic synthesis[J]. J. Org. Chem. ,1994(12):3408-3412.

[4] 黄卡玛，刘永清，唐敬贤，等.电磁波对化学反应非致热作用的实验研究[J].高等学校化学学报，1996(5):764-781.

[5] 邱琦，黄旭珊，吕维忠，等.2-取代苯并咪唑铜(Ⅱ)配合物的微波合成与表征[J].精细化工，2010(6):521-524.

[6] 张有明，刘勇，林奇，等.具有新颖嵌合作用的金属配合物的微波合成、晶体结构及性质研究[J].中国科学(化学)，2011(5):869-877.

兴趣实验

利用实验内容中第 1 步合成的配体，自选其他小分子有机配体(如咪唑等)、无机盐与溶剂，设计并合成不同的配合物。

要求：实验方案需经老师确认后方可进行实验，产品的处理需在教师的指导下进行。

(胡宗球　改编)

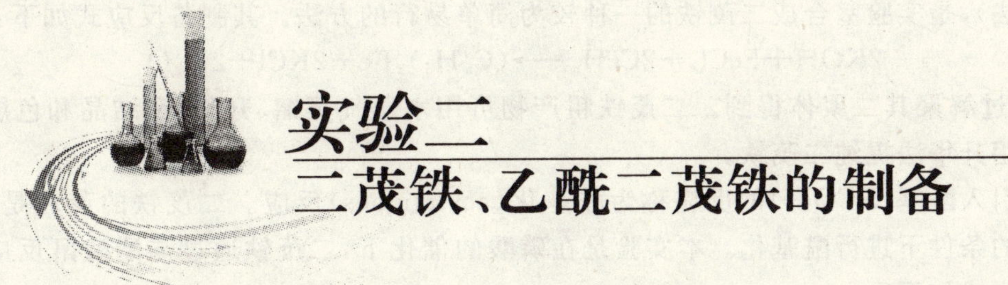

实验二 二茂铁、乙酰二茂铁的制备

【背景知识】

二茂铁(Ferrocene),又名双环戊二烯铁,化学式为$(C_5H_5)_2Fe$,具有独特的夹心结构,是目前已知的最稳定的金属有机化合物。

二茂铁的发现具有偶然性。1951年,美国杜肯大学(Duquesne University)的Pauson和Kealy试图用氯化铁氧化环戊二烯基溴化镁得到二烯氧化偶联的产物富瓦烯(Fulvalene)时,实际得到的是一个很稳定的橙黄色固体。与此同时,Miller、Tebboth和Tremaine在将环戊二烯与氮气混合气通过一种还原铁催化剂时也得到了该橙黄色固体。Woodward和Wilkinson等及Fischer等分别独自发现了二茂铁的夹心结构,并且Fischer等还在此基础上开始合成二茂镍和二茂钴。二茂铁的夹心结构被后来的NMR光谱和X射线晶体学的研究结果所证实。

二茂铁的发现具有里程碑式的意义,为有机金属化学掀开了新的帷幕,并从此进入了快速发展时期。1973年,Fischer及Wilkinson被授予诺贝尔化学奖,以表彰他们在有机金属化学领域的杰出贡献。

$C_5H_5MgBr \xrightarrow{FeCl_3}$ 富瓦烯 / 橙黄色固体

二茂铁在常温下为橙色晶体,有如樟脑的气味。熔点为173 ℃～174 ℃,沸点为249 ℃,在温度高于100 ℃时易升华。能溶于苯、乙醚、石油醚等大多数有机溶剂,基本上不溶于水,在沸腾的烧碱溶液或盐酸溶液中不溶解亦不分解。在乙醇或己烷中的紫外光谱于325 nm(ε=50)和440 nm(ε=87)处有最大吸收值。

二茂铁的化学性质与芳香族化合物相似,不容易发生加成反应,容易发生亲电取代反应,可进行金属化、酰基化、烷基化、磺化、甲酰化以及配体交换等反应,从而可制备一系列用途广泛的衍生物。现如今,二茂铁及其衍生物已被用作火箭燃料添加剂以改善其燃烧性能,还可用作汽油的抗震剂、硅树脂和橡胶的热化剂、紫外光的吸收剂等。

【实验目的】

1. 通过二茂铁、乙酰二茂铁的合成实验掌握无机制备中无水无氧实验操作的基本技能。
2. 学习升华法、重结晶法纯化化合物的操作技能。
3. 了解二茂铁的基本性质。

【实验原理】

二茂铁的制备方法较多,可分为化学合成法和电化学合成法两大类,其中化学合成法主要有环戊二烯钠法、二乙胺法、相转移催化法、二甲基亚砜法等。本实验采用的非水溶剂(乙醚/二甲亚砜)法(一种环戊二烯钠法)，是实验室合成二茂铁的一种较为简单易行的方法。其制备反应式如下：

$$2KOH+FeCl_2+2C_5H_6\longrightarrow(C_5H_5)_2Fe+2KCl+2H_2O$$

C_5H_6可经过解聚其二聚体得到。二茂铁粗产物可用水蒸气蒸馏、升华、重结晶和色层分离等方法提纯。本实验用升华法提纯二茂铁。

在芳环上引入酰基(RCO—)的反应称为酰基化(acylationes)反应。二茂铁的茂环是富电子基团，可以在较温和的条件下进行酰基化。本实验是在磷酸的催化下，二茂铁通过与醋酸酐反应得到目标产物。其制备反应式如下：

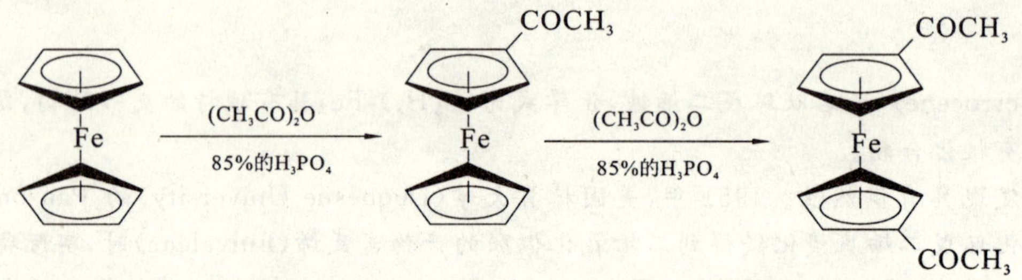

乙酰二茂铁粗产物可经过重结晶提纯。

【仪器与药品】

1. 仪器：温度计、分馏柱、单颈瓶、三颈瓶、尾接管、磨口空气冷凝管、冷凝管、恒压滴液漏斗、分液漏斗、量筒、蒸发皿、三角漏斗、锥形瓶、干燥管、滴管、抽滤瓶、布氏漏斗、可调温式电炉、水浴锅、电热套、石棉绳、磁力加热搅拌器、氮气钢瓶

2. 药品：无水氯化钙、四水二氯化铁、环戊二烯二聚体、无水乙醚、氢氧化钾、二甲亚砜、盐酸、乙酸酐、磷酸、碳酸氢钠、石油醚、冰、广泛 pH 试纸

【实验内容】

1. 环戊二烯单体的制备

市售环戊二烯试剂是它的二聚体(dicyclopentadiene)，这是因为环戊二烯在室温下很容易发生狄尔斯-阿耳德(Diels-Alder)反应而生成二聚环戊二烯。因此，要得到环戊二烯单体，则必须对二聚体进行“解聚”。图 2-1 是环戊二烯单体的制备装置图(整套装置必须干燥)。需要注意的是，“解聚”应在单体使用前进行，制备的环戊二烯单体应该即刻使用(在 1 h～2 h 以内)。

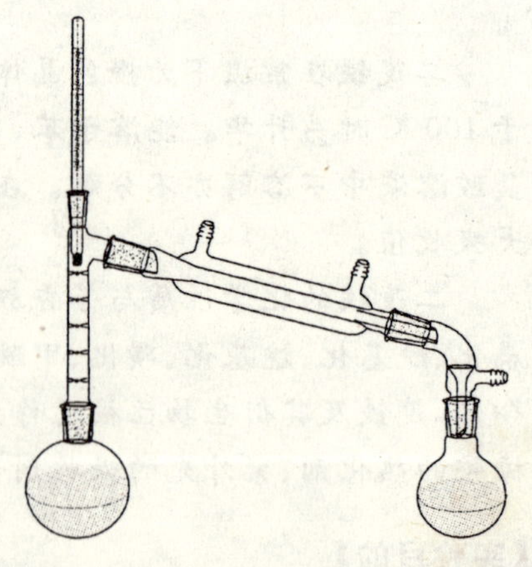

图 2-1　环戊二烯单体的制备装置图

取 40 mL 环茂二烯于烧瓶(250 mL)内，加热至 180 ℃(必要时，用石棉绳将分馏柱包扎起来)，控制馏出速度为每秒 2～3 滴，收集 42 ℃～44 ℃下蒸出的产物于一装有无水氯化钙的烧瓶内(此瓶可用冰水冷却，收集约 20 mL～25 mL)。

2. 二茂铁的制备

按图 2-2 安装好反应装置(整套反应装置必须干燥)。加 60 mL 无水乙醚、25 g 细粉末状 KOH 于三颈瓶(250 mL)中，在缓慢搅拌下通入氮气。约 5 min 后，从恒压滴液漏斗中滴入 5.5 mL 环戊二烯(单体)，继续搅拌 10 min，在此过程中对反应体系需进行充分的氮气置换。将含有 6.5 g 四水二氯化铁的 25 mL 二甲亚砜溶液倒入恒压滴液漏斗中，在激烈搅拌原三颈瓶内溶液(防止液体飞溅于三颈瓶壁上)10 min后滴加该溶液，控制滴加速度，使全部溶液在 45 min 内滴加完毕，并继续搅拌 30 min。

反应完毕后，停止氮气供给，向三颈瓶中再加入 90 mL 6 mol·L^{-1} HCl 和 100 g 冰的混合物，注意保持体系温度接近 0 ℃，然后继续搅拌 15 min。过滤，用水洗涤产品 4 次(每次 20 mL)，得到橙棕色的二茂铁晶体。将产品于空气中干燥后称重，计算产率。

测定产品的熔点，并分析测定结果。

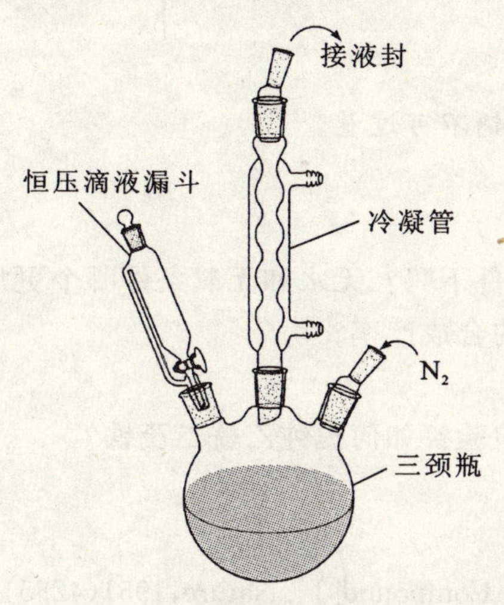

图 2-2　二茂铁的制备装置图

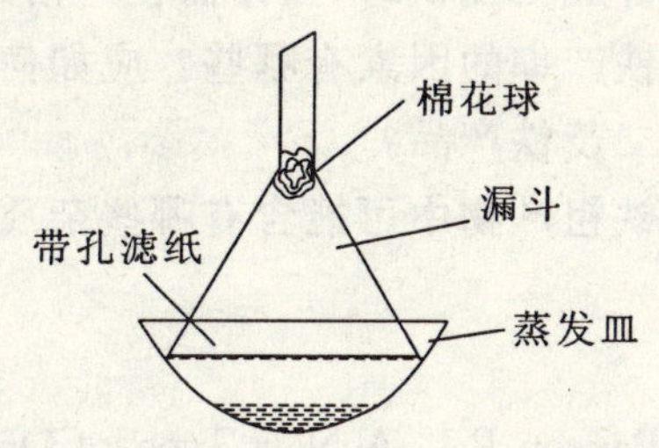

图 2-3　升华法提纯二茂铁装置图

3. 二茂铁的提纯(升华法)

将适量二茂铁粗产品置于蒸发皿中，如图 2-3 所示，控制温度在 140 ℃～170 ℃，不可超过 180 ℃。二茂铁粗产品为橙棕色，经升华后的二茂铁为金黄色针状结晶，熔程为 165 ℃～167.8 ℃。

4. 乙酰二茂铁的制备

如图 2-4 所示，在锥形瓶(50 mL)中，加入 1 g 二茂铁和 10 mL 乙酸酐，于振荡下用滴管慢慢加入 2 mL 85%的磷酸，用装有无水氯化钙的干燥管塞住瓶口，在沸水浴上加热 15 min，并不时加以振荡。将反应混合物倾入盛有 40 g 碎冰的烧杯(500 mL)中，并用 10 mL 冷水冲洗锥形瓶，将冲洗液倒入烧杯。在搅拌下，分批加入固体碳酸氢钠至溶液呈中性为止。将中和后的反应化合物置于冰浴中冷却 15 min 后抽滤，收集析出的橙黄色固体，用冰水洗涤两次(每次 50 mL)，压干后在空气中干燥。将干燥后的粗产品用石油醚(60 ℃～90 ℃)重结晶。

产品纯度可以用薄层色谱检验，进一步提纯可用柱色谱。

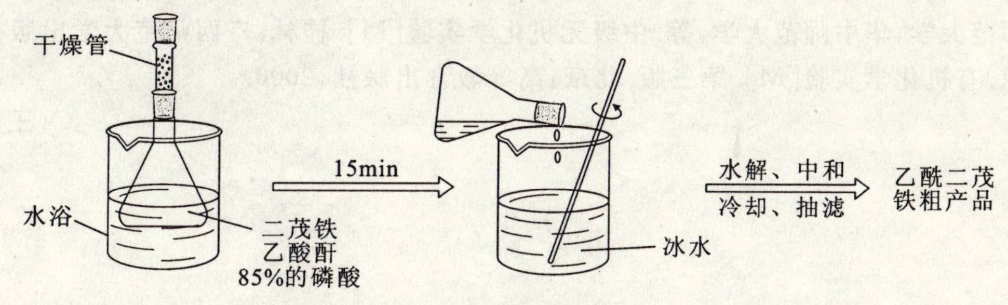

图 2-4　乙酰二茂铁的制备

【注意事项】

1. 通常"解聚"应在合成二茂铁的当天做，否则馏出液必须密封后放在液氮中保存。

2.(以二茂铁的相转移催化法合成方法为例)在装有搅拌器的 250 mL 三颈瓶中加入 30 mL 二甲亚

砜(DMSO)、0.6 mL 聚乙二醇及 7.5 g 研成粉状的氢氧化钠，然后加入 5 mL 无水乙醚于 25 ℃～30 ℃下，通氮气搅拌 15 min 后，加入 3.3 g(0.016 mol)四水合氯化亚铁，5 min 后滴加 2.8 mL(0.033 mol)新解聚的环戊二烯与 2 mL 无水乙醚的混合溶液，剧烈搅拌反应 1 h(5 min 后停止通氮气)。在搅拌的条件下滴加 100 mL 9%的盐酸(冰水配制)，此时即有固体生成。放置 10 min，使乙醚尽可能挥发，过滤，并用水充分洗涤，晾干得橙黄色产物。

3. 升华法提纯二茂铁时，温度不可超过 180 ℃。

4. 在制备乙酰二茂铁时，中和反应阶段固体碳酸氢钠不可过量。

【思考题】

1. 本实验在合成二茂铁时，操作需在严格的无水条件下吗？无水和无氧条件哪个更加重要？
2. 影响二茂铁产率的因素有哪些？应如何提高它的合成产率？
3. 如何纯化二茂铁产品？
4. 乙酰二茂铁粗产物中可能含有哪些杂质？如何检验？如何提纯乙酰二茂铁？

【参考文献】

[1] Kealy T J, Pauson P L. A New Type of Organo-Iron Compound[J]. Nature, 1951(4285): 1039-1040.

[2] Miller S A, Tebboth J A, Tremaine J F. Dicyclopentadienyliron[J]. J. Chem. Soc., 1952: 632-635.

[3] Wilkinson G, Rosenblum M, Whiting M C, Woodward R B. The Structure of Iron Bis-Cyclopentadienyl [J]. J. Am. Chem. Soc., 1952(8): 2125-2126.

[4] Fischer E O, Pfab W. Zur Kristallstruktur der Di-Cyclopentadienyl-Verbindungen des zweiwertigen Eisens, Kobalts und Nickels[J]. Z. Naturforsch. B., 1952(7): 377-379.

[5] Dunitz J, Orgel L, Rich A. The crystal structure of ferrocene[J]. Acta Crystallogr., 1956, 9: 373-375.

[6] Laszlo P, Hoffmann R. Ferrocene: Ironclad History or Rashomon Tale[J]. Angew. Chem. Int. Ed., 2000(1): 123-124.

[7] William L J. The story of forty years of growth[J]. Inorg. Synth. Mcgraw-Hill Book Company, 1968.

[8] Eugene G. Rochow. 无机合成[M]. 申泮文，译. 北京：科学出版社，1972.

[9] 王佰康. 新编中级无机化学实验[M]. 南京：南京大学出版社，1998.

[10] 高松平，张俊祥，李冰. 乙酰基二茂铁的合成工艺的研究[J]. 华北工学院学报，2004(4): 281-284.

[11] 广西师范大学，华中师范大学，等. 中级无机化学实验[M]. 桂林：广西师范大学出版社，1992.

[12] 曾昭琼. 有机化学实验[M]. 第三版. 北京：高等教育出版社，2000.

(王成刚　改编)

实验三
非活性型[Co(Ⅱ)Salen]配合物的制备及其载氧作用

【背景知识】

在生物体中，一些金属蛋白在一定条件下能够吸收和放出氧气，以供有机体生命活动的需要，如人体中的肌红蛋白和血红蛋白等。这些金属蛋白在生物体内的吸氧和放氧作用，主要是通过结合到蛋白质上的过渡金属与氧分子的可逆配位来实现。化学家对此现象和作用机理产生了极大兴趣，合成了许多结构较简单并能可逆载氧的模型化合物。非活性型[Co(Ⅱ)Salen]配合物是研究较早的此类化合物之一，人们常利用该配合物的吸氧和放氧作用来模拟研究一些金属蛋白的载氧作用机理。

【实验目的】

1. 学习非活性型[Co(Ⅱ)Salen]配合物的制备方法。
2. 掌握无机合成中的一些基本操作技术。
3. 通过对非活性型[Co(Ⅱ)Salen]配合物的吸氧测量及放氧观察，了解一些金属配合物的载氧作用机理。

【实验原理】

在本实验中，由水杨醛与乙二胺反应所生成的配体与醋酸钴作用生成非活性型[Co(Ⅱ)Salen]配合物的反应如下：

2 (OH, CHO) + H_2N—NH_2 ⟶ (OH, HO, HC=N, N=CH)

$\xrightarrow{Co(CH_3COO)_2}$ (O, Co, O, HC=N, N=CH)

在合成非活性型[Co(Ⅱ)Salen]配合物时，首先制得一种棕色黏状固体，为活性型[Co(Ⅱ)Salen]。将活性型[Co(Ⅱ)Salen]在无氧及 70 ℃～80 ℃条件下搅拌反应 1 h，得另一种暗红色微晶状固体，为非活性型[Co(Ⅱ)Salen]。它们都是二聚体配合物，其结构如下页所示。

活性型[Co(Ⅱ)Salen]是由一个[Co(Ⅱ)Salen]分子中的 Co 与另一个[Co(Ⅱ)Salen]分子中的 Co 相连接而成的二聚体($D_{Co\text{-}Co}$＝0.345 nm)，在室温下能迅速吸收氧气。

非活性型[Co(Ⅱ)Salen]是由一个[Co(Ⅱ)Salen]分子中的 Co 和 O 分别与另一个[Co(Ⅱ)Salen]分子中的 O 和 Co 相连接而成的二聚体($D_{Co\text{-}O}$＝0.226 nm)，在室温下稳定，不吸收氧气。

某些强电子给予体溶剂 L（如 DMF，DMSO 或 Py 等）与非活性型[Co(Ⅱ)Salen]配位而形成活性型的[Co(Ⅱ)Salen]$_2$L$_2$ 后，能迅速吸收氧气而形成 1∶1 型的[Co(Ⅱ)Salen]LO$_2$ 或 2∶1 型的[Co(Ⅱ)Salen]$_2$L$_2$O$_2$ 加合物。

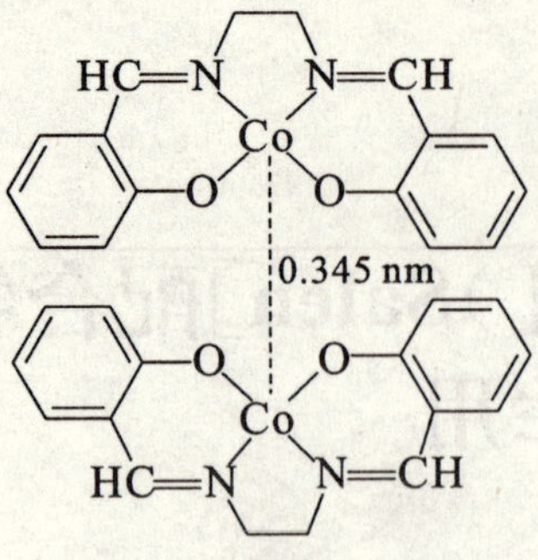

活性型 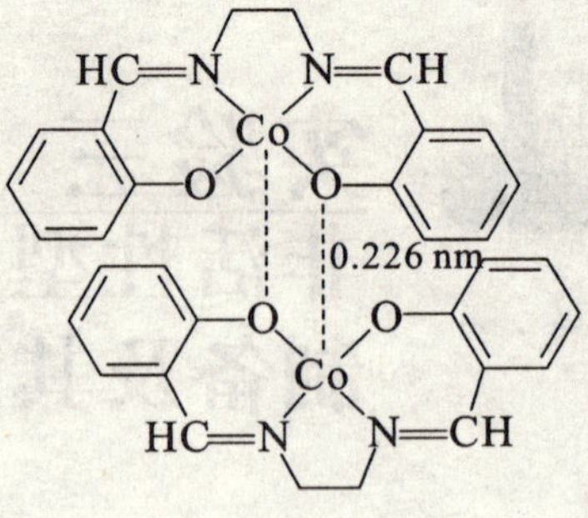　　非活性型

室温下，在DMF溶剂中形成氧加合物的反应式为：

$$2[Co(II)Salen]+2DMF+O_2 \longrightarrow [Co(II)Salen]_2(DMF)_2 \cdot O_2$$

产物$[Co(II)Salen]_2(DMF)_2 \cdot O_2$是一种颗粒极细的暗褐色沉淀，用普通过滤法较难分离，可用离心分离法得到。氧与钴的摩尔比可用元素分析或气体容积测量方法测定。

在$[Co(II)Salen]_2(DMF)_2 \cdot O_2$沉淀中加入弱电子给予体溶剂氯仿（或苯）后，暗褐色沉淀将慢慢溶解，并不断地在沉淀表面放出细小的气泡，同时生成暗红色的[Co(Ⅱ)Salen]溶液。

$$[Co(II)Salen]_2(DMF)_2 \cdot O_2 \xrightarrow{CHCl_3} 2[Co(II)Salen]+2DMF+O_2\uparrow$$

【仪器与药品】

1. 仪器：带水浴锅的磁力加热搅拌器、三颈瓶、冷凝管、恒压分液漏斗、移液管、洗耳球、量筒、烧杯、抽滤瓶、砂芯漏斗、红外灯、量气管、气压计、支试管、带活塞三通、普通漏斗、小试管、离心试管、电动离心机、氧气钢瓶、氮气钢瓶

2. 药品：水杨醛、99%乙二胺、95%乙醇、四水合醋酸钴、*N*,*N*-二甲基甲酰胺、氯仿

【实验内容】

1. 非活性型[Co(Ⅱ)Salen]配合物的制备

按图3-1安装好实验装置。在三颈瓶中（250 mL），加入80 mL 95%的乙醇，加入磁子，加入用移液管移取的1.65 mL水杨醛。在搅拌条件下，用移液管移取0.75 mL 99%的乙二胺于该三颈瓶中，反应4 min～5 min，生成亮黄色片状二水杨醛缩乙二胺（H_2Salen）结晶。将溶于15 mL热水的1.92 g $Co(Ac)_2 \cdot 4H_2O$溶液放冷后，转入恒压分液漏斗中。通入N_2以赶尽装置中的空气，再调节流速为每秒放出1～2个N_2气泡。开通冷凝水，水浴加热。待三颈瓶中的亮黄色片状结晶全部溶解，且反应体系达到溶剂回流温度时，迅速加入醋酸钴溶液于三颈瓶中，立即生成棕色黏状沉淀（活性型[Co(Ⅱ)Salen]）。继续搅拌、回流1 h后，棕色黏状沉淀全部转变为暗红色微晶（非活性型[Co(Ⅱ)Salen]）。关闭磁力加热搅拌器的加热开关，将热水浴换成冷水浴，待反应体系冷至室温时，停止通入N_2，关闭氮气钢瓶。用砂芯漏斗抽滤至干，用水洗涤沉淀三次（每次5 mL），抽干；用95%的乙醇洗涤沉淀两次（每次5 mL），抽干；最后用5 mL乙醚洗涤沉淀，抽干。用红外灯干燥产品，称量干燥产品并计算产率。

2. 非活性型[Co(Ⅱ)Salen]配合物吸收氧气量的测定

(1)按图3-2安装好实验装置，往量气管内装水至略低于刻度“0”的位置，上下移动水准调节器，以赶尽附着在胶管和量气管内壁的气泡。

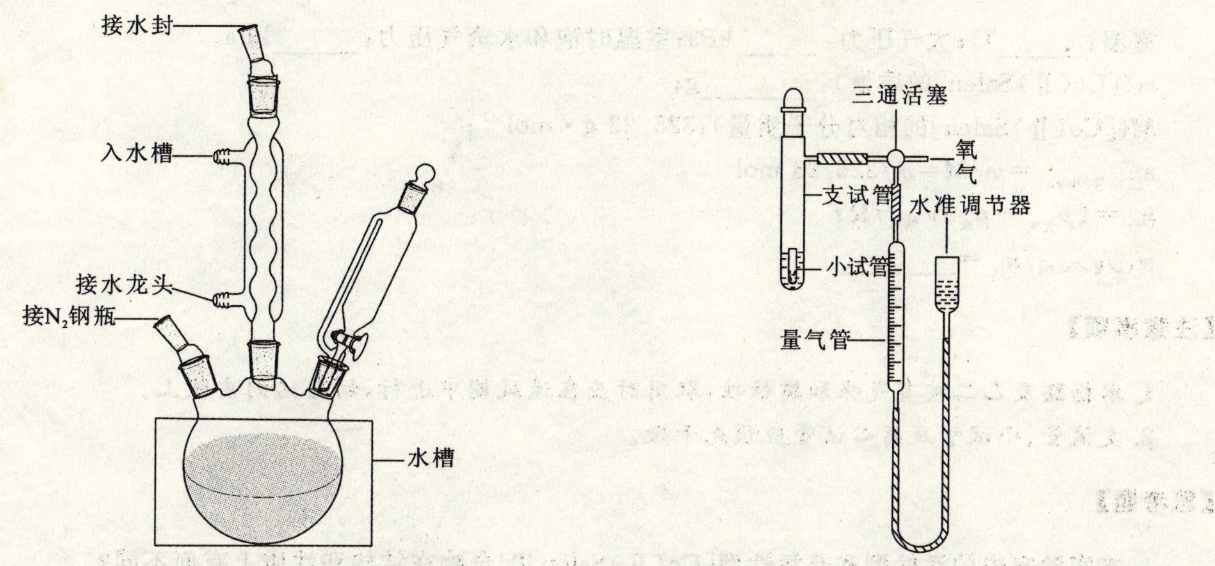

图 3-1　非活性型[Co(Ⅱ)Salen]配合物的制备装置　　图 3-2　非活性型[Co(Ⅱ)Salen]配合物吸收氧气量的测定装置

(2)盖好支试管的塞子,旋转三通活塞使量气管与支试管相通,且成一个密闭系统。将水准调节器下移一段距离并固定在一定位置;如果量气管中的液面在下降一段距离后即维持恒定,说明装置不漏气;如果液面继续下降,则应检查接口处是否密闭。经检查与调整后,再重复上述操作,直至不漏气为止。

(3)加入 5 mL～8 mL DMF 于干燥的支试管中。用分析天平在干燥的小试管中准确称取 0.05 g～0.1 g非活性型[Co(Ⅱ)Salen]配合物,用镊子细心地将小试管放进支试管中(此时严禁 DMF 进入小试管)。

(4)用塞子半盖支试管口,旋转三通活塞,使量气管及支试管与氧气钢瓶相通。通入O_2以赶尽整个体系内的空气(此时应慢慢上下移动水准调节器约 3 min～4 min),并使O_2充满整个体系。

(5)迅速盖好支试管的塞子,且旋转三通活塞使支试管与量气管形成一密闭系统,关闭氧气钢瓶。使水准调节器和量气管的液面保持在同一水平面上,此时密闭系统内的压力与大气压相等,读出并记录量气管中液面的刻度。

(6)将支试管从铁夹上取下,细心倒转,使 DMF 进入小试管。轻轻左右晃动支试管,使 DMF 与配合物充分混合。再将支试管放回铁夹上夹好,不时摇动支试管,观察反应物颜色的变化及量器管中液面的刻度。每隔 5 min 读取一次量气管中液面的刻度(注意使水准调节器和量气管的液面保持在同一水平面)并填入表 3-1 中,直至[Co(Ⅱ)Salen]吸收氧气至饱和为止(即量气管中液面位置 5 min 内几乎保持不变)。记录当时的室温和大气压。

3. 加合物$[Co(Ⅱ)Salen]_2(DMF)_2 \cdot O_2$在氯仿中的放氧

将实验内容 2 中所得的吸氧测量完毕后所生成的加合物$[Co(Ⅱ)Salen]_2(DMF)_2 \cdot O_2$平均转移至两支大小相当的离心试管中,离心分离。细心倾出上层溶液于回收瓶中,保留管底沉淀。沿管壁细心加入 5 mL 氯仿(不要搅拌和振荡),细心观察管内加合物$[Co(Ⅱ)Salen]_2(DMF)_2 \cdot O_2$的放氧现象。

4. 数据记录及结果处理

表 3-1　非活性型[Co(Ⅱ)Salen]配合物吸收氧气量的测定

编号	1	2	3	4	5	6	7	8
时间/min	0	5	10	15	20	25	30	35
量气管液面读数/mL								
吸收氧体积/mL								

室温：______℃；大气压力：______kPa；室温时饱和水蒸气压力：______kPa。

m([Co(Ⅱ)Salen]的质量)：________g；

M([Co(Ⅱ)Salen]的相对分子质量)：325.23 g·mol^{-1}；

$n_{[Co(Ⅱ)Salen]} = m/M = m/325.23$ mol

$n_{O_2} = (p_{大气} - p_{水})V_{吸氧}/RT$

$n_{[Co(Ⅱ)Salen]}/n_{O_2} =$ ________

【注意事项】

1. 水杨醛及乙二胺有气味和腐蚀性，取用时应在通风橱中进行，切忌沾到皮肤上。

2. 支试管、小试管及离心试管应预先干燥。

【思考题】

1. 本实验室中的活性型和非活性型[Co(Ⅱ)Salen]配合物在结构和性质上有何不同？

2. 为什么在制备[Co(Ⅱ)Salen]配合物的过程中要通氮气？

3. 试从溶剂的性质来说明非活性[Co(Ⅱ)Salen]配合物在DMF溶剂中能吸氧和其氧加合物在$CHCl_3$中能放氧的原因。

【参考文献】

[1] 计亮年，毛宗万，黄锦汪，等. 生物无机化学导论[M]. 第三版. 北京：科学出版社，2010.

[2] 广西师范大学，华中师范大学，等. 中级无机化学实验[M]. 桂林：广西师范大学出版社，1992.

[3] 王伯康，钱文浙，等. 中级无机化学实验[M]. 北京：高等教育出版社，1984.

[4] Appleton T G. Oxygen uptake by a cobalt(Ⅱ)complex[J]. J. Chem. Educ.，1977，54：443-444.

[5] Ochiai E I. A Laboratory Program for Bioinorganic Chemistry[J]. J. Chem. Educ.，1973，50：610-611.

[6] Floriani C，Calderazzo F. Oxygen adducts of Schiff's base complexes of cobalt prepared in solution [J]. J. Chem. Soc. (A)，1969：946-953.

（徐星满 改编）

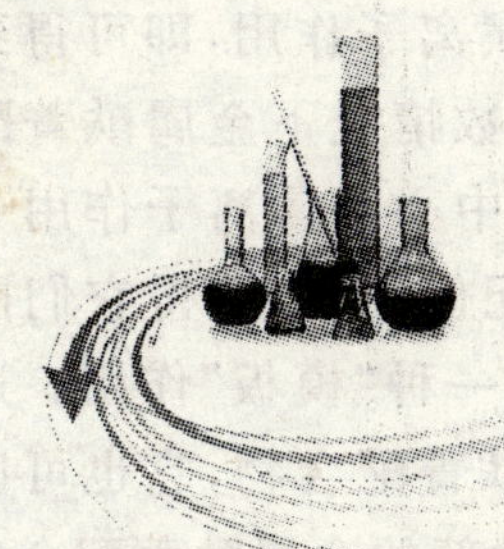

实验四 酞菁铜的合成及其电子光谱的测定

【背景知识】

大环配合物通常是指九元以上的环状有机配体分子，利用环内侧的三个以上杂原子与金属离子配位所形成的配合物。游离酞菁分子[H_2Pc，图 4-1(a)]是一类经典的四氮大环配体，其分子结构中具有很强的 π 共轭体系以及适宜的内径，因而可与许多金属离子形成大环配合物[MPc，图 4-1(b)]。近几十年来，金属酞菁配合物得到了广泛的研究和应用。由于金属酞菁配合物是一种高度共轭的 18π 电子化合物，与天然金属卟啉(如叶绿素中的镁卟啉及血红素中的铁卟啉)具有相似的基本结构，因而可被用于模拟生物活性分子等仿生研究中。一些金属酞菁配合物具有气敏、半导体、荧光、光记忆、光电导、光化学反应等活性，且具有良好的化学稳定性和热稳定性，因此在催化、传感器、信息技术、颜料等方面有广泛的应用。

(a) 游离酞菁　　(b) 金属酞菁配合物

图 4-1　游离酞菁及其金属配合物的结构式

酞菁铜是发现得最早、研究得最多的金属酞菁配合物之一，也是酞菁系列产品的基本中间体。由于其色泽鲜艳、性质稳定、耐光、着色力强而又廉价，酞菁铜还是颜料行业的重要化工品种。酞菁铜是深蓝色固体，热稳定性和化学稳定性都很好，加热至 550 ℃～580 ℃可升华而不分解，易溶于浓硫酸而不与之反应。酞菁铜在水和普通有机溶剂中溶解性很差，这也对它的提纯和在某些方面的应用造成不便。

【实验目的】

1. 通过酞菁铜的制备过程，学习并掌握金属离子模板反应在无机合成中的应用。
2. 了解大环配合物的一般合成方法。
3. 进一步熟练掌握化学合成反应中常用的操作方法和技能。

【实验原理】

金属酞菁配合物是游离酞菁分子去质化后与金属离子配位形成的，因而可采用经典的合成方法合成，即先通过一系列有机合成步骤制备并分离出游离酞菁配体，然后再与金属离子作用，即可得到金属酞菁配合物。然而，这种方法步骤多、效率低，并不被普遍采用。实际上，多数情况下金属酞菁配合物的合成采用的是金属离子的模板反应，即通过“一锅法”，使简单配体单元与中心金属离子作用一步制得金属酞菁配合物。在这一过程中，由于简单配体单元与中心金属离子的配位作用，使得它们围绕在中心金属离子周围彼此缩合因而形成酞菁配合物，因而这里的金属离子起着一种“模板”作用。这种金属离子的模板反应是合成金属大环配合物的最重要的方法之一。对于金属酞菁配合物，它也可以被还原成游离酞菁分子，其中心金属离子也可被其他金属离子置换，从而形成一种新的金属酞菁配合物。

本实验采用模板反应制备酞菁铜配合物，以氯化亚铜、邻苯二甲酸和尿素为原料，钼酸铵为催化剂，不使用溶剂而在熔融条件下一锅生成目标产物。其中氯化亚铜中的铜也是反应的模板离子，邻苯二甲酸和尿素这些简单配体单元则在配位模板离子周围缩合形成酞菁大环。反应式如下：

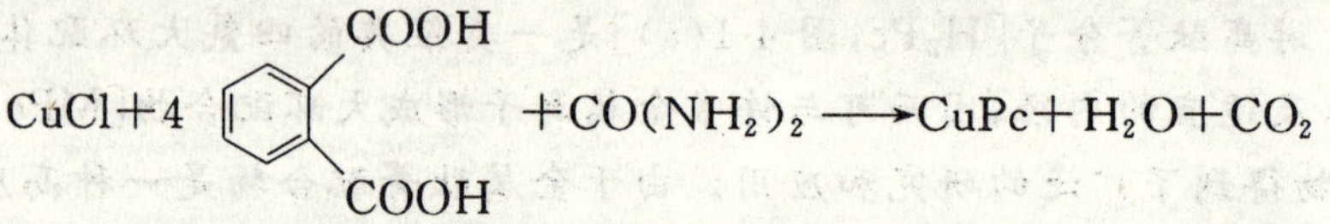

$$CuCl + 4\ C_6H_4(COOH)_2 + CO(NH_2)_2 \longrightarrow CuPc + H_2O + CO_2$$

该反应的机理大致如下：首先尿素在催化剂作用下形成氨和异氰酸，随后邻苯二甲酸与氨反应生成邻苯二甲酰胺，邻苯二甲酰胺再与异氰酸反应并脱去 CO_2 生成 1，3-二亚氨基异吲哚啉，接着两分子的上述中间体再次缩合，最后与氯化亚铜作用生成酞菁铜。整个过程如图 4-2 所示。

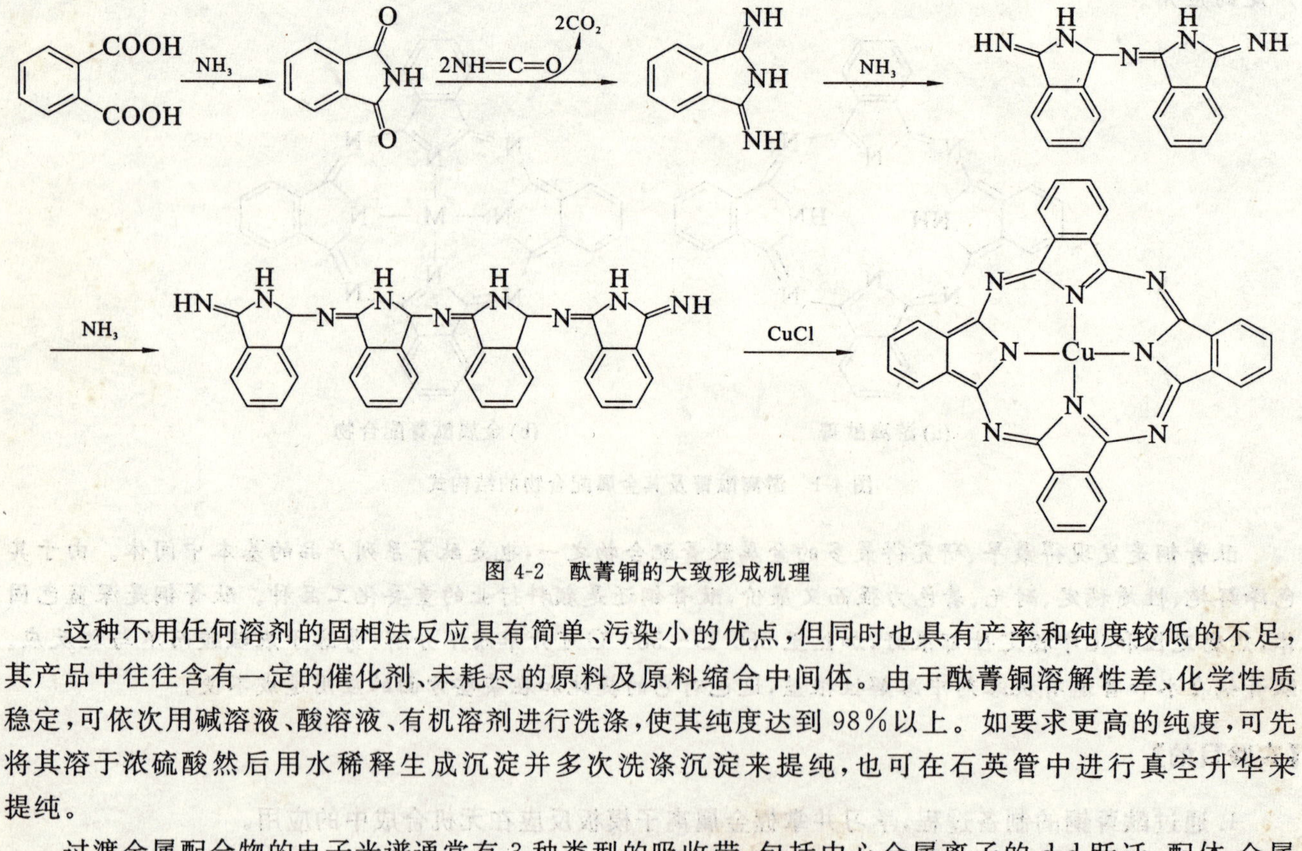

图 4-2　酞菁铜的大致形成机理

这种不用任何溶剂的固相法反应具有简单、污染小的优点，但同时也具有产率和纯度较低的不足，其产品中往往含有一定的催化剂、未耗尽的原料及原料缩合中间体。由于酞菁铜溶解性差、化学性质稳定，可依次用碱溶液、酸溶液、有机溶剂进行洗涤，使其纯度达到 98% 以上。如要求更高的纯度，可先将其溶于浓硫酸然后用水稀释生成沉淀并多次洗涤沉淀来提纯，也可在石英管中进行真空升华来提纯。

过渡金属配合物的电子光谱通常有 3 种类型的吸收带，包括中心金属离子的 d-d 跃迁、配体-金属间的荷移跃迁以及配体内部的 π-π^* 跃迁。在酞菁铜中，由于配体内大 π 共轭体系的存在，π-π^* 跃迁的能量低，因而其 π-π^* 跃迁谱带覆盖了d-d 跃迁和荷移跃迁，因而观察不到 d-d 跃迁和荷移跃迁光谱。酞菁铜的浓硫酸溶液在 440 nm、698 nm 处有强吸收峰。

【仪器与药品】

1. 仪器：电热套、三颈瓶、缓冲瓶、温度计、烧杯、量筒、研钵、天平、调速离心机、离心瓶、远红外烘箱、分光光度计

2. 药品：氯化亚铜、邻苯二甲酸、尿素、钼酸铵、无水乙醇、浓硫酸、盐酸

【实验内容】

1. 酞菁铜的制备

实验采用如图 4-3 所示的装置反应，A 为反应容器，C 为吸收氨气、尿素蒸气等刺激性气体的水封装置，B 为防止水倒吸进入反应瓶的缓冲瓶。称取 5 g 邻苯二甲酸、1 g 氯化亚铜、7 g 尿素、0.1 g 钼酸铵催化剂研细混匀后转移至三颈瓶内，塞紧瓶口，用控温电热套加热。当加热至 100 ℃左右时，混合物开始熔融，150 ℃左右时有蓝紫色出现，待温度升至 190 ℃后在此温度下保持恒温 15 min 即反应完毕。将反应瓶缓慢冷至室温，向瓶内加入 50 mL 4 mol·L^{-1}盐酸浸泡，用玻璃棒轻轻捣碎瓶内固体，将固体连同加入的盐酸一起转移到研钵中，将固体研细。然后，一起转移到烧杯中煮沸，冷却，转移至聚四氟乙烯离心瓶内，离心分离，弃去滤液；将沉淀用 50 mL 10%氢氧化钠溶液浸泡、搅拌，离心分离，弃去滤液；将沉淀用 50 mL 4 mol·L^{-1}盐酸煮沸、搅拌，离心分离；最后用无水乙醇洗涤沉淀、离心分离2～3次。取出固体产品于远红外烘箱中烘干，得深蓝色固体。称重并计算产率。

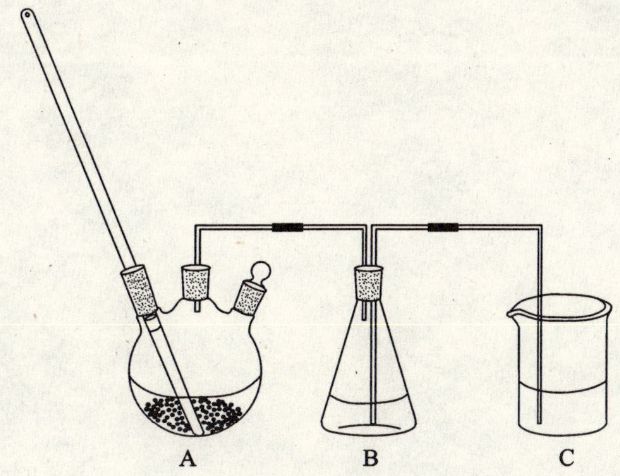

图 4-3　制备酞菁铜的反应装置图

2. 可见光谱的测定

提前取两只 1 cm 比色皿洗净晾干备用(不要用浓硫酸润洗湿润的比色皿)。取极少量的酞菁铜细粉末，加入 15 mL 浓硫酸，用干燥的玻璃棒充分搅拌至溶液呈澄清透明的黄绿色。然后以浓硫酸为参比液，用分光光度计测定 400 nm～750 nm 内的光谱图，求出最大吸收峰(在使用浓硫酸过程中，应注意安全)。实验完毕后，应将浓硫酸废液收集起来，统一处理。

【注意事项】

1. 注意保持制备酞菁铜反应装置中连接管的畅通。

2. 注意浓硫酸使用的安全性。

3. 测定溶液不要太浓。实验中应调整溶液浓度使最大吸光度约为 1。

【思考题】

1. 在合成酞菁铜过程中应注意哪些问题？

2. 查阅有关文献，根据酞菁铜的性质，设计进一步提纯酞菁铜的实验方案。

【参考文献】

[1] 广西师范大学，华中师范大学，等. 中级无机化学实验[M]. 桂林：广西师范大学出版社，1992.

[2] 王尊本. 综合化学实验[M]. 北京：科学出版社，2003.

（宋发挥　改编）

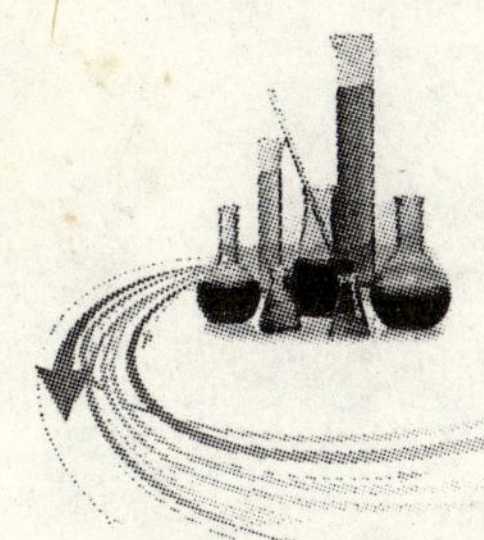

实验五 三氯化六氨合钴(Ⅲ)的制备及其组成的测定

【背景知识】

三氯化六氨合钴(Ⅲ)为橙黄色的固体，化学式为$[Co(NH_3)_6]Cl_3$，具有低自旋八面体Co(Ⅲ)中心。$[Co(NH_3)_6]^{3+}$满足18电子规则，被认为是交换惰性金属配合物的经典例子。例如，$[Co(NH_3)_6]Cl_3$可以从浓盐酸中重结晶不发生变化，说明NH_3与Co(Ⅲ)中心键合紧密，不会游离出来而被质子化。当升高到一定温度时，$[Co(NH_3)_6]^{3+}$会开始失去一些氨配体，并最终形成更强的氧化剂。

对于三氯化六氨合钴(Ⅲ)以及相关化合物的研究具有里程碑的意义。在19世纪即将结束的时候，26岁瑞士化学家阿尔弗雷德·维尔纳 (Alfred Werner)开始了他的有关Cobalt(Ⅲ)与氨水和氯离子组成的化合物的研究，当时对于这些物质的化学键性质与分子几何理解很少。到1890年，已经至少分离出了四个不同的由钴(Ⅲ)、氨和氯形成的化合物，并且都具有不同的颜色！维尔纳小心测量了这些相关化合物在溶液中的电导率。在总结了相关研究结果的基础上，提出了著名的维尔纳配位理论。1913年维尔纳被授予了诺贝尔奖，以表彰他对配位化合物的研究，他的理论成为我们现在理解配位化合物的基础。

【实验目的】

1. 掌握三氯化六氨合钴(Ⅲ)的合成及其组成测定的操作方法。
2. 加深理解配合物的形成对3价钴稳定性的影响。
3. 掌握碘量法分析原理及电导测定原理与方法。

【实验原理】

1. 配合物合成原理

钴化合物有两个重要性质：第一，2价钴离子的盐较稳定，3价钴离子的盐一般是不稳定的，只能以固态或者配位化合物的形式存在。例如，在酸性水溶液中，3价钴离子的盐能迅速地被还原为2价的钴盐。第二，2价的钴配合物是活性的，而3价的钴配合物是惰性的。

合成钴氨配合物的基本方法就是建立在这两个性质之上的。显然，在制备3价钴氨配合物时，以较稳定的2价钴盐为原料，氨-氯化铵溶液为缓冲体系，先制成活性的2价钴配合物，然后以过氧化氢为氧化剂，将活性的2价钴氨配合物氧化为惰性的3价钴氨配合物。

$$2CoCl_2\cdot 6H_2O+10\,NH_3+2NH_4Cl+H_2O_2 \xrightarrow{\text{活性炭}} 2\underset{\text{橙黄}}{[Co(NH_3)_6]Cl_3}\downarrow+14H_2O$$

目标化合物在低温下可以从水溶液中析出。另外，可以用$AgNO_3$溶液检验该化合物是否含有在水溶液中可以离解的氯离子。

2. 钴含量的测定(碘量法)

$[Co(NH_3)_6]Cl_3$的交换惰性是相对的，通常条件下，在浓碱溶液中它仍然可以被分解形成Co_2O_3，反应式如下：

$$2Co(NH_3)_6^{3+} + 6OH^- \longrightarrow Co_2O_3 + 12NH_3 + 3H_2O$$

在酸性溶液中，Co_2O_3不稳定，具有强氧化性，可以将I^-氧化成I_2：

$$Co_2O_3 + 3I^- + 6H^+ \longrightarrow 2Co^{2+} + I_3^- + 3H_2O$$

可以用硫代硫酸钠滴定生成的I_3^-来计算$[Co(NH_3)_6]Cl_3$中Co的含量(碘量法)：

$$2S_2O_3^{2-} + I_3^- \longrightarrow S_4O_6^{2-} + 3I^-$$

$$w_{Co} = \frac{c_{Na_2S_2O_3} \times V_{Na_2S_2O_3} \times 58.93}{1000 \times 样重} \times 100\%$$

化合物中氨和氯的含量也可以通过滴定分析来确定。有了钴、氨和氯的含量，就可以确定配合物的化学式。

3.电导测定原理

通过实验可以确定所合成的配合物含有Co(Ⅲ)、NH_3和Cl^-，为一离子型化合物。需要注意的是，在过渡金属配合物中，给定的阴离子可能是配合物内界的一部分(在这种情况下它一般不会离解)，或者它可能处于外界而作为对离子存在(这种情况下它一般会离解)。要确定阴离子是否处于外界，简单易行的办法是测量化合物溶液的电导率。电导率测量可以告诉我们离子型化合物溶解在水中时，将离解出多少个离子(包括阳离子和阴离子)。

电解质溶液也遵守欧姆定律。在一定温度时，一定浓度的电解质溶液的电阻R与电极间的距离d成正比，与电极面积A成反比。即

$$R = \rho\frac{d}{A} \quad 或者 \quad L = \frac{d}{R} = k\frac{A}{d}$$

式中，L为电导，表示溶液的导电能力，k为电导率，也称比电导，表示一个边长为1 cm的立方体溶液的电导，它的单位为$S \cdot cm^{-1}$。因$S \cdot cm^{-1}$的单位太大，故常用$mS \cdot cm^{-1}$或$\mu S \cdot cm^{-1}$。

对于一对固定的电极而言，d和A都是固定不变的，所以d/A为常数，称为电极常数，用θ表示。因此：

$$R = \rho\theta \quad 或 \quad L = \frac{k}{\theta} 和 k = L\theta$$

即，电导率＝电导×电极常数。

影响电导率的因素主要是电解质的性质、溶液的浓度和溶液的温度。电解质的性质包括电解质的组成和电离度两个方面。溶液浓度对电导率的影响关系比较复杂，一般来说，当溶液从高浓度开始稀释时，电导率随着稀释而增大，达到某一浓度(电导率达最大值)后，再继续稀释，则电导率随着稀释反而减小。温度对电导率的影响表现为温度升高，离子的迁移速度加快，电导率增大。一般温度升高1 K，电导率约增大2%～2.5%。所以，测电导率时，要求控制温度恒定。

为了便于比较不同电解质溶液的导电能力，考虑到因溶液的浓度和离子所带的电荷不同而引起的影响，人们引入了摩尔电导的概念。摩尔电导是表征含有1 mol电解质溶液的导电能力。在实际工作中，是测量给定浓度溶液的电导率来求得摩尔电导。

根据摩尔电导的定义和电导率的定义可知：

$$\Lambda_M = \frac{k}{c}$$

式中，Λ_M为摩尔电导，单位为$S \cdot cm^2 \cdot mol^{-1}$，$c$为物质的量浓度。测定了已知浓度电解质的电导率，计算其摩尔电导，与已知离子型化合物的摩尔电导(参见表5-1)比较，可以确定该电解质的类型。

【仪器与药品】

1.仪器：电导率仪、超级恒温水浴、恒温电磁搅拌器、水浴加热装置、抽滤装置1套、滴液漏斗、温度

计、容量瓶、移液管、锥形瓶、碘量瓶、量筒、pH 试纸(精密)

2. 药品：NH_4Cl、KI、$K_2Cr_2O_7$、活性炭、$CoCl_2 \cdot 6H_2O$、NaOH、冰、95%乙醇、浓氨水、6% H_2O_2、浓盐酸、1.7% HCl 、0.5%淀粉溶液、0.1 mol・L^{-1} $Na_2S_2O_3$标准溶液、0.1 mol・L^{-1} $AgNO_3$溶液

【实验内容】

1. $[Co(NH_3)_6]Cl_3$的合成

在一 250 mL 的烧杯中依次加入 9 g 研细了的 $CoCl_2 \cdot 6H_2O$、6 g NH_4Cl 及 10 mL 水，然后将烧杯置于搅拌器上，搅拌加热(温度不超过 60 ℃)使固体溶解，趁热加入 0.5 g 已活化了的活性炭。继续搅拌 6 min 后，停止加热，冷却至室温，然后加入 20 mL 浓氨水，再以冰水将溶液冷却至 10 ℃以下，在搅拌下用滴液漏斗将 20 mL 6% H_2O_2溶液缓慢地滴加到烧杯中。再加热至 60 ℃，并在此温度下恒温搅拌 30 min，然后加入 80 mL 1.7% HCl，加热煮沸(在通风柜内进行)后趁热抽滤，弃去活性炭。滴加 10 mL 浓 HCl 于滤液中，并以冰水冷却滤液，即有大量橙黄色晶体析出。抽滤，将沉淀置于红外灯下烘干(需不断搅动，为什么?)。称量并计算产率。

检验化合物的水溶性，用 $AgNO_3$溶液检验溶液中是否存在氯离子。

2. 钴含量的测定(碘量法)

称取 0.5000 g 样品于 250 mL 烧杯中，加 20 mL 20% NaOH 溶液，置于电炉中加热至无氨气放出(如何检验?)。冷却至室温后将全部黑色物质转入碘量瓶中，加 1 g KI 固体，立即盖上碘量瓶瓶盖。充分振荡后，迅速加入 15 mL 浓盐酸并立即盖上瓶盖，充分振荡至黑色沉淀全部溶解(此时溶液呈紫色)。用 0.1000 mol・L^{-1} $Na_2S_2O_3$标准溶液滴定，当溶液变成浅黄色时，加入 2 mL 0.5%淀粉溶液，继续滴加至溶液为粉红色即为终点。记下 $Na_2S_2O_3$消耗的体积，计算钴的百分含量并与理论值比较。

3. 电解质电离类型的确定

在分析天平上准确称取配制 100 mL 浓度为 0.98×10^{-3} mol・L^{-1}的样品于 100 mL 烧杯中，用去离子水溶解后，转入 100 mL 容量瓶中。用超级恒温水浴与滴定池配套，待整个体系处于恒温 25 ℃时，采用电导率仪(选用铂黑电极)测定试样溶液的电导率 k_0，然后计算其摩尔电导 Λ_M，并确定配合物的离子构型。

表 5-1　摩尔电导 Λ_M与离子构型的关系(浓度为 0.98×10^{-3} mol・L^{-1}，25 ℃)

离子构型 A_aB_b	总离子数	摩尔电导 Λ_M范围 (S・cm^2・mol^{-1})
1∶1	2	118～131
1∶2 或 2∶1	3	235～273
1∶3 或 3∶1	4	403～442
1∶3 或 3∶1	5	523～558

【思考题】

1. 活性炭的作用是什么?
2. 你认为该合成实验的关键是什么? 怎样才能提高产率?
3. 确定配合物离子构型的根据是什么?
4. 如何定性检验配合物的内界 NH_3和外界 Cl^-?

【参考文献】

[1] 帕斯·G,萨克利卡·H.实验无机化学[M].郑汝骊,译.北京:科学出版社,1980.

[2] SEN D,Frenelills W C.J.Inorg.Nuclear Chem.,1959,10:269.

[3] Bjerrum J,McReynolds J P.Inorg.Syntheses,1946,2:216-221.

[4] Loehlin J,Kahl S,Darlington J.The Study of a Cobalt Complex——A Laboratory Project[J].J.Chem.Educ.,1982(12):1048.

[5] 中山大学,等.无机化学实验[M].第三版.北京:高等教育出版社,1981.

[6] 广西师范大学,华中师范大学,等.中级无机化学实验[M].桂林:广西师范大学出版社,1992.

（王莉　王成刚　改编）

实验六
溶胶—凝胶法制备纳米二氧化钛及其性质研究

【背景知识】

纳米粉体是指颗粒粒径介于1 nm～100 nm之间的粒子。由于颗粒尺寸的微细化，使得纳米粉体在保持原物质化学性质的同时，与块状材料相比，在磁性、光吸收、热阻、化学活性、催化和熔点等方面表现出奇异的性能。

纳米TiO_2具有比表面积大、表面张力大、熔点低、磁性强、光吸收性能好、吸收紫外线的能力强、表面活性大、热导性能好及分散性好等特点。基于上述特点，纳米TiO_2具有广阔的应用前景。利用纳米TiO_2作光催化剂，可处理有机废水，其活性比普通TiO_2（约10 μm）高得多；利用其透明性和散射紫外线的能力，可作食品包装材料、木器保护漆、人造纤维添加剂、防晒霜等；利用其光电导性和光敏性，可开发一种TiO_2感光材料。如何开发、应用纳米TiO_2，已成为各国材料学领域的重要研究课题。目前合成纳米二氧化钛粉体的方法主要有液相法和气相法。由于传统的方法不能或难以制备纳米级二氧化钛，而溶胶—凝胶法则可以在低温下制备高纯度、粒径分布均匀、化学活性大的单组分或多组分分子级纳米催化剂，因此，本实验采用溶胶—凝胶法来制备纳米二氧化钛光催化剂。

【实验目的】

1. 学习溶胶—凝胶法合成纳米级半导体材料TiO_2的方法。
2. 复习并综合应用无机化学的水解反应理论和物理化学的胶体理论。
3. 了解纳米粉体的粒性和物性。
4. 研究纳米二氧化钛光催化降解甲基橙水溶液。
5. 通过实验进一步加深对基础理论知识的理解和掌握，做到有目的合成，提高实验思维与实验技能。

【实验原理】

制备溶胶所用的原料为钛酸四丁酯[$Ti(O\text{-}C_4H_9)_4$]、水、无水乙醇(C_2H_5OH)及冰醋酸。反应物为$Ti(O\text{-}C_4H_9)_4$和水，分相介质为C_2H_5OH，冰醋酸可调节体系的酸度防止钛离子水解速度过快。使$Ti(O\text{-}C_4H_9)_4$在C_2H_5OH中水解生成$Ti(OH)_4$，脱水后即可获得TiO_2。在后续的热处理过程中，只要控制适当的温度条件和反应时间，就可以获得金红石型和锐钛型二氧化钛。

酸性条件下，钛酸四丁酯在乙醇介质中水解反应是分步进行的，水解产物为含钛离子溶胶，总水解反应表示为：

$$Ti(O\text{-}C_4H_9)_4+4H_2O \longrightarrow Ti(OH)_4+4C_4H_9OH$$

一般认为，在含钛离子溶液中钛离子通常与其他离子相互作用形成复杂的网状基团。上述溶胶体系静置一段时间后，由于发生胶凝作用，最后形成稳定的凝胶。

$$Ti(OH)_4+Ti(O\text{-}C_4H_9)_4 \longrightarrow 2TiO_2+4C_4H_9OH$$

$$Ti(OH)_4+Ti(OH)_4 \longrightarrow 2TiO_2+4H_2O$$

【仪器与药品】

1. 仪器：恒温磁力搅拌器、搅拌子、三颈瓶、恒压漏斗、量筒、烧杯

2. 药品：钛酸四丁酯、无水乙醇、冰醋酸、盐酸、蒸馏水

【实验内容】

1. 纳米二氧化钛的制备

本实验以钛酸四丁酯[$Ti(OC_4H_9)_4$]为前驱物，无水乙醇(C_2H_5OH)为溶剂，冰醋酸(CH_3COOH)为螯合剂，制备二氧化钛溶胶。

室温下量取 10 mL 钛酸四丁酯，缓慢滴入到 35 mL 无水乙醇中，用磁力搅拌器剧烈搅拌 10 min，混合均匀，形成黄色澄清溶液 A。将 4 mL 冰醋酸和 10 mL 蒸馏水加到另 35 mL 无水乙醇中，剧烈搅拌，得到溶液 B，滴入 1～2 滴盐酸，调节 pH 至 pH≤3。室温水浴，在剧烈搅拌下将已移入恒压漏斗中的溶液 A 缓慢滴入溶液 B 中，滴速大约 3 mL/min。滴加完毕后得浅黄色溶液，继续搅拌半小时后，于 40 ℃水浴中加热 2 h，得到白色凝胶(倾斜烧瓶凝胶不流动)。将白色凝胶置于 80 ℃下烘大约 20 h，得黄色晶体，研磨，得到淡黄色粉末。在不同的温度下(300 ℃，400 ℃，500 ℃，600 ℃)热处理 2 h，得到不同的二氧化钛(纯白色)粉体。

2. 纳米二氧化钛的光催化

配制起始浓度分别为 20 mg·L^{-1}、30 mg·L^{-1}、40 mg·L^{-1}、60 mg·L^{-1}的甲基橙水溶液各 250 mL置于 500 mL 烧杯中，同时加入 0.05 g 纳米二氧化钛，磁力搅拌，用光化学灯(紫外灯，290 nm)从上方辐照。每隔 20 min 取样 10 mL 离心分离，取上层清液用分光光度法测定其浓度。

3. 实验结果和处理

(1)对不同温度煅烧所得的二氧化钛(纯白色)粉体进行粉末 X 射线衍射的表征，分析温度对相变的影响。

(2)用动力学方程 $\ln(c_0/c)=k_{1st}\times t$ 对紫外光下二氧化钛降解甲基橙(MO)水溶液的数据进行拟合，求速率常数。其中，c 为光催化过程中 MO 的浓度(mol·L^{-1})，c_0 为光催化前在二氧化钛上达到吸附—脱附平衡时 MO 的浓度 (mol·L^{-1})，k_{1st} 为一级反应速率常数 (h^{-1})，t 为反应时间 (h)。

【注意事项】

1. 产品的表征

(1)X 射线衍射(XRD)谱图。

XRD 技术所能解决的是根据谱图中衍射峰的宽度定性判断所检测物质(粉末或薄膜)的粒径大小，因为同种晶体的粒径大小与其衍射峰的宽度成反比关系。将经 300 ℃，400 ℃，500 ℃，600 ℃热处理的纳米二氧化钛作 XRD 特性表征，测得的谱图如图 6-1 所示。

由图 6-1 可知，锐钛矿相的特征峰出现在 $2\theta=25.14, 37.18, 47.16$；金红石相的特征峰出现在 $2\theta=27.14, 36.10, 54.13$。将测得的谱图与标准谱图比较可知，300 ℃热处理的二氧化钛为锐钛矿相，其中含有部分不定形态，400 ℃热处理的为纯度较好锐钛矿相二氧化钛，500 ℃时部分锐钛矿相开始转化为金红石相，600 ℃热处理的为金红石相二氧化钛其中含有少量锐钛矿相。X 射线衍射表征的结果说明纳米二氧化钛粉体经过不同温度的处理所得粉体呈现不同的结晶状态。

(2)透射电镜(TEM)表征。

利用电子显微镜拍摄的照片可直观地观察热处理后制备的纳米二氧化钛晶粒的大小、几何形状、

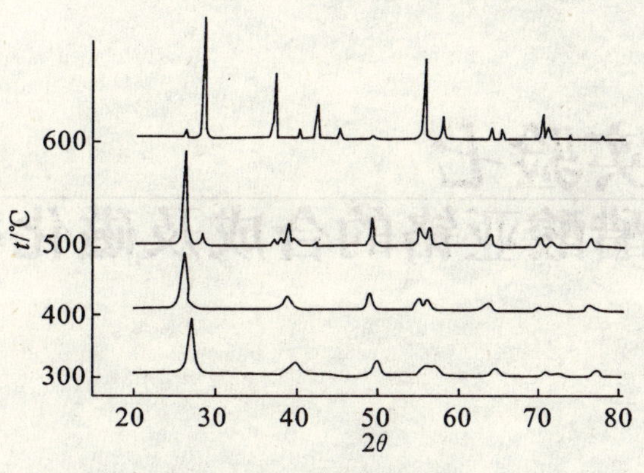

图 6-1　X射线衍射谱图

均匀程度、团聚程度等微观情形。图 6-2 为制备出的纳米二氧化钛的 TEM 图像，它的放大倍数为 10 万倍，即图 6-2 中 1 cm 等于真实长度 100 nm。样品被分散于无水乙醇中，通过电镜观察发现，当焙烧温度在 300 ℃以上时，发现样品的粒度分布均匀，并且随焙烧温度的升高而增大，粒子的形状也随之而变得规整。

2. 所有仪器必须干燥。

3. 滴加溶液的同时剧烈搅拌，以防止溶胶形成的过程中产生沉淀。

【思考题】

1. 为什么所有的仪器必须干燥？
2. 加入冰醋酸的作用是什么？
3. 为什么本实验中选用钛酸四丁酯[$Ti(OC_4H_9)_4$]为前驱物，而不选用四氯化钛 $TiCl_4$ 为前驱物？
4. 简述 TiO_2 作为光催化剂降解废水的原理。
5. 查阅文献，了解水热合成纳米 TiO_2 的具体方法。

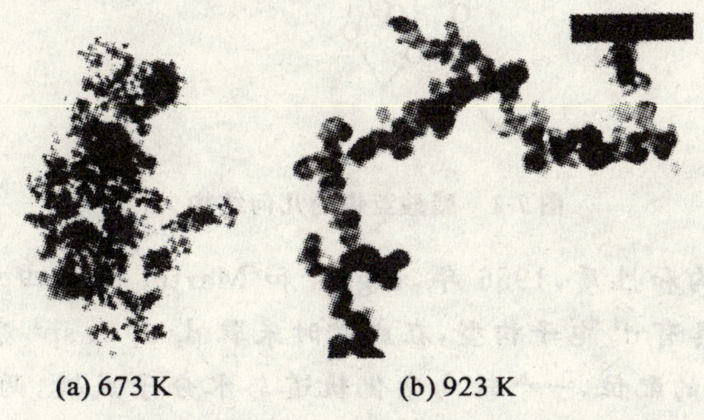

(a) 673 K　　(b) 923 K

图 6-2　TiO_2 纳米粒子的 TEM

【参考文献】

[1]　张立德，牟季美. 纳米材料和纳米结构[M]. 北京：科学出版社，2001.

[2]　Harizonov O, Ivanova T, Harizonov A. Study of sol-gel TiO_2 and TiO_2-MnO obtained from a peptized solution[J]. Materials Letters, 2001(3/4): 165-171.

[3]　Piscopo A, Robert D, Weber J V. Comparison between the reactivity of commercial and synthetic TiO_2 photocatalysts[J]. Journal of Photo chemistry and Photobiology A: Chemistry, 2001(2/3): 253-256.

（温丽丽　改编）

实验七 醋酸亚铬的合成及磁化率的测定

【背景知识】

醋酸亚铬[或乙酸铬(Ⅱ)]化学式为 $Cr_2(OAc)_4(H_2O)_2$，是一铬(Ⅱ)化合物。通常情况下为深红色的反磁性固体，在水和甲醇中的溶解度较小。该化合物是Cr(Ⅱ)化合物中比较稳定的一个，但对空气敏感，容易被氧化为Cr(Ⅲ)化合物而发生颜色变化。醋酸亚铬的特别之处是其中存在Cr—Cr金属—金属四重键。

与普通的Cr(Ⅱ)化合物相比较，醋酸亚铬具有反常的颜色和溶解性质及反磁性的磁学性质。该化合物首先由法国化学家Peligot在1844年合成，但其特殊的结构和成键性质却是在100年之后才被确定。经结构研究表明，$Cr_2(OAc)_4(H_2O)_2$ 是有羧桥结构的双核分子(如图7-1所示，分子对称性为 D_{4h})，其Cr—Cr距离为(236.2±0.1) pm，显得特别短。进一步研究还发现，在失去轴向水分子配体或羧酸根被等电子的含氮配体替代以后，Cr—Cr距离还可以减短至184 pm。

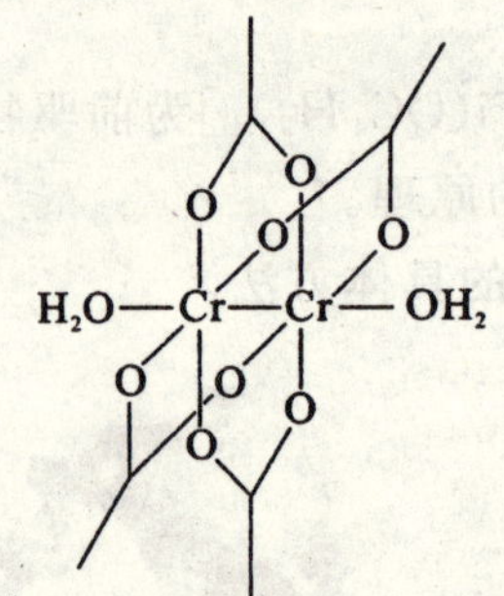

图 7-1 醋酸亚铬的几何结构

为了说明醋酸亚铬的结构和性质，1956年，Figgis和Martin提出四重键模型。该模型认为，在 $Cr_2(OAc)_4(H_2O)_2$ 中Cr(Ⅱ)具有 d^4 电子构型，在成键时采取 $d_{z^2}d_{x^2-y^2}sp^3$ 杂化，其中4个在 xy 平面上的杂化轨道接受醋酸根氧原子的配位，一个轴向杂化轨道与水分子成键，两个Cr(Ⅱ)分别利用剩下一个杂化轨道和一个价电子形成一个Cr—Cr σ 键；进一步在两个Cr(Ⅱ)之间，Cr(Ⅱ)分别利用其价轨道 d_{xz}、d_{yz} 和两个价电子形成两个 π 键，利用 d_{xy} 和一个价电子形成 δ 键。这样两个Cr(Ⅱ)之间形成了金属—金属四重键($\sigma\pi^2\delta$)，所有价电子都参与了键的形成，都是成对的。

醋酸亚铬的二聚体结构导致了它特殊的稳定性，也导致了它具有与其他Cr(Ⅱ)化合物不同的颜色[Cr(Ⅱ)化合物一般呈蓝色]。

醋酸亚铬的二聚体结构以及金属—金属四重键的电子结构具有代表意义。

【实验目的】

1. 了解醋酸亚铬的合成原理和方法。
2. 学习无氧操作等其他基本操作。
3. 学习掌握磁化率的测定方法，了解醋酸亚铬的磁化学性质。

【实验原理】

醋酸亚铬中的Cr(Ⅱ)极易被氧化成Cr(Ⅲ)。对空气敏感性物质的合成及其操作方法是现代化学的重要实验技术。为制备容易被氧气氧化的化合物，经常用惰性气体作保护性气体(如N_2、Ar气等)，有时也在还原性气体环境下进行。本实验利用金属锌作为还原剂，将Cr(Ⅲ)还原为Cr(Ⅱ)，再与醋酸钠溶液作用制得醋酸铬(Ⅱ)。反应体系中产生的氢气起到使体系保持还原性气体环境的作用，在反应接近完成时可以利用体系产生的压力使Cr(Ⅱ)溶液进入NaAc溶液中，制备反应的离子方程式如下：

$$2Cr^{3+}+Zn=2Cr^{2+}+Zn^{2+}$$

$$2H^{+}+Zn=Zn^{2+}+H_2\uparrow$$

$$2Cr^{2+}+4Ac^{-}+2H_2O=Cr_2(Ac)_4(H_2O)_2$$

【仪器与药品】

1. 仪器：搅拌器、磁天平、吸滤瓶、滴液漏斗、锥形瓶、三颈瓶、烧杯、过滤装置

2. 药品：$CrCl_3\cdot 6H_2O$、无水醋酸钠、浓盐酸、锌粒

【实验内容】

1. 无氧水的制备

将100 mL蒸馏水煮沸10 min，隔绝空气冷却。

2. 醋酸亚铬的制备

取5 g NaAc于吸滤瓶中，加12 mL无氧水配成溶液。在三颈瓶中加入3 g $CrCl_3\cdot 6H_2O$，8 g Zn粒及6 mL无氧水，得到深绿色溶液。在250 mL烧杯中加入适量自来水。按图7-2将仪器装配起来。检查气密性后，在分液漏斗中加入10 mL浓盐酸，打开通向烧杯的弹簧夹，夹紧通向吸滤瓶的弹簧夹，开启搅拌，向滤瓶内滴加盐酸。控制滴加速度使反应以一定的速度进行，但不要太剧烈。当烧瓶内溶液变成亮蓝色时，表示反应结束。打开通向锥形瓶的弹簧夹，关闭通向烧杯的弹簧夹，将溶液压到吸滤瓶中。搅拌，用冷水冷却，有红色晶体析出。摇动吸滤瓶，将溶液与晶体一起过滤，用无氧水洗涤数次，然后分别用少量无水乙醇、无水乙醚各洗涤晶体3次。为了防止产品与空气接触，过滤与洗涤时，晶体上面要有一层液体。抽干，在纸上晾干后将晶体转移到有塞子的干燥瓶中，称重。将产品放入充满N_2气体的干燥器中密封保存。

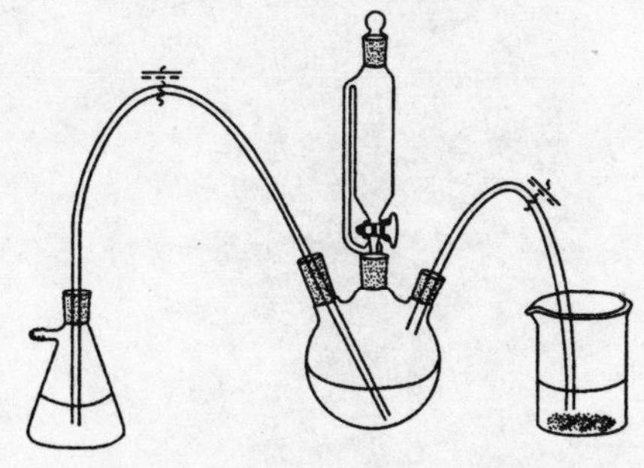

图7-2　醋酸亚铬的制备装置

3. 醋酸亚铬的鉴定

用磁天平测定产物的磁化率(纯净的醋酸亚铬磁化率应该为零)。

【注意事项】

1. 反应物锌应过量，浓盐酸适量，控制滴加速度，反应时间要足够长(约 1 h)，且产品必须洗涤干净。

2. 纯净的醋酸铬(Ⅱ)样品在惰性气体环境中密封保存时，可始终保持砖红色。若产品不纯或有空气接触样品时，它将逐渐变成灰绿色，这是醋酸铬(Ⅱ)被氧化后的特征颜色。

【思考题】

1. 二价铬有什么特性？如何制备二价铬的化合物？

2. 为什么产物依次要用水、乙醇、乙醚洗涤？

3. 根据醋酸铬(Ⅱ)的性质，试说明该化合物应如何保存？

4. 难溶的醋酸亚铬是最稳定的二价铬化合物，但在潮湿时易被氧化。实验中最困难的是哪一步？应采取什么措施来防止其被氧化？

【参考文献】

[1] Cotton F A, Hillard E A, Murillo C A, H.-C. Zhou. After 155 Years, A Crystalline Chromium Carboxylate with a Supershort Cr—Cr Bond[J]. J. Am. Chem. Soc., 2000, 122: 416-417.

[2] Cotton F A, DeBoer B G, LaPrade M D, Pipal J R and Ucko D A. Multiple chromium(Ⅱ)-chromium(Ⅱ) and rhodium(Ⅱ)-rhodium(Ⅱ) bonds[J]. J. Am. Chem. Soc., 1970, 92: 2926. idem., Acta Crystallogr, 1971, B27: 1664.

[3] Ocone L R, Block B P. Anyhdrous Chromium(Ⅱ) Acetate, Chromium(Ⅱ) Acetate 1-Hydrate, and Bis(2,4-Pentanedionato)chromium(Ⅱ)[J]. Inorg. Synth., 1966, 8: 125-129.

[4] Jolly W L. The Synthesis and Characterization of Inorganic Compounds[J]. *Prentice Hall*, 1970: 442-445.

[5] Ray T. "Chromium(Ⅱ) Acetate" in Encyclopedia of Reagents for Organic Synthesis. Wiley & Sons J, 2004.

[6] 广西师范大学，华中师范大学，等. 中级无机化学实验[M]. 桂林：广西师范大学出版社，1992.

(王成刚　改编)

实验八
杂多化合物$(C_6H_{11}NH_3)_5H(P_2Mo_5O_{23})\cdot 4H_2O$的水热合成及其性质分析

【背景知识】

水热合成(Hydrothermal Reactions)与溶剂热合成(Solvothermal Reactions)是无机合成化学的一个重要方法。水热合成法是使反应体系处于水热介质中,通过前驱物体系中的溶解提供正负离子来参与反应,生成沉淀和晶化,直至前驱物耗尽为止。伴随沉淀的形成,沉淀的晶化、晶体的生长和新核生成的过程复杂。水热合成反应可降低反应体系黏度并加剧扩散过程,因此水热合成可替代某些高温的合成。

由于杂多阴离子具有良好的电子接受能力,并且在反应前后都能保持完整的结构骨架,由杂阴离子作为无机构筑基块和有机基团反应,可设计合成出结构新奇的具有磁性、电导性及光学性质的分子材料。杂多化合物大部分是由简单的无机盐合成。本实验利用水热合成方法,并向分子内引入有机基团,可合成出分子组成为$(C_6H_{11}NH_3)_5H(P_2Mo_5O_{23})\cdot 4H_2O$的Strandberg型杂多化合物。

【实验目的】

1. 掌握水热合成技术及操作步骤。
2. 熟悉杂多化合物的合成及其有关性质分析。

【实验原理】

MoO_4^{2-}和WO_4^{2-}易形成同多酸和杂多酸,与一些小的杂原子如P(Ⅴ)、As(Ⅴ)、Si(Ⅳ)等生成四面体含氧阴离子。当母体金属原子形成MO_6八面体时,杂原子处于母体金属原子M所构成的MO_6八面体聚积形成的四面体空腔中,并与相邻的MO_6八面体中的氧原子键合。

本实验以钼酸钠、三氧化钼、五氧化二磷和环己胺为原料,通过水热方法合成磷钼酸杂多化合物,其反应过程可表示为:

$$Na_2MoO_4\cdot 2H_2O+MoO_3+P_2O_5+C_6H_{13}N+H_2O \longrightarrow (C_6H_{11}NH_3)_5H(P_2Mo_5O_{23})\cdot 4H_2O$$

【仪器与药品】

1. 仪器:聚四氟乙烯内衬不锈钢反应釜、磁力搅拌器、控温烘箱、综合热分析仪、1/1000电子天平
2. 药品:$Na_2MoO_4\cdot 2H_2O$、MoO_3、$CdCl_2\cdot 2.5H_2O$、P_2O_5、环己胺

【实验内容】

1. 化合物的合成

将0.58 g(2.4 mmol)$Na_2MoO_4\cdot 2H_2O$,0.35 g(2.4 mmol)MoO_3,0.23 g (1 mmol)$CdCl_2\cdot 2.5H_2O$,0.33 g(2.3 mmol)P_2O_5,0.23 mL环己胺,12 mL H_2O以1∶1∶0.4∶1∶0.8∶278的物质的量比混合于烧杯中,在约40 ℃下置于搅拌器上搅拌约2 h,将此混合物密封于具有聚四氟乙烯内衬的不锈钢反应釜内,填充率为60%,封盖并置入程序升温炉内,以100 ℃/h的升温速率加热到160 ℃,在160 ℃下晶

化 4 d，然后以 10 ℃/h 的速率降温 2 d，过滤，得到浅蓝色条状晶体，先后用蒸馏水和无水乙醇洗涤，并于空气中干燥，称量，计算产率(以 Mo 为标准)。

2. 热重分析

热性质研究是物质组成和结构分析的重要方法之一。通过标题化合物的热分析(TG/DTA)曲线可以看出，化合物失重总的可以分为 3 步。第 1 步失重是在 50 ℃～121.5 ℃之间，质量损失约为 5.00%，对应于 4 个结晶水的失去，DTA 曲线在 78.2 ℃出现 1 个吸热峰；第 2 步失重是在 121 ℃～607.9 ℃之间，质量损失约为 35.26%，对应于 5 个环已胺分子和 3 个结构水分子的失去，且伴随有机胺分子的氧化，对应 DTA 曲线在 255.1 ℃和 547.4 ℃分别出现 1 个放热峰；第 3 步失重是由杂多阴离子骨架分解后的产物P_2O_5和部分 MoO_3在高温下挥发造成的，这说明 547.4 ℃处的放热峰也标志着杂多阴离子骨架的分解。

3. 实验结果和处理

(1)挑选几颗大小均匀、外形较好的晶体，放在显微熔点仪下观察其形状与透明度。

(2)写出反应方程式，计算产率。

(3)通过 TG/DTA 曲线分析标题化合物的组成与结构。

【注意事项】

1. 实验内容 1 中各物质的称量要求较为准确。此实验需两个单位时间，第一次约需 3 h，第二次约需 2 h。

2. 化合物的合成需要提前一周进行。

3. 反应釜必须盖紧。

【思考题】

1. 水热合成过程中要注意哪些问题?

2. 试分析标题化合物的磁性。

【参考文献】

[1] 王恩波，胡长文，许林. 多酸化学导论[M]. 北京：化学工业出版社，1998.

[2] 王敬平，王子粱，刘迎红，等. Strandberg 型杂多化合物$(C_6H_{11}NH_3)_5H(P_2Mo_5O_{23})\cdot 4H_2O$ 的水热合成及结构[J]. 结构化学，2004(6)：595-599.

[3] 刘星，张峰，尹显洪. 有机杂化硼酸盐$[Ni(dien)_2][B_5O_6(OH)_4]_2$的水热合成及晶体结构[J]. 化学研究与应用，2010(12)：1587-1591.

[4] 王从岭，付洁，梅华，等. 一种多钒氧酸有机铵盐的水热合成、晶体结构及催化性质研究[J]. 无机化学学报，2012(1)：176-180.

(胡宗球　改编)

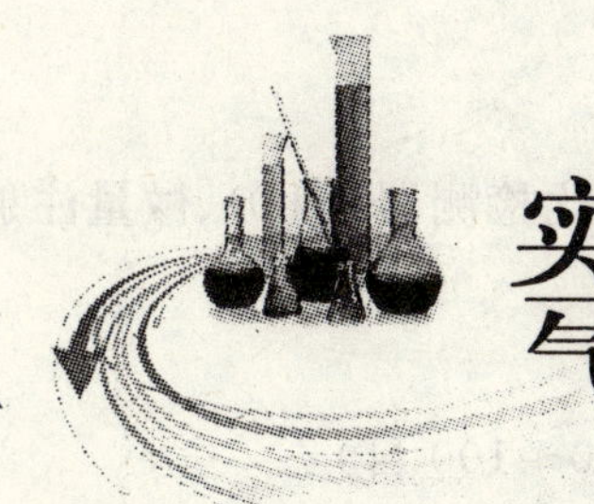

实验九
气相色谱定性、定量分析

【背景知识】

气相色谱法是由俄国学者茨威特1906年首先提出的。当时他把植物叶绿素的石油醚提取液倒进盛有碳酸钙的玻璃管中，再用石油醚淋洗，使其自行流出，结果叶绿素各组分分离出不同颜色的谱带，因而取名"色谱"。

气相色谱法是将氦或氩等气体作为载气（称移动相），将混合物样品注入装有填充剂（称固定相）的色谱柱里而进行分离的一种方法。分离后的各组分经检测器变为电信号并用记录仪记录下来。

气相色谱通常由五部分组成：①气源包括载气、燃烧器、助燃气、气体的净化和流量控制系统；②进样系统包括气化室和注射器等；③色谱柱是气相色谱的心脏，它又分为装有填充剂的填充柱和非常细的毛细管柱；④检测器；⑤记录仪或电子计算系统。

气相色谱法在环境监测、食品分析、药物和临床分析等领域中得到广泛的应用，其特点是：

① 应用范围广，能分析气体、液体和固体。

② 灵敏度高，可测定痕量物质，可进行毫克级的定量分析，进样量可在1 mg以下。

③ 分析速度快，仅用几分钟至几十分钟就可完成一次分析，操作简单。

④ 选择性高，可分离性能相近的物质和多组分混合物。

【实验目的】

1. 了解气相色谱仪器的组成、工作原理以及数据采集、数据分析等基本操作。
2. 掌握定性、定量分析的基本方法。

【实验原理】

1. 定性原理

在一定的色谱操作条件下，每种物质都有一确定不变的保留值（如保留时间），故可作为定性的依据，只要在相同色谱条件下，对已知纯样和待测试样进行色谱分析，分别测量各组分峰的保留值，若某组分峰的保留值与已知纯样相同，则可认为两者是同一物质。这种色谱定性方法要求色谱条件稳定，保留值测定准确。

2. 定量原理

确定了各个色谱峰代表的组分后，即可对其进行定量分析。色谱定量分析的依据是第 i 个待测组分的质量与检测器的响应信号（峰面积 A 或峰高 h）呈正比：

$$m_i = f_i A_i \text{或} m_i = f_i h_i$$

式中，A_i为其峰面积（cm^2），h_i为其峰高（cm），f_i为绝对校正因子。

经色谱分离后，混合物中各组分均产生可测量的色谱峰，则可按归一化公式计算各组分的质量分数，设 f'_i为相对校正因子，则 $w_i = \dfrac{f'_i \cdot A_i}{\sum\limits_{i=1}^{n} f'_i \cdot A_i} \times 100\%$。

【仪器与药品】

1. 仪器：GC：7890(Ⅱ)(上海天美分析仪器厂)、氢火焰离子化检测器(FID)、微量注射器

2. 药品：苯、甲苯、乙苯、石油醚(均为分析纯)

色谱条件：

φ3 mm×2 m 不锈钢柱，10%聚乙二醇，硅烷化 101 担体(80～100 目)

进样口温度 140 ℃(一般要求比混合组分中沸点最高物质的沸点温度高 20 ℃～30 ℃)

柱箱温度 75 ℃(一般设为沸点最高物质与沸点最低物质沸点温度的平均值)

检测器温度 150 ℃(为防止在进样口汽化的物质在检测器上残留，要求检测器的温度比进样口的温度要高)。

【实验内容】

1. 开机

(1)打开载气，使其压力表上显示为 0.3 MPa。

(2)打开电源开关，设置汽化室温度、柱温和检测器温度。

(3)打开氢气，使其压力表上显示为 0.1 MPa，随即打开空气泵。

(4)当各个温度达到所设置的温度后，打开电脑中的色谱工作站，选择通道 2，此时工作页面上显示有基流。

(5)按 GC 上的 Fire 键进行点火(火点着后，可以看到基流有明显的上升，同时若将一个小烧杯罩在 FID 检测器口上端，可以看到烧杯内壁很快形成一层水雾)。

2. 备样

取石油醚 5 mL，加入苯、甲苯及乙苯各一滴，混匀。

3. 进样分析

(1)用进样针吸取石油醚进行洗针，一般重复操作 8 次左右即可。

(2)用进样针吸取待测混合液进行润洗。

(3)润洗完成后再吸取 1 μL 待测混合液，进气相色谱进行分析。

(4)混合液测定完毕后，分别吸取苯、甲苯、乙苯各 0.1 μL 进样，得到各单品色谱图，以便进行定性分析。

4. 打印色谱分析报告

5. 实验结果与数据处理

分析效果较好的色谱图应是峰宽较小，峰比较尖，峰型很好看，且各个物质的峰都能够完全分开，各峰分离度大于 1.5。

(1)将混合物试液各组分色谱峰的调整保留时间与纯样进行对照，对各色谱峰所代表的组分进行定性判断。

(2)用归一化法进行计算混合物试液各组分的质量分数，各组分的 f' 值见表 9-1。

表 9-1 各组分的 f' 值

组分	苯	甲苯	乙苯
f'	1.00	1.04	1.09

【注意事项】

1. 用进样针吸取待测样品时，取样要准确(进样针内不能有气泡，否则影响进样体积)。

2. 进样时，进样针要垂直于进样口，左手在下，右手在上，要迅速，进样完毕后，由左手迅速拔出进样针，并点击开始采样。

【思考题】

1. 进样操作应注意哪些事项？在一定的色谱操作条件下，进样量的大小是否会影响色谱峰的保留时间和半峰宽度？

2. 如果出现峰拖尾和各个峰没有完全分开的现象，试分析出现这种现象的原因及解决方法。

(程靖　改编)

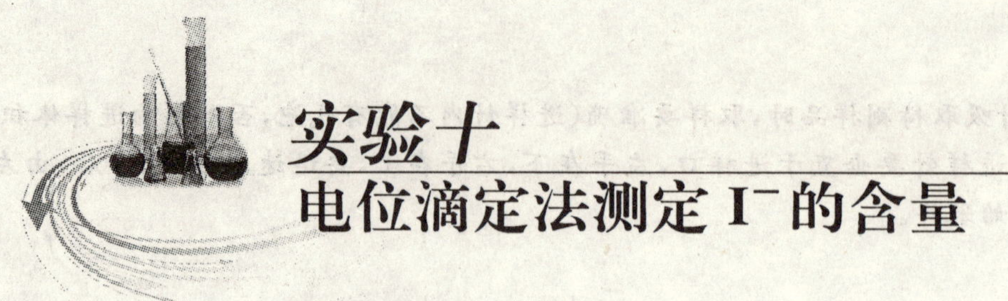

实验十 电位滴定法测定 I^- 的含量

【背景知识】

电位滴定法是根据滴定过程中电极电位的突跃代替指示剂颜色的变化来确定终点的一种方法。在电位滴定中，将规定的指示电极和参比电极浸入同一被测溶液中，在滴定过程中参比电极的电位保持恒定，指示电极的电位不断改变，在化学计量点前后溶液中被测物质浓度的微小变化就会引起指示电极电位的急剧变化，指示电极电位的突跃点就是滴定终点。通常电位滴定法可以分成以下四种：

(1)酸碱滴定：由于 pH 比较灵敏，因此在弱酸、弱碱、多元酸碱以及较稀的强酸强碱溶液的滴定中电位滴定法表现出很大的优势。

(2)氧化还原滴定：氧化还原反应必然涉及电子的得失，因此，氧化还原滴定都可应用电位滴定法来判断反应的终点。氧化还原滴定一般选用铂电极为指示电极，以饱和甘汞电极为参比电极。

(3)络合滴定：电位滴定法对络合滴定法是有价值的补充。络合滴定中应用最为广泛的是水的硬度的测定。与人工滴定法相比，自动电位滴定法的测定结果无显著性差异，而且操作简单。

(4)沉淀滴定：在沉淀滴定中，应根据不同的滴定反应选择相应的指示电极。有些沉淀滴定找不到合适的指示剂，电位滴定法可以扩大沉淀滴定的应用范围。

最近几年，电位滴定法得到了越来越快的发展，由于该方法使用的仪器简单，并且避免依靠指示剂颜色变化来指示滴定终点所带来的误差以及分析人员的主观因素和操作技术等引起的误差，因此准确度和精密度要优于传统的人工滴定法。

【实验目的】

1. 学习电位滴定法的原理、优点和应用。
2. 掌握电位滴定法测定 I^- 含量的操作。

【实验原理】

碘是人体必需的微量元素，是合成甲状腺素的原料。一旦人体缺少碘，就会出现一系列的病态，如甲状腺肿大、智力缺陷等。因此，饮食中摄入适量碘对人体健康有重要作用。在日常饮食中，人们主要是通过食盐、海带和紫菜等摄取碘。关于这些物质中碘含量的测定方法研究较多，如高锰酸钾法、碘量法、分光光度法、极谱法等。这些方法均比较传统，也存在一定的检测缺陷，例如，碘量法的滴定终点不易确定等。

本实验使用 ZDJ-4A 型自动电位滴定仪，采用 $AgNO_3$ 标准溶液滴定 I^- 时电位变化的突跃为滴定终点，根据滴定时所用标准溶液的体积及浓度来计算碘含量，具有较好的测量精度。

【仪器与药品】

1. 仪器：ZDJ-4A 型自动电位滴定仪、银电极、双液接饱和甘汞电极、移液管、容量瓶、烧杯
2. 药品：KI、0.1000 $mol \cdot L^{-1}$ $AgNO_3$ 标准溶液：准确称取 1.6987 g 固体 $AgNO_3$(GR)用二次蒸馏

水溶解定容至 100 mL 容量瓶中

【实验内容】

1. KI 溶液的配制：称取在 105 ℃～110 ℃下烘干的 5 g KI(s) 放入小烧杯中，加二次蒸馏水少许，用玻璃棒搅拌至全部溶解后，转入 500 mL 烧杯中，加水稀释至 300 mL。

2. 准备工作：打开滴定仪，预热半小时，检查线路连接，完成电极的标定校正。再用二次蒸馏水和滴定剂（$AgNO_3$ 标准溶液）先后清洗滴定管多次。

3. 滴定实验：将 0.1000 mol・L^{-1} $AgNO_3$ 标准溶液装入滴定管中，用移液管准确移取 KI 溶液 25 mL，转移至滴定池并加入磁子，用银电极作指示电极，双液接饱和甘汞电极作参比电极，在电磁搅拌器不断搅拌下将 $AgNO_3$ 标准溶液通过滴定管滴加到滴定池中，每加入一定量的 $AgNO_3$ 标准溶液后即可在滴定仪上得到一稳定电位（E），如此即可得到一系列的 $AgNO_3$ 标准溶液体积（V_{AgNO_3}）和相应电位（E）的数据。

4. 实验结束后，用蒸馏水多次清洗电位滴定仪，以免影响后续使用。

5. 数据处理

根据 $AgNO_3$ 标准溶液滴定碘溶液所消耗的体积（V_{AgNO_3}）和相应电位（E）的数据计算出 ΔV、ΔE、$\Delta E/\Delta V$ 等数据，可以由以下两种方法确定滴定终点。

(1)E-V 曲线法：以横坐标代表加入滴定剂的体积 V，纵坐标代表电位 E，绘制 E-V 曲线，即滴定曲线。作两条与滴定曲线成 45°倾斜的切线，在两条切线间作一条垂线，通过垂线的终点作一条切线的平行线，与曲线相交的点即为滴定终点，对应的体积即为滴定至终点所需的体积。

(2)$\Delta E/\Delta V$-V 曲线法：E-V 曲线比较平坦时，突跃不明显，应绘制 $\Delta E/\Delta V$-V 曲线，曲线的最高点所对应的位置即为滴定终点，对应的体积即为滴定至终点所需的滴定剂体积。

最终，I^- 的浓度可通过下式计算：

$$25.00\times c=0.1000\times V$$

式中，c：$AgNO_3$ 标准溶液的浓度，mol・L^{-1}；

V：通过以上方法确定的消耗 $AgNO_3$ 标准溶液的体积，mL。

【思考题】

1. 试评价电位滴定法与使用指示剂指示终点的滴定法的异同。
2. 本实验结果可能的误差来源有哪些？

【参考文献】

[1]　武春青，李春松．电位滴定法近年来的研究进展[J]．内肛科技，2010(11)：56-56.
[2]　华中师范大学，等．分析化学实验[M]．第三版．北京：高等教育出版社，2002.

（杜丹　改编）

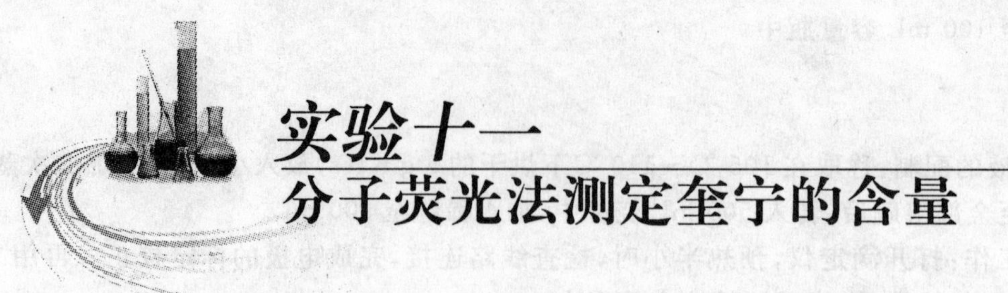

实验十一 分子荧光法测定奎宁的含量

【背景知识】

基态分子吸收了一定能量后，跃迁至激发态，当激发态分子以辐射跃迁形式将能量释放返回基态时，便会产生分子发光(Molecular Luminescence)。

大多数分子含有偶数电子。根据保里不相容原理，基态分子的每一个轨道中，两个电子的自旋方向总是相反的，因而大多数基态分子处于单重态($2S+1=1$)，基态单重态以 S_0 表示。当物质受光照射时，基态分子吸收光能就会产生电子能级跃迁而处于第一、第二电子激发单重态，以 S_1、S_2 表示。处于电子激发态的分子是不稳定的，会很快通过无辐射跃迁和辐射跃迁释放能量而返回基态。辐射跃迁发生光子发射，产生分子荧光和磷光。图 11-1 为分子内所发生的各种物理过程示意图。

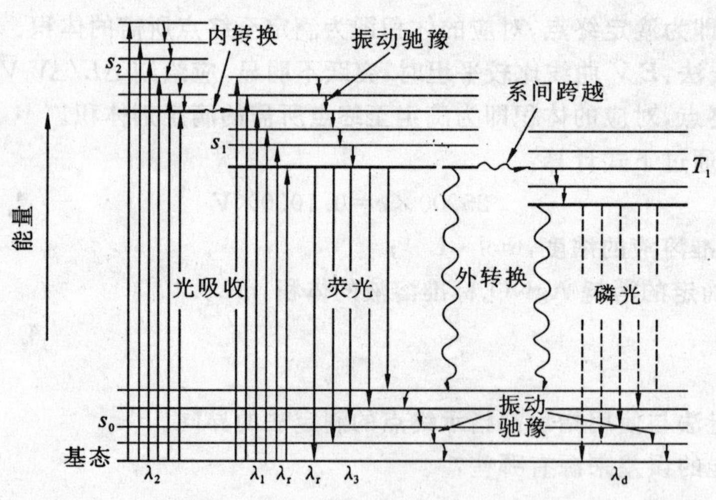

图 11-1 分子内光物理过程

处于第一电子激发单重态最低振动能级的分子，以辐射跃迁的形式返回基态各振动能级时，产生的发光被称为分子荧光。由于激发态中存在振动弛豫和内转换现象，使得荧光的光子能量比其分子受激发所吸收的光子能量低。因此荧光波长总比激发波长要长，荧光的产生在 10^{-9} s～10^{-8} s 内完成。

荧光分析法的最大优点是灵敏度高，它的检出限通常比分光光度法低 2～4 个数量级，选择性也比分光光度法好。因此，该方法在药物、临床、环境、食品的微量、痕量分析以及生命科学研究各个领域获得了广泛的应用。

【实验目的】

1. 了解仪器的性能与结构，熟悉仪器的操作步骤。
2. 学会绘制激发光谱和荧光谱图。

3. 学习定量测定奎宁的含量。

【实验原理】

奎宁在稀酸溶液中是强荧光物质，它有两个激发波长分别为 250 nm 和 350 nm，荧光发射峰在 450 nm。在低浓度时，荧光强度与荧光物质的浓度呈正比：

$$I_f = kc,$$

通过标准曲线法可以测定未知样品中的奎宁含量。

【仪器与药品】

1. 仪器：岛津 RF-5301 型荧光分光光度计、容量瓶、吸量管

2. 药品：(1)100.0 $\mu g \cdot mL^{-1}$奎宁储备液：准确称取 120.7 mg 硫酸奎宁二水合物，加 50 mL 1 $mol \cdot L^{-1}$ H_2SO_4溶解，用去离子水定容至 1000 mL

(2)0.05 $mol \cdot L^{-1}$ H_2SO_4溶液

【实验内容】

1. 10.0 $\mu g \cdot mL^{-1}$标准溶液的配制

取 1 只 100 mL 的容量瓶，用移液管准确加入 10.00 mL 100.0 $\mu g \cdot mL^{-1}$奎宁储备液，用 0.05 $mol \cdot L^{-1}$ H_2SO_4溶液稀释至刻度，摇匀。

2. 系列标准溶液的配制

取 6 只 25 mL 的容量瓶，分别加入 0.00 mL、1.00 mL、2.00 mL、3.00 mL、4.00 mL、5.00 mL 的 10.0 $\mu g \cdot mL^{-1}$奎宁标准溶液，用 0.05 $mol \cdot L^{-1}$ H_2SO_4溶液稀释至刻度，摇匀。

3. 绘制荧光发射光谱和激发光谱（以 1.2 $\mu g \cdot mL^{-1}$的标准溶液找最大 λ_{em}和 λ_{ex}）

将 λ_{ex}固定在 250 nm，选择合适的实验条件，在 350 nm～600 nm 范围内扫描即得荧光发射光谱，从谱图中找出最大 λ_{em}；将 λ_{em}固定在 450 nm，选择合适的实验条件，在 200 nm～400 nm 范围内扫描即得荧光激发光谱，从谱图中找出最大 λ_{ex}值。

4. 绘制标准曲线

将激发波长 λ_{ex}固定在 250 nm 处，荧光发射波长 λ_{em}固定在 450 nm 处，在选定条件下，测量系列标准溶液的荧光强度，以荧光强度为纵坐标，标准溶液的浓度为横坐标作图，得到标准溶液的荧光强度标准曲线。

5. 未知样品的测定

取 4～5 片奎宁药片，在研钵中研细，准确称取约 0.1 g，用 0.05 $mol \cdot L^{-1}$ H_2SO_4溶解，全部转移至 1000 mL 容量瓶中，以 0.05 $mol \cdot L^{-1}$ H_2SO_4稀释至刻度，摇匀。取此溶液 2.0 mL 于 100 mL 容量瓶中，用 0.05 $mol \cdot L^{-1}$ H_2SO_4溶液稀释至刻度，摇匀。取约 4 mL 待测样品，按照标准溶液相同的测定条件测定其荧光强度，并由标准曲线求算未知试样的浓度 $c(\mu g \cdot mL^{-1})$，计算药片中奎宁的质量分数。

$$w_{(\text{奎宁})} = \frac{c\ (\mu g \cdot mL^{-1}) \times 1000\ mL \times 50}{0.1\ g} \times 100\%$$

【注意事项】

1. 奎宁溶液必须当天配制，避光保存。

2. 在实际操作中，狭缝宽度的选择需要根据实验结果进行调整，一般以用 1.2 $\mu g \cdot mL^{-1}$的标准溶液测定出的荧光强度在仪器最大检测限的 40%～50%之间比较合适。

【思考题】

1. 能用 0.05 mol·L^{-1} HCl溶液代替 0.05 mol·L^{-1} H_2SO_4溶液吗？为什么？

2. 如何绘制激发光谱和荧光发射光谱？

3. 哪些因素可能会对奎宁的荧光产生影响？

【参考文献】

[1] 华中师范大学，等. 分析化学[M]. 第三版. 北京：高等教育出版社，2001.

[2] 华中师范大学，等. 分析化学实验[M]. 第三版. 北京：高等教育出版社，2002.

（李伟国 改编）

实验十二
离子选择电极法测定牙膏中总氟含量

【背景知识】

氟是最活泼的非金属元素，自然界中不存在单质氟。氟也是人体必不可少的微量元素之一，成年人平均每人每天氟安全和适宜的摄入量为3.0 mg～4.5 mg，过多过少都可能引起疾病。适量摄入氟对人体有益，摄入量过低会产生龋齿，但是摄入量长期超过正常需要，将导致地方性氟病。测定氟离子常用的方法之一是氟离子选择电极法。它属于电分析化学电位分析法。具有电极结构简单牢固、灵敏度高、响应速度快、能克服色泽干扰、精度高等优点，而且便于携带、操作简单，因而被广泛应用。

【实验目的】

1. 学习离子选择电极法的原理、优点和应用。
2. 掌握离子选择电极法测定牙膏中总氟含量的操作。

【实验原理】

氟离子选择性电极法测牙膏中总氟含量属于电分析化学中电位分析法的一种。此电极是由 LaF_3 单晶制成的，对氟离子具有特异性识别的敏感膜。当控制测定体系的离子强度为一定值时，氟离子选择性电极的电动势与氟离子浓度的对数值呈线性关系。

$$E_{ISE}=K-\frac{RT}{nF}\ln a_{F^-}$$

【仪器与药品】

1. 仪器：配有氟离子选择性电极的 pHS-2 型电位计、饱和甘汞电极、电磁搅拌器
2. 药品：10^{-3} mol·L^{-1} F^-标准贮备液、总离子强度缓冲溶液（TISAB）、溴钾酚绿指示剂、含氟牙膏、浓 HCl、稀 HCl、NaOH 溶液、去离子水

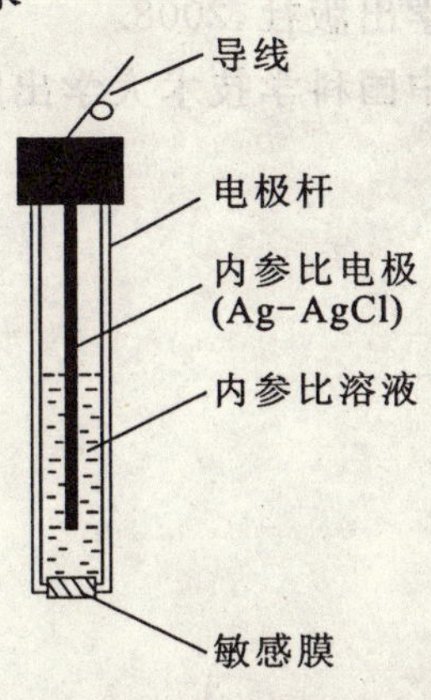

图 12-1　离子选择性电极的构成

【实验内容】

1. 样品预处理

准确称取含氟牙膏样品 1.000 0 g，置于塑料小烧杯中，加入 10 mL 浓热 HCl，充分搅拌约 20 min，用中速定量滤纸过滤，热水充分洗涤。之后往滤液中加 1～2 滴溴钾酚绿指示剂（呈黄色），依次用 NaOH 溶液中和至刚好变蓝，再用稀盐酸调至刚好变黄（pH＝6.0），转至 100 mL 容量瓶中，定容备用。

2. 仪器的处理

仪器预热 20 min，校正仪器，仪器如图 12-1 所示，调节仪器零点。将氟电极接仪器负极接线柱，甘汞电极接仪器 E 接线柱，将两电极插入蒸馏水中，开动搅拌器，反复清洗电极至空白电位（－300 mV）。

3. 标准曲线的制作

分别取 10^{-3} mol·L^{-1} F^- 标准溶液 0.50 mL，1.00 mL，5.00 mL，10.00 mL 于 100 mL 容量瓶中，加入 20 mL TISAB 溶液，用去离子水稀释至刻度。将系列标准溶液由低浓度到高浓度依次转入干的塑料杯中，放入磁子，插入电极，开动搅拌器 5 min～8 min 后停止搅拌，读取平衡电位，在坐标纸上作 E-lg[F^-]曲线（或用电脑制作工作曲线，并求出电极斜率）。

4. 牙膏中总氟含量的测定

移取牙膏滤液样 10.00 mL 于 100 mL 容量瓶中，加入 20.00 mL TISAB 溶液，用水稀释至刻度。再将溶液转入干燥的塑料杯中，测 E 值。

5. 结果处理

(1)氟离子选择性电极用蒸馏水洗 3 次，确定电位稳定值。

(2)绘制 E-lg[F^-]工作曲线并得到线性回归方程。

(3)将测得的牙膏滤液电位值代入方程式，计算出最终牙膏样品中总氟的含量 c_F。

【思考题】

1. 本实验中加入 TISAB 溶液的目的是什么？

2. 为什么要将氟电极洗至一定的电位？

3. 为什么此实验中要控制待测样溶液的 pH 为 6.0 左右？

【参考文献】

[1] 万家亮，等. 分析化学（下册）[M]. 北京：高等教育出版社，2001.

[2] 方惠群，等. 仪器分析[M]. 北京：科学出版社，2008.

[3] 蒲国刚，等. 电分析化学[M]. 合肥：中国科学技术大学出版社，1993.

（龚静鸣　改编）

实验十三
混合物中铬、锰含量的同时测定

【背景知识】

吸光度是指光线通过溶液或某一物质前的入射光强度与该光线通过溶液或物质后的透射光强度比值并以10为底的对数，影响它的因素有溶剂、浓度、温度等。吸光度用A来表示。$A=abc$，式中a为吸收系数，单位为$L \cdot g^{-1} \cdot cm^{-1}$，$b$为液层厚度（通常为比色皿的厚度），单位为cm，$c$为溶液浓度，单位为$g \cdot L^{-1}$。吸收系数与入射光的波长以及被光通过的物质有关，只要光的波长被固定下来，同一种物质，吸收系数就不变。

对于多组分体系中，如果各种吸光物质之间不相互作用，我们根据吸光度的加和性原理可达到对多组分的同时测定。在吸光度测定中，可选用双光束分光光度计，来抵消吸收池对入射光的吸收、反射，以及溶剂、试剂等对入射光的吸收、散射等。

【实验目的】

1. 掌握朗伯比尔定律、吸光度加和性原理及其应用。
2. 熟悉紫外可见分光光度计的操作，能运用吸光度加和性原理同时测定混合物中铬、锰的含量等。

【实验原理】

在多组分体系中，如果各种吸光物质之间不相互作用，这时体系的总吸光度等于各组分吸光度之和，即吸光度具有加和性的特点。图13-1是在H_2SO_4溶液中$Cr_2O_7^{2-}$和MnO_4^-的吸收曲线，从图上可以看出两者有部分重叠，说明在进行分光光度法测定时，两组分彼此相互干扰。根据吸光度的加和性原理，可以通过解联立方程组分别求出各未知组分的含量。

$$\begin{cases} A_{(Cr+Mn)\lambda_1}=A_{(Cr)\lambda_1}+A_{(Mn)\lambda_1}=a_{(Cr)\lambda_1}bc_{Cr}+a_{(Mn)\lambda_1}bc_{Mn} \\ A_{(Cr+Mn)\lambda_2}=A_{(Cr)\lambda_2}+A_{(Mn)\lambda_2}=a_{(Cr)\lambda_2}bc_{Cr}+a_{(Mn)\lambda_2}bc_{Mn} \end{cases}$$

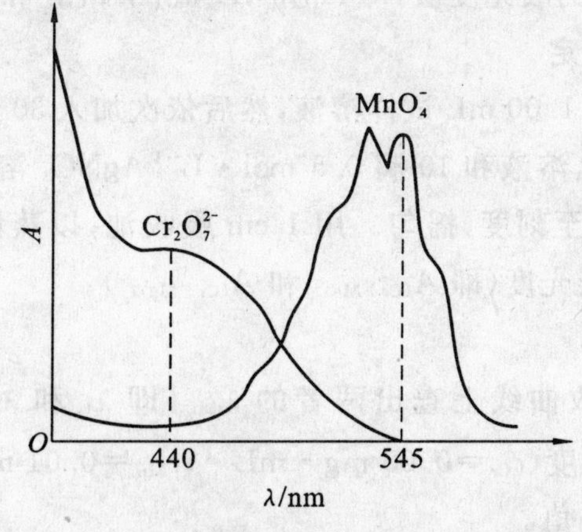

图13-1　H_2SO_4溶液中CrO_7^{2-}和MnO_4^-的吸收曲线

在此，液层厚度 b 通常为 1 cm，因此，解此联立方程组，即可得：

$$\begin{cases} c_{Cr}=\dfrac{A_{(Cr+Mn)\lambda_1}\,a_{(Mn)\lambda_2}-A_{(Cr+Mn)\lambda_2}\cdot a_{(Mn)\lambda_1}}{a_{(Cr)\lambda_1}\cdot a_{(Mn)\lambda_2}-a_{(Cr)\lambda_2}\cdot a_{(Mn)\lambda_1}} \\ c_{Mn}=\dfrac{A_{(Cr+Mn)\lambda_1}-a_{(Cr)\lambda_1}\cdot c_{Cr}}{a_{(Mn)\lambda_1}} \end{cases}$$

式中，$a_{(Cr)\lambda_1}$、$a_{(Cr)\lambda_2}$、$a_{(Mn)\lambda_1}$ 和 $a_{(Mn)\lambda_2}$ 分别为 $Cr_2O_7^{2-}$ 和 MnO_4^- 在 λ_1 和 λ_2 处的吸收系数(单位为$L\cdot g^{-1}\cdot cm^{-1}$)，可分别用已知浓度的 $Cr_2O_7^{2-}$ 和 MnO_4^- 溶液在 λ_1 和 λ_2 处测量其 A 值计算而得。

本实验以 $AgNO_3$ 为催化剂，在 H_2SO_4-H_3PO_4 介质中，加入过量$(NH_4)_2S_2O_4$氧化剂，将混合液中低价态的铬和锰氧化成$Cr_2O_7^{2-}$和 MnO_4^-，然后在两者的λ_{max}处(设分别为 λ_1 和 λ_2)测定混合液的总吸光度 $A_{(Cr+Mn)\lambda_1}$ 和 $A_{(Cr+Mn)\lambda_2}$。

【仪器与药品】

1. 仪器：UV-1000 型紫外可见分光光度计

2. 药品：(1)1.0 $mg\cdot mL^{-1}$铬标准溶液　准确称取 3.374 g 分析纯铬酸钾(预先在 105 ℃～110 ℃下烘烧 1 h)，溶于适量水中，转移至 1 L 的容量瓶中，用蒸馏水稀释至刻度，摇匀

(2)1.0 $mg\cdot mL^{-1}$锰标准溶液　准确称取 2.749 g 分析纯硫酸锰(在 400 ℃～500 ℃灼烧过)，溶于适量水中，转移至 1 L 的容量瓶中，用蒸馏水稀释至刻度，摇匀

(3)H_2SO_4-H_3PO_4 混合酸[$\psi(H_2SO_4:H_3PO_4:H_2O)=15:15:70$]

(4)0.5 $mol\cdot L^{-1}$ $AgNO_3$ 溶液

(5)150 $g\cdot L^{-1}$ $(NH_4)_2S_2O_4$溶液(需用时现配)

【实验内容】

1. 测绘 $Cr_2O_7^{2-}$ 和 MnO_4^- 溶液的吸收曲线

在两只 100 mL 容量瓶中，分别加入 5.00 mL 铬标准溶液和 1.00 mL 锰标准溶液，然后各加入 30 mL 水、10 mL H_2SO_4-H_3PO_4混合酸、2 mL 150 $g\cdot L^{-1}$ $(NH_4)_2S_2O_4$和 10 滴 0.5 $mol\cdot L^{-1}$ $AgNO_3$溶液，沸水浴中加热并保持微沸 3 min～5 min。待溶液颜色稳定后，冷却，用水稀释至刻度，摇匀。再用 1 cm 吸收池(事先挑选两个光学性质一致的吸收池)以蒸馏水为参比，在 360 nm～760 nm 范围内自动扫描，分别绘制 $Cr_2O_7^{2-}$ 和 MnO_4^- 的吸收曲线，确定各自的最大吸收波长 λ_{max}(即 λ_1 和 λ_2)，同时记录两条曲线上 λ_1 和 λ_2 对应的 $Cr_2O_7^{2-}$ 和 MnO_4^- 的吸光度值，即 $A_{(Cr)\lambda_1}$，$A_{(Mn)\lambda_1}$，$A_{(Cr)\lambda_2}$ 和 $A_{(Mn)\lambda_2}$。

2. Cr^{3+} 和 Mn^{2+} 含量的同时测定

在 1 只 100 mL 容量瓶中加入 1.00 mL 试样溶液，然后依次加入 30 mL 水、10 mL H_2SO_4-H_3PO_4混合酸、2 mL 150 $g\cdot L^{-1}$ $(NH_4)_2S_2O_4$溶液和 10 滴 0.5 $mol\cdot L^{-1}$ $AgNO_3$ 溶液，沸水浴中保持微沸5 min以上，待溶液颜色稳定后，冷却，稀释至刻度，摇匀。用 1 cm 吸收池，以蒸馏水为空白，分别在 $Cr_2O_7^{2-}$ 和 MnO_4^- 的 λ_{max}处测定混合液的总吸光度(即 $A_{(Cr+Mn)\lambda_1}$ 和 $A_{(Cr+Mn)\lambda_2}$)。

3. 实验结果与数据处理

分别从 $Cr_2O_7^{2-}$ 和 MnO_4^- 吸收曲线上查出两者的 λ_{max} (即 λ_1 和 λ_2)处的 $A_{(Cr)\lambda_1}$，$A_{(Mn)\lambda_1}$，$A_{(Cr)\lambda_2}$ 和 $A_{(Mn)\lambda_2}$值，根据铬、锰标准溶液的浓度($c_{Cr}=0.05\ mg\cdot mL^{-1}$，$c_{Mn}=0.01\ mg\cdot mL^{-1}$)，由 $A=abc$ 关系式，计算出 $a_{(Cr)\lambda_1}$、$a_{(Cr)\lambda_2}$、$a_{(Mn)\lambda_1}$ 和 $a_{(Mn)\lambda_2}$ 值。

将各 a 值和混合液的 $A_{(Cr+Mn)\lambda_1}$ 和 $A_{(Cr+Mn)\lambda_2}$ 值代入式(1)和(2)，即可求出混合液中铬、锰的浓度，以

c'_{Cr}和 c'_{Mn}表示。则原试液中 $c_{Cr}=100c'_{Cr}$，$c_{Mn}=100c'_{Mn}$(因试液在 100 mL 容量瓶中被稀释)。

【思考题】

1. 本实验中显色液需要加热的原因是什么?
2. 根据吸收曲线,本实验可以选择测定波长为 420 nm 和 500 nm 吗? 为什么?
3. 本实验中为何采用 H_2SO_4-H_3PO_4 作为酸性介质?

(周燕平　改编)

实验十四 高效液相色谱法测定绿茶饮料中的咖啡因和茶碱的含量

【背景知识】

高效液相色谱法(high performance liquid chromatography,HPLC)是20世纪60年代末、70年代初发展起来的一种新型分离分析技术。它是在经典液相色谱的基础上,引入气相色谱的理论,并采用高压泵、高效固定相和高灵敏度检测器等先进技术发展而来。高效液相色谱法是以液体作为流动相的色谱法,利用样品中各组分在色谱柱中固定相和流动相相间分配系数或吸附系数的差异,将各组分分离后进行定性、定量分析。该方法具有分析速度快、分离效率高、灵敏度高、操作自动化和应用范围广等优点。高效液相色谱仪主要包括高压输液系统、进样系统、分离系统、检测系统四个主要部分。此外,还有脱气、梯度洗脱、自动进样、馏分收集及数据处理系统等辅助装置。其工作流程如图14-1所示。

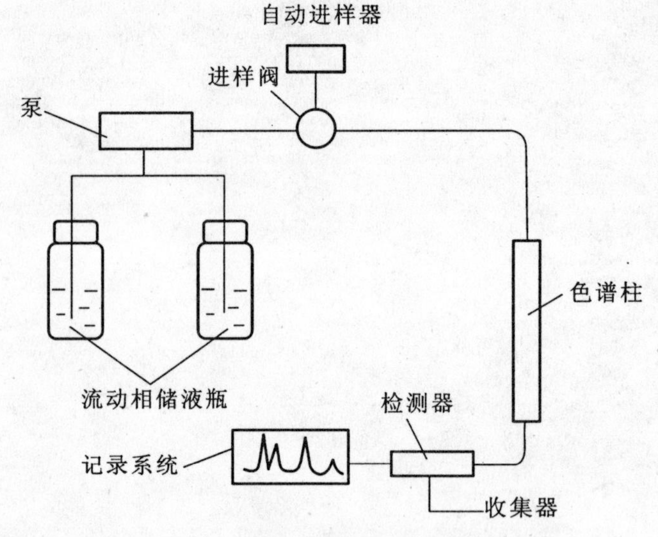

图14-1 高效液相色谱仪器结构示意图

【实验目的】

1. 学习高效液相色谱仪的基本结构和基本操作。
2. 了解反相液相色谱法的原理、优点和应用。
3. 通过用高效液相色谱法测定绿茶饮料中的咖啡因和茶碱的含量,掌握采用高效液相色谱法进行定性、定量分析的基本方法。

【实验原理】

绿茶饮料是一种以绿茶粉末或浓缩液为原料的饮料,以其优异的口感,成为大众喜爱的饮品之一。绿茶饮料中含有茶多酚、咖啡因、茶碱、单丁酸、蔗糖等多种成分。咖啡因是其中的重要生物活性物质,它能兴奋大脑皮层,使人消除疲劳,精神兴奋,但是大量摄入会对人体造成一定程度的损害。咖啡因和茶碱都属于天然的黄嘌呤类衍生物,它们的化学名称分别为1,3,7-三甲基黄嘌呤和1,3-二甲基黄嘌呤。二者都具有兴奋中枢神经系统、强心、利尿等作用,但作用强度略不相同。

定量测定咖啡因和茶碱的传统分析方法是滴定法、紫外可见分光光度法。本实验采用高效液相色谱法对绿茶饮料中的咖啡因和茶碱进行定量分析,采用反相高效液相色谱法将绿茶饮料中的咖啡因、茶碱与其他组分分离后进行二极管陈列检测。在恒定的实验条件下,以色谱图上物质的保留时间 t_R(或保留距离)作为定性参数,以峰面积 A 作为定量参数,以不同浓度咖啡因和茶碱标准溶液的峰面积对浓度作图,绘制工作曲线。再根据样品中咖啡因和茶碱的峰面积,利用工作曲线法(即外标法)测定饮料中的咖啡因和茶碱含量。

【仪器与药品】

1. 仪器:岛津-20AT 高效液相色谱仪、二极管阵列检测器、色谱柱[ODS(C_{18})柱(4.6 mm×250 mm),粒径 5 μm]、平头微量注射器、容量瓶若干

2. 药品:咖啡因和茶碱标准试剂、重蒸水、氯仿、流动相(70%水+30%甲醇,1 L)

【实验内容】

1. 咖啡因和茶碱标准储备液的配制:准确称取 10 mg 咖啡因,用配制的流动相溶解,转入 100 mL 容量瓶中,稀释、定容。按照同样的方法配制茶碱标准储备液。

2. 咖啡因和茶碱标准溶液的配制:准确移取 0.1 mL 咖啡因标准储备液,于 10 mL 容量瓶中,定容至刻度。按照同样的方法配制茶碱标准溶液。

3. 一系列混合标准溶液的配制:分别移取 0.1 mL,0.2 mL,0.3 mL,0.4 mL,0.5 mL 的咖啡因标准储备液和等体积的茶碱标准储备液于 10 mL 容量瓶中,定容至刻度。所得混合标准溶液的浓度分别为:1 μg/mL、2 μg/mL、3 μg/mL、4 μg/mL、5 μg/mL。

4. 按附录中岛津高效液相色谱仪的操作步骤,启动色谱仪,打开软件操作界面,设置下列各项参数,流动相:70%水+30%甲醇,流速:1.0 mL·min^{-1},检测器:PDA,检测波长:254 nm。打开 Purge 阀排气泡,平衡色谱柱,观察基线。

5. 待基线平衡后进样,用待进样溶液清洗过的平头微量注射器吸取 10 μL 咖啡因标准溶液和茶碱标准溶液,进样。再按照浓度从低到高的顺序进混合标准溶液。

6. 绿茶饮料的处理:绿茶饮料经超声波脱气 10 min,0.45 μm 滤膜过滤,用流动相稀释 50 倍待用。

7. 按步骤 5 操作,测定饮料中的样品浓度。

8. 实验结束后,检查仪器是否正常,用梯度洗脱对色谱柱进行洗脱,洗脱完毕后,关闭仪器。

9. 数据处理

(1)根据标准试样色谱图中的保留数据,找到色谱图中相应咖啡因和茶碱的色谱峰。

(2)用标准试样的峰面积 A 对质量浓度 c(μg/mL)分别绘制两种分析物的工作曲线。

(3)由未知样的峰面积从工作曲线上求得其中咖啡因和茶碱的质量浓度(μg/mL)。

【注意事项】

1. 饮料样品必须经过脱气、过滤处理,不能直接进样。因为直接进样虽然操作简单,但会影响色谱柱的寿命。

2. 不同牌号绿茶饮料中目标物含量不大相同,稀释倍数可酌量增减。

3. 样品和标准溶液需要冷藏保存。

【思考题】

1. 解释用反相色谱法测定咖啡因的原理。

2. 高效液相色谱法是如何进行定性和定量分析的。

(徐晖　改编)

实验十五 紫外吸收光谱测定蒽醌试样中蒽醌的含量

【背景知识】

1852年,比尔(Beer)参考了布给尔(Bouguer)1729年和朗伯(Lambert)在1760年所发表的文章,提出了分光光度的基本定律,即液层厚度相等时,颜色的强度与呈色溶液的浓度成比例,从而奠定了分光光度法的理论基础,这就是著名的朗伯-比尔定律。1854年,杜包斯克(Duboscq)和奈斯勒(Nessler)等人将此理论应用于定量分析化学领域,并且设计了第一台比色计。到1918年,美国国家标准局制成了第一台紫外可见分光光度计。此后,紫外可见分光光度计经不断改进,又出现自动记录、自动打印、数字显示、微机控制等各种类型的仪器,光度法的灵敏度和准确度在不断提高,其应用范围也在不断扩大。

【实验目的】

1. 了解紫外可见光谱仪的基本工作原理和基本操作步骤。
2. 掌握用紫外可见吸收光谱测定蒽醌摩尔吸收系数 κ 的方法。
3. 掌握用紫外可见吸收光谱定性及定量分析物质的方法。

【实验原理】

利用紫外吸收光谱进行定量分析时,必须选定合适的测定波长。在蒽醌粗品中含有邻苯二甲酸酐,它们的紫外吸收光谱如图15-1所示。

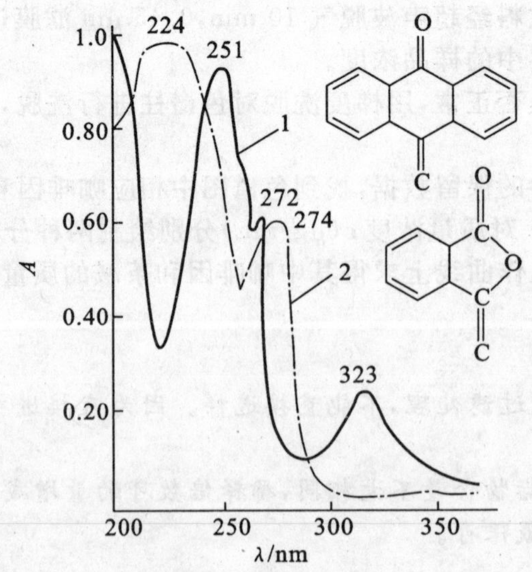

图 15-1 紫外吸收光谱

由于在蒽醌分子结构中的双键共轭体系大于邻苯二甲酸酐,因此蒽醌的吸收峰红移比邻苯二甲酸酐大,且两者的吸收峰形状及其最大吸收波长各不相同,蒽醌在波长251 nm处有一强吸收峰($\kappa=4.6\times10^4$ L·mol^{-1}·cm^{-1}),在波长323 nm处有一中等强度的吸收峰($\kappa=4.7\times10^3$ L·mol^{-1}·cm^{-1}),而在波长 251 nm 附近有一邻苯二甲酸酐的强烈吸收峰 λ_{max}($\kappa = 3.3 \times 10^4\ L \cdot mol^{-1} \cdot cm^{-1}$)，为避开其干扰，选用 323 nm 处作为测定蒽醌的工作波长。由于甲醇在波长 250 nm～350 nm 处无吸收干扰，因此可用甲醇作为参比溶液。

注：κ 是衡量吸光度定量分析方法灵敏度的重要指标，可利用求标准曲线斜率的方法求得。

【仪器与药品】

1. 仪器：2550 型紫外-可见分光光度计

2. 药品：蒽醌、甲醇、邻苯二甲酸酐

(1)4.0 $g \cdot L^{-1}$ 蒽醌标准贮备液　准确称取 0.400 0 g 蒽醌置于 100 mL 烧杯中，用甲醇溶解后转移到 100 mL 容量瓶中，以甲醇稀释至刻度，摇匀

(2)0.040 0 $g \cdot L^{-1}$ 蒽醌标准溶液　吸取 1.0 mL 上述蒽醌贮备液于 100 mL 容量瓶中，以甲醇稀释至刻度，摇匀

(3)蒽醌粗品试样

【实验内容】

1. 蒽醌系列标准溶液的配制　在 5 只 10 mL 容量瓶中，分别加入 2.00 mL，4.00 mL，6.00 mL，8.00 mL，10.00 mL 蒽醌标准溶液(0.040 0 $g \cdot L^{-}$)，然后用甲醇稀释到刻度，摇匀备用。

2. 称取 0.100 0 g 蒽醌粗品试样于小烧杯中，用甲醇溶解后，转移至 50 mL 容量瓶中，以甲醇稀释至刻度，摇匀备用。

3. 用 1 cm 石英吸收池，以甲醇作为参比溶液，在 200 nm～350 nm 波长范围内测定一份蒽醌标准溶液的紫外吸收光谱。

4. 在选定波长下，以甲醇为参比溶液，测定蒽醌标准溶液系列及蒽醌试液的吸光度。以蒽醌标准溶液的吸光度为纵坐标，浓度为横坐标，绘制标准曲线。根据蒽醌粗品试液的吸光度，在标准曲线上查得其对应的浓度，并根据试样的配制情况，计算蒽醌试样中蒽醌的含量并计算此波长处的 κ 值。

5. 实验结果与数据处理

(1)原始数据记录。

浓度($10^{-3} g \cdot L^{-1}$)	8	16	24	32	40	x
吸光度						

(2)绘制标准曲线。

(3)计算蒽醌在波长 323 nm 处的摩尔吸收系数。

(4)计算蒽醌粗品试液的浓度。

【思考题】

1. 为什么波长选用 323 nm 而不选用 251 nm 作为蒽醌定量分析的测定波长？

2. 为什么要用甲醇作为参比溶液？

【参考文献】

[1]　华中师范大学，等. 分析化学[M]. 第三版. 北京：高等教育出版社，2001.

[2]　华中师范大学，等. 分析化学实验[M]. 第三版. 北京：高等教育出版社，2002.

(李芳　改编)

实验十六
一维核磁共振氢谱鉴定乙基苯的结构

【背景知识】

1946 年美国哈佛大学的珀塞尔(Purcell)和斯坦福大学的布洛克(Bloch)各自独立观察到一般状态下的核磁共振现象,它是磁性原子核在外磁场中选择性地吸收了射频能量,发生核能级跃迁的物理过程。若将磁性核对射频能量吸收产生的共振信号与射频频率对应记录下来,即得到核磁共振波谱(Nuclear Magnetic Resonance Spectroscopy,NMR Spectroscopy)。

目前,NMR 波谱是分子科学、材料科学、生物和医学中研究不同物质结构、物性的最有效的工具之一。在化学、医学、生物学和物理学科领域均会使用到 NMR 方法。NMR 技术发展得最成熟、应用最广泛的是氢核共振,它可以提供有机化合物中氢原子所处的位置、化学环境,在各官能团或骨架上氢原子的相对数目,以及分子构型等有关信息,为确定有机物分子结构提供重要依据。

【实验目的】

1. 了解核磁共振的基本原理及傅里叶变换脉冲核磁共振谱仪的基本结构。
2. 了解核磁共振波谱的样品制备、测定方法与步骤、谱图的识别与解析。

【实验原理】

自旋不为零的粒子,如电子和质子,具有自旋磁矩。如果我们把这样的粒子放入稳恒的外磁场中,粒子的磁矩就会和外磁场相互作用而使粒子的能级产生分裂,分裂后两能级间的能量差为:

$$\Delta E=\gamma \hbar B_0$$

式中,γ 为粒子的旋磁比,$\hbar$为约化普朗克常数,B_0为稳恒外磁场。

如果此时再在稳恒外磁场的垂直方向给粒子加上一个高频电磁场,该电磁场的频率为 ν,能量为:

$$\Delta E=\hbar\nu$$

当该能量等于粒子分裂后两能级间的能量差 ΔE 时,即:

$$h\nu=\gamma \hbar B_0$$

低能极上的粒子就要吸收高频电磁场的能量产生跃迁,即所谓的核磁共振。

一维核磁共振氢谱中包含的主要参数有:化学位移、自旋耦合和裂分、信号强度及积分面积。根据这些参数可以判断有机化合物分子中各种氢核的数目、化学环境及相互作用情况,从而可推出未知物的分子结构,同时还可以与标准谱图对照加以验证。

【仪器与药品】

1. 仪器:Varian 600 MHz 傅里叶超导核磁共振谱仪、直径 5 mm 核磁共振样品管
2. 药品:乙基苯溶液、TMS 内标、$CDCl_3$溶剂

【实验内容】

1. 保持仪器温度在 20 ℃左右。启动仪器,运行核磁共振程序,使谱仪处于计算机的管理之下。待

磁体、探头达到热平衡，谱仪电气系统运转稳定时，即可开始实验（教师事先完成）。

2. 用移液枪移取 0.1 mL 乙基苯溶液于 5 mm 的 NMR 样品管中，加入 0.5 mL 的 $CDCl_3$ 溶液，再滴入两滴 TMS 溶液，加盖摇匀。将样品放入探头中，测定乙基苯试样。

3. 锁场、匀场、调整分辨率。利用试样中的氘信号进行锁场。观测内标 TMS 信号峰的半高宽，仔细调节各组匀场线圈的电流，使峰型正确、半高宽值尽可能小，以改善仪器分辨率。

4. 设置观测参数并采集乙基苯一维核磁共振氢谱。重要的参数有：①样品中观测核偏置；②氢谱谱宽为－1 ppm～15 ppm；③采样时间为 1 s；④延迟时间为 2 s；⑤扫描次数为 8 次；⑥脉冲序列是 PROTON。

5. 实验结果与数据处理

(1)对 FID 信号做傅里叶变换获得频谱图。

(2)调整谱图宽度。

(3)校正谱图基线及相位。

(4)确定化学位移标尺。

(5)选取乙基苯信号峰的化学位移及强度。

(6)对谱图做积分处理。

(7)绘制谱图。

(8)对各信号峰进行归属，确定乙基苯的每个质子信号。

【注意事项】

1. 严格按照操作规程进行实验，与实验无关的程序指令不得输入，不要乱动旋钮。

2. 严禁将铁磁性物质带入仪器间，特别是磁体区域。

3. 实验人员应距离超导磁体 1 m 以上，严禁蹦跳及摔打物品，以免因剧烈震动造成磁体失超。

4. 样品管的插入和取出务必小心谨慎，切忌碰碎或折断探头而造成事故。

【思考题】

1. 什么是化学位移和耦合常数？怎样从核磁共振图谱上确定这两个参数？

2. 600 MHz 核磁共振谱仪测试的图谱中相对化学位移 1 ppm 等于多少 Hz？

3. 化学位移是否随外磁场而改变？为什么？

【参考文献】

[1]　华中师范大学，等. 分析化学[M]. 第三版. 北京：高等教育出版社，2001.

[2]　华中师范大学，等. 分析化学实验[M]. 第三版. 北京：高等教育出版社，2002.

（李芳　改编）

实验十七 邻二氮菲分光光度法测定试样中的微量铁

【背景知识】

吸光光度法(Absorption Photometry)是基于物质对光的选择性吸收而建立起来的一种分析方法。其中包括比色法、紫外-可见吸光光度法和红外光谱法等。可见吸光光度法(又称分光光度法,简称光度法)的测定对象以含金属离子的有色溶液为主。

吸光光度法具有灵敏度高、仪器设备简单、操作简便快速、准确度较高、应用广泛的特点。

(一) 朗伯-比尔定律

物质对光吸收的定量关系,可用光吸收的基本定律——朗伯-比尔定律来表述:

$$A=Kbc$$

朗伯-比尔定律的物理意义是,当一束平行单色光垂直通过某一均匀非散射的吸光物质时,其吸光度 A 与吸光物质的浓度 c 及吸收层厚度 b 成正比。这是吸光光度法进行定量分析的理论依据。

实际工作中进行吸光度测定时,首先需要绘制待测溶液的光吸收曲线,找出最大吸收波长,然后在最大吸收波长处,测定溶液的标准曲线进行定量分析。

(二) 吸收曲线(吸收光谱)

将不同波长的单色光依次照射某一吸光物质的溶液,并测量该物质在每一波长处对光吸收程度的大小(吸光度),以波长(λ)为横坐标,吸光度(A)为纵坐标作图,即可得到一条吸光度随波长变化的曲线,称之为吸收曲线或吸收光谱。吸收曲线中吸光度最大值处(吸收峰)对应的波长称为最大吸收波长,以 λ_{max} 表示。例如,如图 17-1 所示为 $KMnO_4$ 溶液的吸收曲线,$\lambda_{max}=525$ nm。

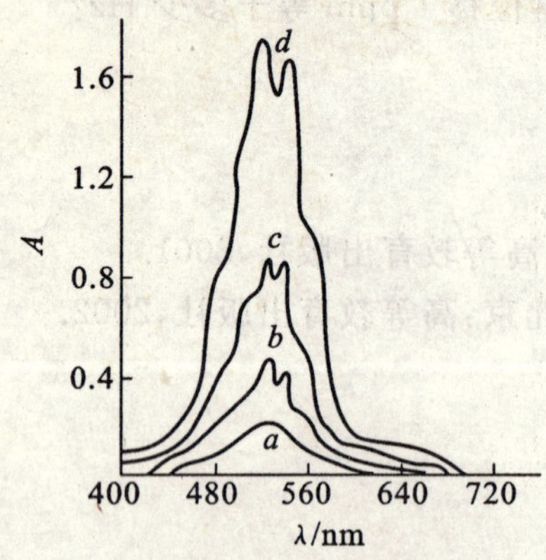

图 17-1 $KMnO_4$ 溶液的吸收曲线

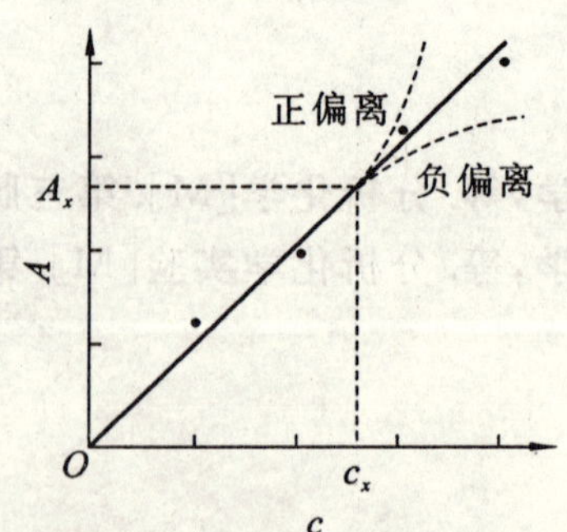

图 17-2 标准曲线与偏离

(三) 标准曲线的绘制及其应用

标准曲线又称工作曲线。在绘制时,首先在一定条件下配制一系列具有不同浓度吸光物质的标准溶液,然后在确定的波长条件下,分别测量系列溶液的吸光度,绘制 A-c(吸光度-浓度)曲线,得到一条通过原点的直线,即标准曲线。

当需要对某未知液的浓度 c_x 进行定量测定时,在相同条件下测得未知液的吸光度 A_x,直接在标准

曲线上查得 c_x，如图 17-2 所示。

【实验目的】

1. 掌握紫外可见分光光度计的基本操作。

2. 掌握邻二氮菲分光光度法测定微量铁的原理和方法。

3. 掌握吸收曲线绘制及最大吸收波长选择。

4. 掌握标准曲线绘制及应用。

【实验原理】

邻二氮菲(phen)和 Fe^{2+} 在 pH＝3～9 的溶液中，生成一种稳定的橙红色络合物 $[Fe(phen)_3]^{2+}$，其中 $\lg K=21.3$，$\kappa_{508}=1.1\times10^4\ L\cdot mol^{-1}\cdot cm^{-1}$，铁含量在 $0.1\ \mu g\cdot mL^{-1}\sim6\ \mu g\cdot mL^{-1}$ 范围内遵守朗伯-比尔定律。显色前需用盐酸羟胺或抗坏血酸将 Fe^{3+} 全部还原为 Fe^{2+}，然后再加入邻二氮菲，并调节溶液酸度至适宜的显色酸度范围。有关反应如下：

$$2Fe^{3+}+2NH_2OH\cdot HCl=2Fe^{2+}+N_2\uparrow+2H_2O+4H^++2Cl^-$$

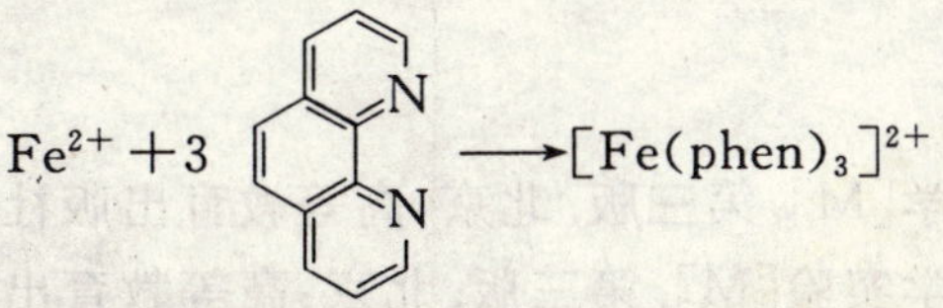

$$Fe^{2+}+3\ \text{(N N)}\longrightarrow[Fe(phen)_3]^{2+}$$

用吸光光度法测定物质的含量，一般采用标准曲线法，即配制一系列浓度的标准溶液，在实验条件下依次测量各标准溶液的吸光度 A，以溶液的浓度 c 为横坐标，相应的吸光度 A 为纵坐标，绘制标准曲线。在同样实验条件下，测定待测溶液的吸光度 A_x，根据测得吸光度值 A_x 从标准曲线上查出相应的浓度值 c_x，即可计算试样中被测物质的质量浓度。

【仪器与药品】

1. 仪器：UV-1000 型紫外可见分光光度计、1 cm 比色皿

2. 药品：$0.10\ mg\cdot mL^{-1}$ 铁标准溶液、$100\ g\cdot L^{-1}$ 盐酸羟胺水溶液(需用时现配)、$1.5\ g\cdot L^{-1}$ 邻二氮菲水溶液(避光保存，溶液颜色变暗时即不能使用)、$1.0\ mol\cdot L^{-1}$ 乙酸钠溶液

【实验内容】

1. 显色标准溶液的配制

在序号为 1～6 的 6 只 50 mL 容量瓶中，用吸量管分别加入 0.00 mL，0.20 mL，0.40 mL，0.60 mL，0.80 mL，1.00 mL 铁标准溶液(含铁 $0.10\ mg\cdot mL^{-1}$)，分别加入 1.00 mL $100\ g\cdot L^{-1}$ 盐酸羟胺溶液，摇匀后放置 2 min，再各加入 2.00 mL $1.5\ g\cdot L^{-1}$ 邻二氮菲溶液、5.00 mL $1.0\ mol\cdot L^{-1}$ 乙酸钠溶液，用水稀释至刻度，摇匀。

2. 吸收曲线的绘制

在分光光度计上，用 1 cm 吸收池，以空白试剂(1 号)为参比，在 360 nm～700 nm 之间进行扫描，测定待测溶液(5 号)的吸光度 A，得到以波长为横坐标，吸光度为纵坐标的吸收曲线，从而选择测定铁的最大吸收波长 λ_{max}。

3. 标准曲线的测绘

以步骤 1 中空白试剂(1 号)为参比，用 1 cm 吸收池，在选定波长下测定 2～6 号各显色标准溶液的吸光度。以铁的浓度($mg\cdot mL^{-1}$)为横坐标，相应的吸光度为纵坐标，绘制标准曲线。

4. 铁含量的测定

移取试样溶液(7 号)1.00 mL,按步骤 1 显色后,在相同条件下测量其吸光度 A_x,由标准曲线上查出对应的 c_x,再进一步计算试样中微量铁的质量浓度 c_{Fe}。

$$c_{Fe}=\frac{c_x \times 50.0\ \text{mL}}{1.0\ \text{mL}}(\text{mg}\cdot\text{mL}^{-1})$$

【注意事项】

1. 盐酸羟胺性质不稳定,易氧化变质,最好现用现配。用盐酸羟胺还原 Fe^{3+} 时,酸度高些为宜。因此应在加入盐酸羟胺后,摇匀,再加缓冲溶液和显色剂。

2. 在实际操作中,应注意调整 c_x 的大小,使其对应的 A_x 处于标准曲线的范围之内。

【思考题】

1. 用邻二氮菲测定铁时,为什么要加入盐酸羟胺?其作用是什么?

2. 测绘标准曲线和测定试液时,为什么要以空白试剂为参比?

【参考文献】

[1] 华中师范大学,等. 分析化学[M]. 第三版. 北京:高等教育出版社,2001.

[2] 华中师范大学,等. 分析化学实验[M]. 第三版. 北京:高等教育出版社,2002.

(许汉英 宋丹丹 改编)

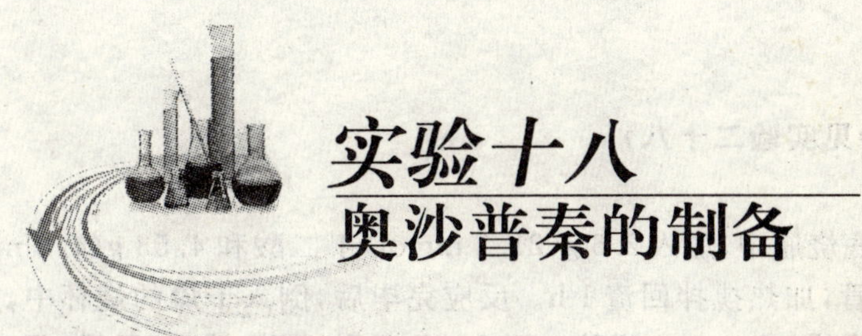

实验十八　奥沙普秦的制备

【背景知识】

奥沙普秦(又名噁丙嗪,Oxaprozin),化学名为4,5-二苯基噁唑-2-丙酸,是一种长效芳基丙酸类非甾体抗炎药,由美国Wyeth公司开发,经FDA批准于1992年首次上市。奥沙普秦可抑制环氧合酶以及酯氧合酶的生成,具有抗炎、镇痛、解热效果好、毒副作用小、作用时间长等优点。药理实验表明,其作用强度与阿司匹林相似,高于吲哚美辛。常规方法制备奥沙普秦首先由二苯乙醇酮(安息香)与丁二酸酐(琥珀酸酐)形成单酯,然后经环合制得。反应可以采用多步法也可用一锅法。随着微波在合成化学中的应用,微波技术在药物合成中的应用也越来越广泛。温新民等人采用微波辐射下的一锅工艺,使反应时间由常规条件下的3 h缩短为10 min,提高了合成效率的同时收率也得到了提高。

【实验目的】

1. 了解消炎镇痛药奥沙普秦。
2. 学习制备奥沙普秦的反应原理。
3. 掌握奥沙普秦的实验室合成方法。

【实验原理】

奥沙普秦的合成首先由二苯乙醇酮与丁二酸酐形成单酯,然后经环合制得,其反应步骤如下:

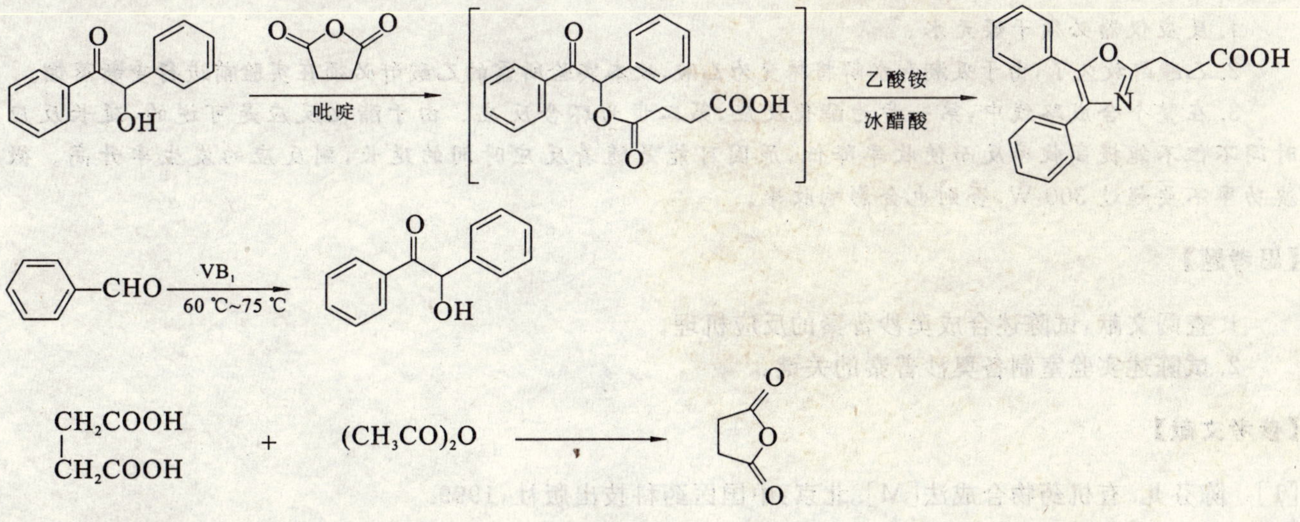

二苯乙醇酮(OH) + 丁二酸酐 —吡啶→ [单酯(COOH)] —乙酸铵/冰醋酸→ 奥沙普秦(COOH)

苯甲醛(CHO) —VB_1, 60 ℃~75 ℃→ 二苯乙醇酮(OH)

$$\begin{array}{l} CH_2COOH \\ | \\ CH_2COOH \end{array} + (CH_3CO)_2O \longrightarrow \text{丁二酸酐}$$

【仪器与药品】

1. 仪器:标准磨口仪、加热套、减压抽滤装置、微波合成仪、磁力搅拌器、熔点测定仪
2. 药品:维生素B_1、苯甲醛(新蒸)、丁二酸、乙酸酐、吡啶、乙酸铵、冰醋酸、氢氧化钠、乙醚、95%乙醇、甲醇

【实验内容】

1. 安息香的制备(参见实验二十八)

2. 丁二酸酐的制备

在干燥的50 mL圆底烧瓶中，加入2.5 g(21.2 mmol)丁二酸和4.53 g(4.2 mL，44.4 mmol)乙酸酐，装上球形冷凝管和干燥管，加热搅拌回流1 h。反应完毕后，倒入干燥的烧杯中，放置0.5 h，冷却后析出晶体，过滤后收集晶体，干燥，得1.8 g粗品。用2 mL乙醚洗涤，抽滤，干燥，得1.5 g白色柱状结晶，熔程为118 ℃～120 ℃。

3. 奥沙普秦的合成

(1)常规一锅法

在干燥的50 mL三颈瓶中，加入1.2 g(12 mmol)丁二酸酐、1.8 g(8.5 mmol)二苯乙醇酮、1 mL(13 mmol)吡啶，装上球形冷凝管和温度计，冷凝管上端加上装有无水氯化钙的干燥管，加热到90 ℃～95 ℃后继续搅拌1 h，加入1.2 g(15.5 mmol)乙酸铵、4.0 mL(67 mmol)冰醋酸，继续在90 ℃～95 ℃条件下搅拌1.5 h。再加5 mL～10 mL水，于90 ℃～95 ℃条件下搅拌0.5 h。反应完毕后冷却至室温，反应瓶中析出晶体，过滤，收集固体后干燥，得粗品。

(2)微波法

取2.1 g(10 mmol)安息香、1.3 g(13 mmol)丁二酸酐和1.6 mL(13 mmol)吡啶置于25 mL梨形瓶中。以200 W微波辐照2 min，然后加入1.5 g(20 mmol)乙酸铵，5.0 mL冰乙酸，继续以300 W微波辐照回流反应5 min，最后加入水3 mL，再以300 W微波辐照反应1 min。反应完毕后冷却至室温，反应瓶中析出晶体，过滤，用冰水洗涤，收集固体后干燥，得粗品。

4. 奥沙普秦的提纯和鉴定

将上述合成得到的粗品用甲醇重结晶，得白色细针状晶体，干燥，称重，计算反应产率。测熔点(文献值：160.5 ℃～161.5 ℃)，对产物进行波谱鉴定(红外光谱、质谱、核磁共振)。

【注意事项】

1. 反应仪器必须干燥无水。

2. 乙酸酐放久了，由于吸潮和水解将转变为乙酸，故本实验所需的乙酸酐必须在实验前进行重新蒸馏。

3. 在整个合成路线中，第一步为酯化反应，第二步为环合反应。由于酯化反应是可逆的，延长反应时间不但不能提高收率反而使收率降低，原因可能是随着反应时间的延长，副反应的发生率升高。微波功率不要超过300 W，否则也会影响收率。

【思考题】

1. 查阅文献，试陈述合成奥沙普秦的反应机理。

2. 试陈述实验室制备奥沙普秦的关键。

【参考文献】

[1] 陈芬儿. 有机药物合成法[M]. 北京：中国医药科技出版社，1999.

[2] 李正化. 药物化学[M]. 北京：人民卫生出版社，1993.

[3] 郭宗儒. 药物分子设计[M]. 北京：科学出版社，2005.

[4] 温新民，张波，王惠云. 微波法合成奥沙普秦[J]. 济宁医学院学报，2006(1)：10-11.

(刘祖明 改编)

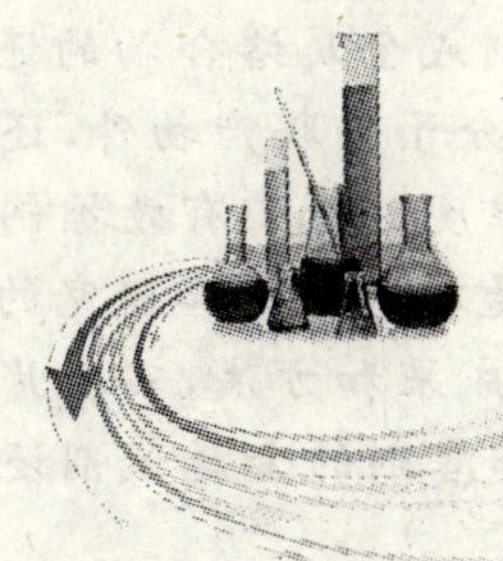

实验十九
苯片呐醇及苯片呐酮的制备与红外光谱的测定

【背景知识】

物质在可见光或紫外线照射下吸收光能时发生的光化学反应主要有光合作用和光解作用两类。这些光化学反应可引起化合、分解、电离、氧化、还原等过程。虽然早在18世纪人们就发现了自然界的光化学反应——光合作用，但是直到20世纪80年代光化学的研究工作才有了飞跃的发展，并成为一个化学分支。目前已经发现，光化学反应作为一种合成方法有许多独特之处，这是因为光化学反应一般都是以分子的激发态进行的，分子在基态和激发态的电子排布不同，和基态相比，激发态的能量比较高，因而光化学反应可以形成基态难以形成的热力学性能产品，如自由基或环张力比较大的环状化合物。

光化学反应与热化学反应的不同主要表现在两个方面。光化学反应是由光能引起的，依据分子吸收光的波长，可以选择性地激发某一种分子。例如，用313 nm的紫外光照射顺式和反式的1,2-二苯乙烯时，只有反式的可以吸收光能。光化学反应的第二个特点是分子吸收光子后所获得的能量大大超过热反应中得到的能量。例如，苯用254 nm的紫外光照射时，所吸收的能量为113 $J \cdot mol^{-1}$，这相当于60 000 ℃的热能。而热化学反应是由热能引起的，反应物分子不可能选择性地活化，反应选择性差。另外，热反应难以提供足够大的能量，即使达到所需要的温度，产品也是不稳定的。

光化学反应为有机化学中的二聚、环加成、重排、氧化、还原、取代、消除等反应带来了许多新的实验方法。这些反应有的用热反应是不能完成的，有的则需要经过很多步骤才能完成，而用光化学反应则可以大大简化这一过程。能引起化学反应的光为紫外光和可见光，其波长λ为200 nm～700 nm(能量较高)。能发生光化学反应的物质一般具有不饱和键，如烯烃、醛、酮等(含有易激发的π、n电子)。

绝大多数有机分子在基态时是单线态(记作S)。当吸收一定波长的光而受激发时，由于电子跃迁过程中电子自旋方向不变，所以总是产生单线激发态(分子这个第一激发态记作S_1)。但是单线激发态很不稳定，很快会发生激发电子自旋方向的倒转，变成热力学上比较稳定的三线态(激发三线态记作T_1)，由激发单线态向三线态转化的过程为系间窜跃(Inter System Crossing，简记ISC)，激发的单线态S_1可通过发出荧光来释放出原来所吸收的光子能量，从而恢复到基态S。三线态T_1可通过发出磷光(波长较荧光要长)来恢复至基态。这两种途径都涉及自旋方向的转变，因而比较困难，需要一定的时间，故三线态比单线态的寿命要长。许多光化学反应都是当反应物分子处于激发三线态时发生的。因此三线态在光化学反应中特别重要。例如，PhCOPh的光化学还原反应就属于此类。

二苯酮的光化学还原是目前研究得比较清楚的光化学反应之一。若将二苯酮溶于一种质子给予体的溶剂中(如异丙醇)，并将其暴露于紫外光中时，就会形成一种不溶性的二聚体——苯片呐醇。该还原过程是一个包含自由基中间体的单电子反应。

羰基化合物受光的激发后，会发生两种不同的跃迁：①$n\rightarrow\pi^*$跃迁，②$\pi\rightarrow\pi^*$跃迁。与$\pi\rightarrow\pi^*$跃迁相比，$n\rightarrow\pi^*$跃迁所需要的能量要低得多，因此羰基化合物的光化学反应多是由$n\rightarrow\pi^*$跃迁引起的。实践证明，二苯酮的光化学反应是$n\rightarrow\pi^*$三线态的反应。

片呐醇是有机合成中重要的中间体，广泛用于农药、医药等精细化工产品的合成，尤其是不对称的片呐醇是天然产物合成的重要中间体。片呐醇一般通过羰基化合物的还原偶联来制备。按照采用的方法和试剂的不同，可分为光化学还原偶联、电化学还原偶联、金属试剂或金属络合物的还原偶联。羰基化合物还原偶联为片呐醇一般遵循单电子转移历程，反应中除了双分子偶联产物外，还有单分子还原产物，偶合产物又有两个手性中心，这为片呐醇的有效合成增加了难度。为了有效控制反应的化学选择性和产物的立体选择性，寻求新的金属试剂和新的反应体系一直是人们关注和研究的热点。随着新技术的应用以及新试剂的不断引入，对此类反应的研究又有了新的成果和方法，实现片呐醇的绿色合成已成为该领域的研究热点之一。其中光化学还原偶联以及以水作溶剂的金属试剂还原偶联制备片呐醇是目前的发展趋势。

【实验目的】

1. 了解激发态分子化学行为和光化学分子合成的基本原理。
2. 初步掌握光化学合成实验技术。
3. 了解光化学异构产物与不同波长的紫外光之间的关系。
4. 掌握制备苯片呐醇和苯片呐酮的原理和方法。
5. 学会红外光谱仪的正确操作方法。

【实验原理】

光化学还原偶联：

$$(C_6H_5)_2C{=}O + (H_3C)_2CHOH \xrightarrow{h\nu} (C_6H_5)_2C(OH){-}C(OH)(C_6H_5)_2$$

还原过程是一个包含自由基中间体的单电子反应：

$$(C_6H_5)_2C{=}O + (H_3C)_2CHOH \xrightarrow{h\nu} (C_6H_5)_2\dot{C}{-}OH + (H_3C)_2\dot{C}{-}OH$$

$$(C_6H_5)_2C{=}O + (H_3C)_2\dot{C}{-}OH \xrightarrow{h\nu} (C_6H_5)_2\dot{C}{-}OH + (H_3C)_2C{=}O$$

$$2\,(C_6H_5)_2\dot{C}{-}OH \longrightarrow C_6H_5{-}\underset{C_6H_5}{\overset{OH}{C}}{-}\underset{C_6H_5}{\overset{OH}{C}}{-}C_6H_5$$

金属试剂还原偶联：

$$(C_6H_5)_2C{=}O \xrightarrow{Mg+I_2} \begin{matrix}(C_6H_5)_2C{-}O\\ |\qquad\quad Mg\\ (C_6H_5)_2C{-}O\end{matrix} \xrightarrow{H_2O} C_6H_5{-}\underset{C_6H_5}{\overset{OH}{C}}{-}\underset{C_6H_5}{\overset{OH}{C}}{-}C_6H_5$$

苯片呐醇的重排：

$$C_6H_5{-}\underset{C_6H_5}{\overset{OH}{C}}{-}\underset{C_6H_5}{\overset{OH}{C}}{-}C_6H_5 \xrightarrow{H^+} C_6H_5{-}\underset{C_6H_5}{\overset{C_6H_5}{C}}{-}\overset{O}{\overset{\|}{C}}{-}C_6H_5$$

【仪器与药品】

1. 仪器：标准磨口仪、红外光谱仪、超声波清洗器、熔点测定仪

2. 药品：镁屑、二苯酮、异丙醇、碘、无水乙醚、无水苯、苯片呐醇（自制）、冰醋酸、95%乙醇

【实验内容】

1. 苯片呐醇的制备

(1)光化学反应

在干燥的 25 mL 锥形瓶中加入 2.8 g 二苯酮和 20 mL 异丙醇，于水浴上温热使二苯酮溶解，向溶液中加入一滴冰醋酸，再用异丙醇将锥形瓶充满，用磨口塞将瓶口塞紧，尽可能排出瓶内的空气，必要时可补充少量异丙醇。放在向阳的窗台或平台上，光照一周。由于生成的苯片呐醇在溶剂中的溶解度很小，随着反应的进行苯片呐醇晶体从溶液中逐渐析出。待反应完成后，在冰浴中冷却使结晶完全。真空抽滤，并用少量异丙醇洗涤结晶，得到大量无色晶体，干燥后称量，测定熔点并计算产率。产量 2 g～2.5 g，熔程为 187 ℃～189 ℃。纯苯片呐醇的熔点为 189 ℃。

(2)镁试剂还原偶联

a. 常规法

在 100 mL 干燥圆底烧瓶中加入 0.8 g 镁屑、8 mL 无水乙醚和 10 mL 无水苯，装上回流冷凝管，在水浴上稍加温热后，自冷凝管顶端分批加入 2.5 g 碘晶体。加入速度以保持溶液剧烈沸腾为宜。大约一半镁屑消失后，上层溶液几乎是无色的。

将 2.8 g 二苯酮溶于 8 mL 苯，待烧瓶内反应物冷至室温后拆下冷凝管，加入至烧瓶内，则烧瓶内立即产生大量白色沉淀。塞紧烧瓶，充分振摇直到沉淀溶解并形成深红色的溶液，约需要 40 min～50 min。此时尚有少量沉积于剩余镁表面的苯片呐醇镁盐很难溶解。待过量的镁屑沉降后，将溶液通过折叠滤纸倾泻到 125 mL 锥形瓶中，并用 5 mL 乙醚和 10 mL 苯的混合物洗涤剩余的镁屑后滤入锥形瓶，向溶液中加入 4 mL 浓盐酸和 10 mL 水配成的溶液及少许亚硫酸氢钠，充分振摇分解苯片呐醇镁盐。将溶液转入分液漏斗，弃去水层，有机层用 10 mL 水洗涤分层后转入蒸馏烧瓶，在旋转蒸发仪上蒸去约 1/2 的溶剂，残液转入小烧杯中。将烧杯置于冰浴中冷却，析出苯片呐醇晶体。抽滤，用少量冷乙醇洗涤，干燥后产品约 2 g，熔程为 187 ℃～188 ℃。

b. 超声“一锅法”法

将 0.6 g 镁屑，8 mL 无水乙醚，10 mL 无水苯，2.5 g 碘及 2.8 g 二苯酮依次加入到锥形瓶中，启动超声清洗器，将反应瓶置于清洗槽能量最高点，使反应瓶中的液面略低于清洗槽中的水面，于 25 ℃～27 ℃反应 30 min，溶液颜色先变浅，后变为深红色时，停止反应。待过量的镁屑沉降后，过滤除去镁屑（实验后回收镁屑，洗净烘干，重 0.2 g），向溶液中加入适量的 3 mol/L 的盐酸溶液及少许亚硫酸氢钠，充分振荡分解苯片呐醇的镁盐。除去水层，有机层水洗后经旋转蒸发仪蒸去 1/2 溶剂，冰水浴中冷却，析出苯片呐醇晶体。抽滤后用 3 mL 冷乙醇加 10 mL 石油醚配成的混合液洗产品至无色，干燥后得白色晶体，产率 71%。

2. 苯片呐酮的制备

在 50 mL 圆底烧瓶中加入 1.5 g 自制苯片呐醇、8 mL 冰醋酸和一小颗碘粒，装上回流冷凝管加热回流 10 min。稍冷后加入 8 mL 95%乙醇，充分振摇后让其自然冷却结晶，抽滤，用少量冷乙醇洗涤（除去吸附的碘），干燥后称重，计算产率，测定其熔点和红外光谱。产品约 1.2 g，熔程为 180 ℃～181 ℃。

3. 红外光谱的测定

(1)样品准备（样品与 KBr 的比例一般为 1∶100 或 2∶100，烘干，研磨成粒度在 5 μm 以下）。

(2)压片(使用模具和压片机)。

(3)测试:让仪器通电预热,使其稳定在 15 min 以上,将压好片的样品置于样品光路,将基线调至 80%左右,扫描,检峰,绘制样品的红外光谱图。

【注意事项】

1. 光化学反应一般需在石英器皿中进行,因为需要比透过普通玻璃波长更短的紫外光的照射,而二苯酮激发的 $n-\pi^*$ 跃迁所需要的照射约为 350 nm,这是易透过普通玻璃的波长。

2. 加入冰醋酸的目的是为了中和普通玻璃器皿中微量的碱,碱催化下苯片呐醇以裂解生成二苯甲酮和二苯甲醇,对反应不利。

3. 反应进行的程度取决于光照情况。如阳光充足直射 4 d 即完全反应,如天气阴冷,则需 1 周或更长的时间,但时间长短并不影响反应的最终结果。如用日光灯照射,反应时间可明显缩短,3 d~4 d 即可完成。

4. 加入亚硫酸氢钠的目的是为了除去游离的碘。

5. 碘在本实验的作用类似于 Lewis 酸,可有助于羟基的离去,其反应机理如下:

$$\mathrm{R_2C(OH)\text{—}C(OH)R_2} + I_2 \longrightarrow \mathrm{R_2C(OH)\text{—}CR_2(HO^{\oplus}\text{--}I\text{--}I^{\ominus})} \longrightarrow \mathrm{R_2C(OH)\text{—}\overset{\oplus}{C}R_2} + I^{\ominus} + HOI$$

$$\longrightarrow \mathrm{R\text{—}C(OH)(\overset{\oplus}{R})\text{—}C(R)\text{—}R} \longrightarrow \mathrm{R\text{—}C(R)(R)\text{—}C(=C)\text{—}R} + H^{\oplus}$$

$$HI + HOI \rightleftharpoons H_2O + I_2$$

6. 苯环的吸收峰在 3050 cm^{-1}~3010 cm^{-1},~1600 cm^{-1}和~1500 cm^{-1}左右。C═O 在 1670 cm^{-1}~1660 cm^{-1}左右有强的伸缩振动吸收峰。

【思考题】

1. 光化学反应的类型有哪些?
2. 发生光化学反应必须具备什么条件?
3. 二苯酮与二苯甲醇的混合物在紫外光照射下能否生成苯片呐醇?试写出反应机理。
4. 光化学反应与传统的热反应相比,有哪些优点?还有哪些不足?

【参考文献】

[1] 李珺,张逢星,李剑利. 综合化学实验[M]. 北京:科学出版社,2011.
[2] 吴世晖,周景尧,林子森. 中级有机实验[M]. 北京:高等教育出版社,1986.
[3] 北京大学化学系. 有机化学实验[M]. 北京:北京大学出版社,1990.
[4] 张友杰,李念平. 有机波谱教程[M]. 武汉:华中师范大学出版社,1990.
[5] 边延江,李金燕,李记太. 片呐醇的绿色合成[J]. 化学进展,2006(8):927-932.
[6] 边延江,吴博,张德军,等. 超声"一锅法"合成苯片呐醇[J]. 化学教育,2004(4):56-56.

(刘祖明 改编)

实验二十
超高效磺酰胺类除草剂——阔草清的制备

【背景知识】

阔草清是美国陶氏益农公司于20世纪90年代初开发的高活性三唑并嘧啶磺酰胺类新除草剂中的第一个品种，英文通用名 flumetsulam，商品名 Broadstrike(阔草清)。化学名称为 *N*-(2,6-二氟苯基)-5-甲基-1,2,4-三唑并[1,5-a]嘧啶-2-磺酰胺。阔草清以乙酰乳酸合成酶(ALS)为靶标，是一种广谱性除草剂，用以防治麦类、玉米、大豆等旱田大多数重要的阔叶及禾本科杂草，用量约为 9 g(ai)ha^{-1}～20 g(ai)ha^{-1}。与磺酰脲类除草剂相比，它吸收了"超高效"的优点，并摒弃了某些磺酰脲类除草剂在土壤中残效期长、易损害后茬作物等缺陷，因而应用广泛。

【实验目的】

1. 了解磺酰胺类除草剂的特点以及阔草清的性质和用途。
2. 了解合成阔草清的不同方法。
3. 掌握合成阔草清的反应原理。
4. 掌握实验室制备阔草清的操作方法。

【实验原理】

文献报道的阔草清合成有先环化法和后环化法两条路线。这两条路线均以5-氨基-3-巯基-1,2,4-三唑简称(AZT)为起始原料。

(1)先环化法

AZT $\xrightarrow{PhCH_2Cl}$ 5-氨基-3-苄硫基-1,2,4-三唑 $\xrightarrow{CH_3COCH_2CH(OCH_3)_2}$ 5-甲基-2-苄硫基-1,2,4-三唑并[1,5-a]嘧啶 $\xrightarrow[HCl]{NaClO}$

5-甲基-1,2,4-三唑并[1,5-a]嘧啶-2-磺酰氯(SO_2Cl) $\xrightarrow{2,6\text{-二氟苯胺}}$ 阔草清(SO_2NH-2,6-二氟苯基)

(2)后环化法

AZT $\xrightarrow[HCl]{H_2O_2}$ 二硫化物(S—S) $\xrightarrow{Cl_2}$ 5-氨基-1,2,4-三唑-3-磺酰氯(SO_2Cl) $\xrightarrow{2,6\text{-二氟苯胺}}$

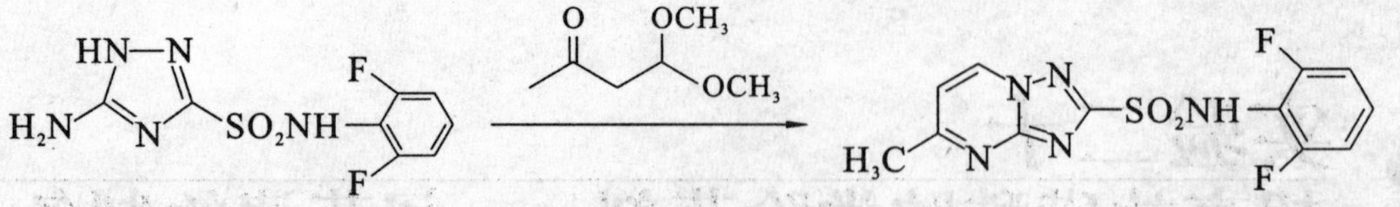

后环化法步骤少，而且原子经济，但需要用氯气，适合于工业化，不适合于实验室操作，因此，本实验采用先环化法制备阔草清。

【仪器与药品】

1. 仪器：标准磨口仪、循环水泵、加热磁力搅拌器、旋转蒸发仪、熔点测定仪、温度计

2. 药品：5-氨基-3-巯基-1,2,4-三唑、苄氯、2,6 二氟苯胺、吡啶、氢氧化钠、乙醇、金属钠、4,4-二甲氧基-2-丁酮、浓 HCl、二氯甲烷、次氯酸钠溶液、亚硫酸氢钠

【实验内容】

1. 5-氨基-3-苄硫基-1,2,4-三唑的合成

将 5.8 g(50 mmol)AZT 溶于 50 mL 1 mol/LNaOH 溶液中，加入 7.6 g(12 mmol)苄氯和 100 mL 乙醇，于 60 ℃～70 ℃下搅拌反应 10 min，然后用旋转蒸发仪浓缩至原溶液量的 1/3，再加 100 mL 水稀释，冷至 0 ℃，收集生成的油状凝固物，用 100 mL 苯—乙醇混合液（20：1）处理，可得 7.4 g(熔程为 109 ℃～111 ℃)白色棱柱状产物，收率 72%。

2. 5-甲基-2-苄硫基-1,2,4-三唑[1,5-a] 嘧啶的合成

在 250 mL 三颈瓶中加入 0.27 g 金属钠和 60 mL 无水乙醇，待钠溶解完后加入 5.0 g (22.5 mmol) 5-氨基-3-苄硫基-1,2,4-三唑，在室温下搅拌 15 min。然后滴加 3.2 g(24.2 mmol)4,4-二甲氧基-2-丁酮和 50 mL 无水乙醇配成的溶液，约半小时滴完，室温反应 72 h，反应结束后过滤，干燥，得到产物 5.0 g (熔程为 128.5 ℃～130 ℃)，收率 83%。

3. 5-甲基-1,2,4-三唑[1,5-a] 嘧啶-2-磺酰氯的合成

在装有搅拌器、回流冷凝管、滴液漏斗及温度计的三颈瓶中加入 4.5 g (17.5 mmol)5-甲基-2-苄硫基-1,2,4-三唑[1,5-a] 嘧啶、5.4 mL(65 mmol) 浓 HCl、90 mL 二氯甲烷及 45 mL 水，冰盐浴冷却至 −5 ℃，滴加 90 mL 5.25%(64 mmol)NaClO 溶液，滴加完后继续在 −5 ℃～0 ℃ 下搅拌 15 min，分离出有机相。水相用 13 mL 二氯甲烷萃取两次。合并有机相后用 12 mL 10% $NaHSO_3$ 溶液洗涤，无水硫酸镁干燥，旋转蒸发仪脱去溶剂，得到 3.7 g 5-甲基-1,2,4-三唑[1,5-a] 嘧啶-2-磺酰氯，收率 92%。

4. 阔草清的合成

在装有搅拌器、回流冷凝管及温度计的三颈瓶中加入 1.81 g(14 mmol) 2,6-二氟苯胺及5 mL吡啶，然后加入 3.6 g(15.5 mmol)5-甲基-1,2,4-三唑[1,5-a]嘧啶-2-磺酰氯，室温下搅拌，反应 15 h～18 h 后减压蒸馏除去吡啶。残余物中加入 86 mL 0.5 mol/L NaOH 溶液，搅拌溶解，过滤，滤液用 3 mol/L 盐酸酸化至 pH＝3～4，析出有固体，过滤，干燥得 3.3 g 淡红色产物(熔程为 245 ℃～247 ℃)。

【思考题】

1. 5-氨基-3-苄硫基-1,2,4-三唑的合成过程中，加入乙醇的目的是什么？

2. 5-氨基-3-巯基-1,2,4-三唑与 1,3-二羰基化合物关环得到 1,2,4-三唑[1,5-a]嘧啶类化合物，可选用什么催化剂进行关环？

3.关环过程中，怎样控制选择得到5-甲基的1,2,4-三唑[1,5-a]嘧啶，而不是7-甲基的1,2,4-三唑[1,5-a]嘧啶？

【参考文献】

[1] 刘长令.近年来开发的国外农药新品种[J].农药,1999(4):43-45.

[2] Leonard E A, Goodfery et al. J. Chem. Soc. ,1960:3437.

[3] KLEESCHICK W A, HER R J, GERWICK B C, et al. Novel Substituted 1,2,4-Triazoio-[1,5-a] Pyrimidinc-2-Sulfonamides and Compositions and Methods of Controlling Undesired Vegetation and Suppressing the Nitrification of Ammonium Nitrogen in Soil[P]. EP:142152,1985-05-22.

[4] Method of preparing 1,2,4-triazolo [1,5-a]- pyrimidine-2-sulfonyl chlorides[P]. EP:142811, 1985-05.

[5] Dow Elanco. Aqueous process for the preparation of 5-methyl-n-(aryl)-1,2,4-triazolo(1,5-A)pyrimidine-2-sulfonamides[P]. US:4988812,1991-01-29.

[6] 蒋旭亮，王煜华.新除草剂阔草清及其中间体的合成[J].浙江化工,2001(1):10-12.

（刘祖明　改编）

实验二十一 超声波辐射法合成查尔酮类化合物

【背景知识】

20 世纪 20 年代，美国的 Richard 和 Loomis 首先研究发现超声波可以加速化学反应。但是直到 80 年代才引起人们的重视并得到迅速发展。近年来，超声波在化学合成中的应用越来越广泛，并形成了一门专门的新学科——声化学。超声波作为一种新型技术应用于有机合成，具有非常独特的作用，它对许多反应具有明显的促进作用，有些在一般条件下很难发生的反应(如非均相反应或需在高温高压下方可进行的反应)，在超声波的作用下，即可在较温和的条件下进行。

超声波辐射合成具有优越的特点，例如：

1. 加快反应速度并且提高产率。无论是液-液体系还是液-固体系中的有机反应，超声波都能显著加快反应速度，大大提高产率。

2. 反应条件温和，超声波辐射产生空化现象，使溶液中出现短暂的高温高压，但相对于整个反应体系而言，只是常温和常压环境，这一点无论是对实验室还是对化工生产都有很大好处。使用超声波辐射合成不仅降低了设备成本，还减少了高温高压所带来的危险。

3. 设备简单，无二次污染，应用面广。

超声波在有机合成中已经被广泛的应用于烷基化反应、氧化反应、还原反应、取代反应、加成反应、偶合反应、缩合反应、成环反应、脱氧反应、聚合反应、歧化反应、水解反应等各类反应，超声化学方法被认为是绿色化学，成为有机合成研究中的一种重要手段。

查尔酮及其衍生物是芳香醛酮发生交叉羟醛缩合的产物，其化学名为 1,3-二苯基丙烯酮，以它为母体的化合物存在于甘草、红花等多种天然植物体中，是植物体内合成黄酮的前体。也是一类重要的有机合成中间体，具有多个反应活性中心，在迈克尔加成反应、光反应、聚合反应以及配位化学和超分子化学中具有广泛的应用。此外，许多查尔酮及其衍生物还具有许多优异的生物活性(如具有抗细菌、抗病毒、抗真菌、消炎、除草等活性)，因此查尔酮类化合物的合成及从天然产物中的分离提取一直是生物医药、农业、食品等方面研究的热点。

查尔酮的经典合成方法是使用强碱(如醇钠)或强酸来催化苯乙酮和苯甲醛的羟醛缩合，通常由苯乙酮及其衍生物与芳香醛在碱或酸作用下缩合而成，收率 10%～70%。近年来，许多优良的催化剂以及合成方法被逐一开发出来，合成手段也越来越多样化。

本实验是以苯乙酮、苯甲醛、呋喃甲醛为原料，利用超声波辅助合成技术合成查尔酮类化合物。与传统的方法相比速度更快，反应时间由 2 h 降低为 35 min；操作更为简便，传统的方法需要分批加入原料，超声波法只需将所有的原料加入反应瓶中超声即可。而且收率更高，对环境更友好。

【实验目的】

1. 了解超声波辐射技术在有机合成中的应用。
2. 了解查尔酮及其生物学功能。
3. 掌握合成查尔酮的反应原理。

4. 掌握利用超声波辐射合成查尔酮类衍生物的具体操作。

【实验原理】

1. 苯亚甲基苯乙酮的合成

$$C_6H_5CHO + H_3C\overset{O}{\overset{\|}{C}}C_6H_5 \xrightarrow[25\ ℃\sim30\ ℃]{NaOH} C_6H_5\overset{OH}{\overset{|}{C}}HCH_2\overset{O}{\overset{\|}{C}}C_6H_5 \xrightarrow{-H_2O} C_6H_5CH{=}CH\overset{O}{\overset{\|}{C}}C_6H_5$$

2. (2-呋喃基)-乙烯基苯基甲酮的合成

$$C_4H_3O{-}CHO + H_3C\overset{O}{\overset{\|}{C}}C_6H_5 \xrightarrow[25\ ℃\sim30\ ℃]{NaOH} C_4H_3O{-}\overset{OH}{\overset{|}{C}}HCH_2\overset{O}{\overset{\|}{C}}C_6H_5 \xrightarrow{-H_2O} C_4H_3O{-}CH{=}CH\overset{O}{\overset{\|}{C}}C_6H_5$$

【仪器与药品】

1. 仪器：超声波清洗器、标准磨口仪、循环水泵、加热磁力搅拌器、锥形瓶、熔点测定仪

2. 药品：苯甲醛（新蒸）、呋喃甲醛（新蒸）、苯乙酮、95％乙醇、10％ NaOH、活性炭

【实验内容】

1. 苯亚甲基苯乙酮的制备

在 50 mL 锥形瓶中加入 2.1 mL 10％氢氧化钠溶液、2.5 mL 95％乙醇和 1 mL（8.56 mmol）苯乙酮，冷却至室温，再加入 0.8 mL(7.85 mmol)新蒸过的苯甲醛。启动超声波发生器，将反应瓶置于超声波清洗槽中，使清洗槽中的水面略高于反应瓶的液面。控制清洗槽中的水温在 25 ℃～30 ℃，超声辐射 30 min～35 min 后停止反应。将反应瓶置于冰水浴中冷却，使结晶完全。抽滤，用冷水充分洗涤至滤出液呈中性，再用 2.5 mL 冷 95％乙醇洗涤晶体，挤压抽干。粗品用 95％乙醇重结晶（每克粗品约需 4 mL～5 mL溶剂，颜色较深时可加少量活性炭脱色），干燥，称量，计算产率，测熔点。测定其紫外光谱。

2. 2-(2-呋喃基)-乙烯基苯基甲酮的制备

在 50 mL 锥形瓶中加入 3.2 mL 10％氢氧化钠溶液、3.8 mL95％乙醇和 1.5 mL(13 mmol)苯乙酮，混匀后放在冰水浴中冷却片刻，再加入 1.0 mL(12 mmol)新蒸过的呋喃甲醛。启动超声波发生器，将反应瓶置于超声波清洗槽中，使清洗槽中的水面略高于反应瓶的液面。控制清洗槽中的水温在 25 ℃～30 ℃，超声辐射时间 30 min～35 min，停止反应。将反应瓶置于冰水浴中冷却，使结晶完全。抽滤，用冷水充分洗涤至滤出液呈中性，再用 2.5 mL 冷 95％乙醇洗涤晶体，挤压抽干。粗品用 95％乙醇重结晶，干燥，称量，计算产率，测熔点（文献值：47 ℃）。测定其紫外光谱。

3. 紫外光谱测定步骤

(1)样品准备，将 1 mg 样品溶解于 100 mL 无水乙醇中。

(2)开机，接通电源，仪器自检（初始化），几分钟后，仪器自检完成。

(3)选择测定条件，采用计算机上控制面板来设定和修改各种参数。

(4)测试。将样品溶液加入到石英比色皿中，无水乙醇加入另一比色皿中作参比。在使用石英比色皿时严禁用手指接触其透光表面，若其表面溅有溶液可用擦镜纸拭干。关闭试样室，按 START 键，主机按所设定的测定条件自动进行扫描。扫描完毕，开始打印谱图。

(5)测定完毕，倾出样品溶液，样品池用溶剂淋洗三次，同时关闭试样室。

(6)将仪器参数恢复到原始设置，关机。

【注意事项】

1. 部分人可能会对苯亚甲基苯乙酮皮肤过敏，操作时请勿触及皮肤。

2. 本实验的反应温度以 25 ℃～30 ℃为宜，温度偏高则副产物较多，过低则产物发黏，不易过滤和洗涤。

3. 纯净的苯亚甲基苯乙酮有几种不同的晶体形态，其熔点分别为：α 体 58 ℃～59 ℃(片状)；β 体 56 ℃～57 ℃(棱状或针状)；γ 体 48 ℃。通常得到的是片状的 α 体。

4. 在超声波作用下，氢氧化钠的用量较传统方法降低了一半。用氢氧化钾取代氢氧化钠，也可以取得同样的效果。

5. 关闭超声波发生器之后，才能用温度计测量清洗槽中的水温。

【思考题】

1. 超声波辐射合成技术与传统的合成技术相比有哪些优点？

2. 为什么本反应中苯乙酮必须过量？如果醛过量会发生什么副反应？

3. 氢氧化钠溶液在反应中的作用是什么？氢氧化钠溶液使用过量会造成什么问题？

4. 试比较产物与原料的紫外光谱的差别。

【参考文献】

[1] 李珺，张逢星，李剑利. 综合化学实验[M]. 北京：科学出版社，2011.

[2] 孙学芹，刘洪来. 综合化学实验[M]. 北京：化学工业出版社，2010.

[3] 周先波，周赛春，王永红，等. 在有机合成实验教学中超声波应用初探[J]. 实验科学与技术，2007(6)：107-108.

[4] 张新波，王家龙，张雅娟，等. 超声波在有机合成中的应用[J]. 化学试剂，2006(10)：593-596.

（刘祖明　改编）

实验二十二
除草剂——2,4-二氯苯氧乙酸的合成

【背景知识】

2,4-二氯苯氧乙酸(2,4-Dichlorophenoxycetic Acid),又称2,4-D,是世界上第一种工业化的选择性高效有机除草剂,在农药发展史上有重要影响,其除草活性是1942年由美国的P. W. 齐默尔曼(P. W. Zimmermann)等人发现的。40年代在美国首先生产,中国在50年代后期开始生产。低浓度2,4-二氯苯氧乙酸对植物生长具有刺激作用,能促进作物早熟增产,防止果实如番茄等早期落花落果,并可以导致无籽果实的形成,是一种植物生长素。而高浓度2,4-二氯苯氧乙酸对植物具有灭杀作用,对于双子叶杂草具有良好的防治效果。

2,4-二氯苯氧乙酸的合成方法有多种,最常见的有两种:①先缩合后氯化法,先将酚钠与氯乙酸钠缩合,然后进行氯化反应,以氯气为氯化剂,得到产品。②先氯化后缩合法,先将苯酚氯化制得2,4-二氯苯酚,然后将2,4-二氯苯酚与氯乙酸缩合制得产品。方法2副产物多,纯化复杂,而且制备过程中会产生剧毒副产物2,3,6,7-四氯二苯并对二噁英。为此,本实验采用方法①,以苯酚和氯乙酸为原料,在碱性溶液中进行威廉逊(Williamson)反应而制得苯氧乙酸,然后再氯化制得2,4-二氯苯氧乙酸。

【实验目的】

1. 了解2,4-二氯苯氧乙酸的性质及用途。
2. 学习合成2,4-二氯苯氧乙酸的反应原理。
3. 学习威廉逊制醚法、芳烃氯化反应原理及实验操作方法。
4. 掌握次氯酸氯化的原理和实验操作方法。

【实验原理】

$$ClCH_2COOH \xrightarrow{Na_2CO_3} ClCH_2COONa \xrightarrow[NaOH]{C_6H_5OH} C_6H_5OCH_2COONa \xrightarrow{HCl} C_6H_5OCH_2COOH$$

$$C_6H_5OCH_2COOH + NaClO \xrightarrow{H^+} 2,4\text{-}Cl_2C_6H_3OCH_2COOH$$

芳环上的卤化作用属于芳烃亲电取代反应,一般是在氯化铁催化下与氯气反应。本实验采用次氯酸钠在酸性介质中氯化,避免了直接使用氯气带来的危险和不便。

【仪器与药品】

1. 仪器:标准磨口仪、循环水泵、加热磁力搅拌器、熔点仪
2. 药品:苯酚、氯乙酸、次氯酸钠溶液、冰醋酸、二氯甲烷、乙醚、氢氧化钠、碳酸钠、20%盐酸、四氯化碳

【实验内容】

1. 苯氧乙酸的制备

在装有磁力搅拌器、回流冷凝管、滴液漏斗和温度计的100 mL三颈瓶中,加入3.8 g氯乙酸和

5 mL水，开启搅拌器，慢慢滴加饱和碳酸钠溶液（约需 7 mL），至溶液 pH 为 7～8，滴加速度以使反应混合物温度不超过 40 ℃为宜。然后加入 2.5 g 苯酚，再慢慢滴加 35%氢氧化钠溶液至反应混合物 pH 为 12。将反应混合物在沸水浴中保温 45 min～60 min，并不断检测 pH，如若下降，则应补加氢氧化钠溶液，使体系 pH 始终维持在 12。反应结束后，待反应混合物稍冷却，用 20%盐酸将混合物的 pH 调至 1～2，并搅拌冷却至有结晶析出，抽滤后得苯氧乙酸粗产品。用 5 mL 水洗涤粗产品，抽干后将粗品倒入 250 mL 烧杯中，可先用 10 mL 20%碳酸钠水溶液溶解，再加入 15 mL 水使其完全溶解后转入分液漏斗中。加入 5 mL 乙醚，摇荡、静置分层，除去乙醚层。再用 20%盐酸将水层酸化至 pH 为 1～2，静置、冷却结晶，抽滤后用少量冷水洗涤滤饼两次，经干燥后即得精制产物。称量、测熔点。苯氧乙酸为无色针状结晶，熔程为 98 ℃～99 ℃。

2. 2,4-二氯苯氧乙酸的制备

在装有磁力搅拌器、回流冷凝管、滴液漏斗和温度计的 100 mL 三颈瓶中，依次加入 1 g 苯氧乙酸和 12 mL 冰醋酸，开动搅拌器，使苯氧乙酸全部溶解。然后在 20 ℃～25 ℃下边搅拌边滴加 20 mL 含氯 7%的次氯酸钠水溶液。加料完毕，在室温下继续搅拌 5 min，将反应液倒入盛有 50 mL 水的烧杯中，用玻璃棒边搅拌边用滴管滴加 20%盐酸，将混合物的 pH 调到 3～5。

用 25×2 mL 二氯甲烷对酸化后的反应混合物进行萃取。二氯甲烷萃取层用 15 mL 水洗涤，然后以 5%碳酸钠水溶液对二氯甲烷萃取层作反萃取（2×30 mL），合并水相，并将水相倒入盛有 25 g 碎冰的烧杯中，再用 20%盐酸酸化，有产物析出。过滤后水洗，再抽滤。烘干后称重，用 CCl_4 重结晶。熔程为 137 ℃～138 ℃。

【注意事项】

1. 中和反应温度超过 40 ℃时，一氯乙酸易发生水解。

2. 此步骤意在使产物成盐溶于水，让未反应而游离出来的少量酚溶于乙醚，然后加以分离。

3. 这一步反应是在 20 ℃～25 ℃条件下进行，随着 NaClO 溶液的滴入，反应液温度一般高于30 ℃，此时要用冰水冷却，温度若过高，对产率会造成较大的影响。

4. 在这步中，进行萃取的目的是将产物和钠盐层分离出来，并进行纯化。用水洗涤二氯甲烷时，要及时分液出来，以免再加入 5%碳酸钠溶液时产生大量气泡。产物难溶于水，故可用水洗涤，粗产品为黄色晶体，用四氯化碳重结晶后为白色晶体，熔程为 137 ℃～138 ℃。

【思考题】

1. 芳环上的卤化有哪些方法？本实验所用方法有什么优缺点？

2. 什么是 Williamson 醚合成法？此合成法对原料有什么要求？

3. 本实验各步反应调节 pH 的目的何在？

【参考文献】

[1] 刁国旺，颜朝国. 大学化学实验（综合与探索性实验）[M]. 南京：南京大学出版社，2006.

[2] 兰州大学，复旦大学化学系有机化学教研室. 有机化学实验[M]. 第二版. 北京：高等教育出版社，1994.

（刘祖明 改编）

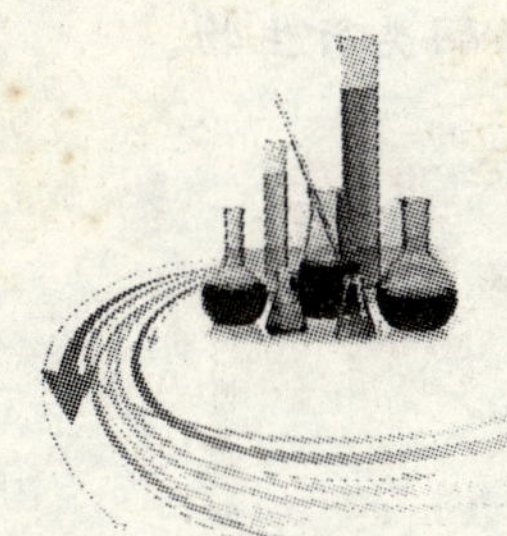

实验二十三 哒嗪酮类衍生物的合成

【背景知识】

哒嗪是一类两个氮原子处于邻位的六元杂环，是农药、医药等具有生物活性化合物的重要结构单元。哒嗪酮类化合物是一类具有良好生物活性的杂环化合物，在农药、医药等研究领域中占有重要的地位。哒嗪酮类农药具有活性高、对环境友好等特点，在害虫综合防治和降低农药对环境污染方面发挥着重要作用。哒嗪酮类化合物还可以作为钙增敏剂用于治疗心功能障碍和心衰竭等疾病，另外在抗血小板聚集、降压以及抗炎、抗休克、抗惊厥等方面也有一定疗效。近年来对哒嗪酮类化合物的研究已成为一个重要的领域。目前已商品化的含哒嗪酮环的农药包括：①除草剂：杀草敏(Chloridazon)、哒草伏(Norflurazon)、草哒松(Oxapyrazon)、氟哒嗪草酯(Flufenpyr-ethyl)、草哒酮(Dimidazon)；②杀菌剂：哒菌酮(Diclomezine)；③杀虫杀螨剂：哒嗪硫磷(Pyridaphenthion)、哒螨灵(Pyridaben)(见图 23-1)。

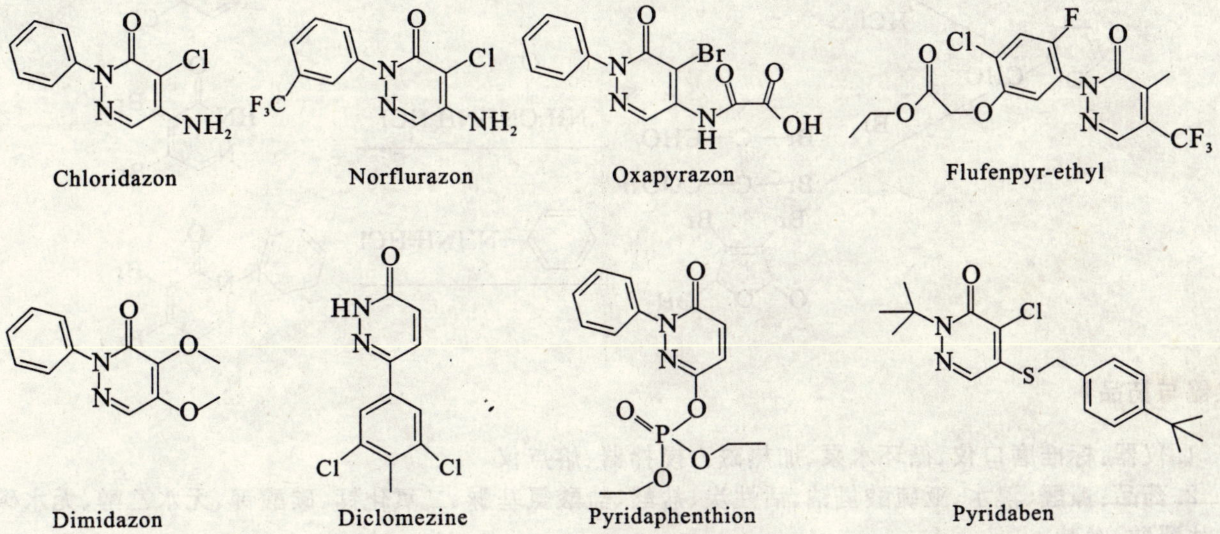

Chloridazon　Norflurazon　Oxapyrazon　Flufenpyr-ethyl

Dimidazon　Diclomezine　Pyridaphenthion　Pyridaben

图 23-1　含哒嗪酮环的农药

医药包括：①抗过敏药：氮卓斯汀(Azelastine)；②消炎镇痛药：依莫法宗或吗啉吡嗪酮(Emorfazone)；③强心药：匹莫苯(Pimobendan)(见图 23-2)。

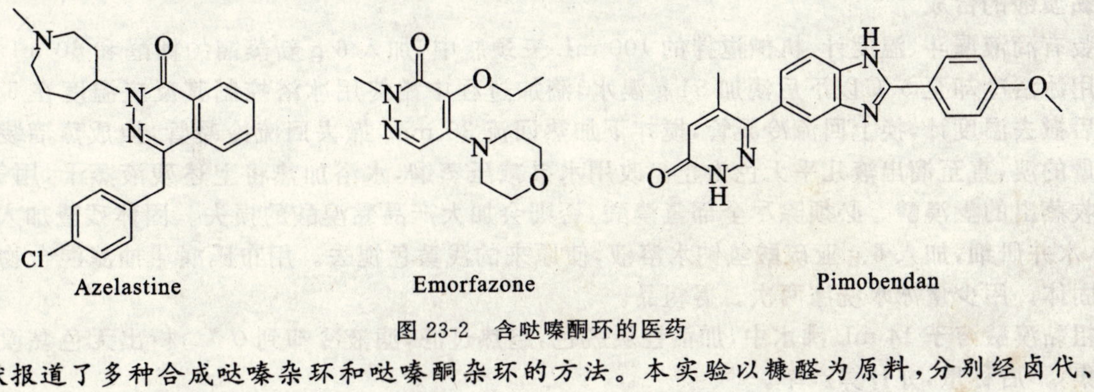

Azelastine　Emorfazone　Pimobendan

图 23-2　含哒嗪酮环的医药

文献报道了多种合成哒嗪杂环和哒嗪酮杂环的方法。本实验以糠醛为原料，分别经卤代、氧化脱羧等反应，制备黏溴酸、黏氯酸，再进一步与肼关环得到相应的哒嗪酮类衍生物。

【实验目的】

1. 了解哒嗪酮类杂环化合物的性质和特性。
2. 学习合成哒嗪酮类衍生物的一般方法。
3. 掌握制备哒嗪酮杂环的反应原理。
4. 掌握实验室制备哒嗪酮杂环的操作方法。

【实验原理】

哒嗪酮类衍生物的合成方法有很多，本实验主要以糠醛为原料，分别经卤代、氧化脱羧等反应，制备黏溴酸、黏氯酸，再进一步与肼关环得到相应的哒嗪酮类衍生物，具体合成路线如下：

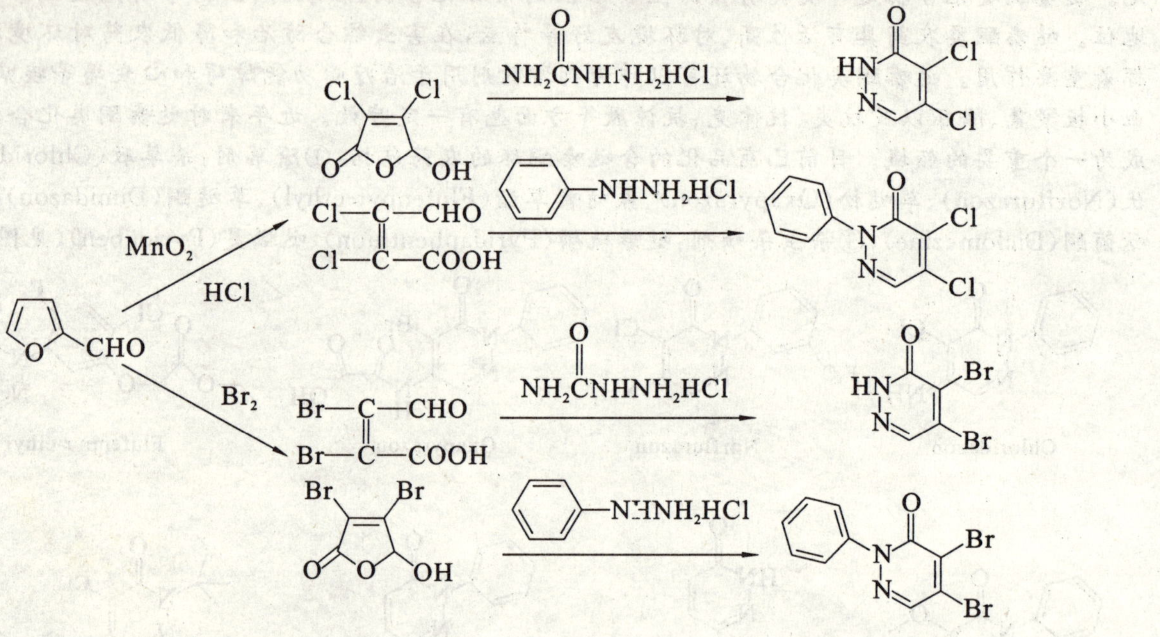
NH2CNHNH2HCl
HN N Cl Cl
Cl Cl
O O OH
NHNH2HCl
Cl—C—CHO
Cl—C—COOH
N N Cl Cl
MnO2
HCl
CHO
Br2
NH2CNHNH2HCl
HN N Br Br
Br—C—CHO
Br—C—COOH
Br Br
O O OH
NHNH2HCl
N N Br Br

【仪器与药品】

1. 仪器：标准磨口仪、循环水泵、加热磁力搅拌器、熔点仪
2. 药品：糠醛、溴水、亚硫酸氢钠、活性炭、盐酸、盐酸氨基脲、二氧化锰、碳酸钾、无水乙醇、无水碳酸钠、冰醋酸、吡啶

【实验内容】

1. 黏溴酸的合成

在装有滴液漏斗、温度计、机械搅拌的 100 mL 三颈瓶中，加入 6 g 新蒸馏的糠醛和 60 mL 水，剧烈搅拌并用冰浴冷却至 5 ℃以下后滴加 54 g 溴水，滴加过程中始终用冰浴控制其反应温度在 5 ℃以下。溴加完后撤去温度计，换上回流冷凝管，搅拌下加热回流 30 min，撤去回流冷凝管，换成蒸馏装置，蒸馏除去过量的溴，直至馏出液几乎无色为止。改用水泵减压蒸馏，水浴加热将上述残液蒸干，用气体吸收装置吸收蒸出的氢溴酸。必须除尽全部氢溴酸，否则会加大产品黏溴酸的损失。固体残渣加入 4 mL～6 mL 冰水并研细，加入 6 g 亚硫酸氢钠水溶液，使原来的浅黄色褪去。用布氏漏斗抽滤混合物，滤饼为黏溴酸固体。用少量冰水洗涤两次。得粗品。

将粗黏溴酸溶于 14 mL 沸水中，加活性炭脱色，趁热过滤，滤液冷却到 0 ℃，析出无色黏溴酸晶体，过滤收集，干后称重，并计算产率。

2. 黏氯酸的合成

在装有搅拌器、温度计、回流冷凝管的三颈瓶中加入 80 g 31%的盐酸，开启搅拌，并用冰盐水冷却，使温度迅速降至 5 ℃左右。

在搅拌下，一次先加入 0.15 g 糠醛，再加入 0.6 g 二氧化锰[按 m(糠醛)∶m(二氧化锰)＝1∶4 的配比(5 g 糠醛，20 g 二氧化锰)将物料加入反应瓶中。因反应放出大量热量，须缓慢加料，否则会引起燃烧]。加料完毕，搅拌一会儿，待温度下降后，再按上述比例加料。全部物料加完大约需 1 h～1.5 h。然后继续搅拌，全部反应过程中反应系统温度不得超过 20 ℃。

撤去冰盐浴，改用水浴加热，开动搅拌器，使升温均匀。当温度达到 55 ℃时，再加入 7.5 g 二氧化锰。加入方法为：温度为 55 ℃时，边搅拌边加入 0.65 g 二氧化锰；当温度达到 65 ℃～70 ℃时，再加入 6 g 二氧化锰；当温度达到 75 ℃～80 ℃时，再加入 0.85 g 二氧化锰。全部二氧化锰加完需大约 1 h。然后继续加热至 95 ℃，撤去热源并立即用冰盐水冷却，一直冷却至 15 ℃左右。

减压抽滤，滤饼即为粗品黏氯酸，再用冰水洗涤除去滤饼中的盐酸，经低温风干，即得产品。

3. 4,5-二氯-3-哒嗪酮的合成

在 100 mL 圆底烧瓶中加入 1.68 g(10 mmol)黏氯酸，1.12 g(10 mmol)盐酸氨基脲，0.69 g (5 mmol)碳酸钾，10 mL 50%乙醇水溶液，搅拌回流 3 h 后，冷却，抽滤，得到 2.19 g 缩氨基脲，收率 89%。

搅拌下将 1.4 g 缩氨基脲缓慢加入至 5 mL 的冰醋酸中，在 100 ℃～110 ℃下搅拌 30 min，至不再有气泡产生时停止加热，将反应混合物趁热倒入 15 mL 冷水中，析出晶体，抽滤，得到 0.7 g 4,5-二氯-3-哒嗪酮，收率 69%，熔点 202 ℃。

4. 4,5-二氯-2-苯基-3-哒嗪酮的合成

取 126 g 黏氯酸，0.6 g 无水碳酸钠溶于 15 mL 冷水中，另取 1.45 g 盐酸苯肼溶于 15 mL 水中，两者混合后，搅拌 1 h，过滤，粗品用 50%乙醇溶液重结晶，得黏氯酸苯腙，熔程为 124 ℃～125 ℃。将 2 g 黏氯酸苯腙溶解在 15 mL 冰醋酸中，加热回流 15 min，再加入 5 mL 冷水，冷却后，有沉淀析出，抽滤，固体用 90% 的乙醇溶液重结晶，得到闪亮的棱柱状白色晶体，熔程为 163 ℃～164 ℃。

5. 4,5-二溴-3-哒嗪酮和 4,5-二溴-2-苯基-3-哒嗪酮的合成

4,5-二溴-3-哒嗪酮和 4,5-二溴-2-苯基-3-哒嗪酮的合成可参照相应的氯代产物合成方法。

【思考题】

1. 哒嗪酮类衍生物合成的反应原理与机理？
2. 合成黏溴酸时，为什么温度控制在 5 ℃以下？
3. 用滴液漏斗滴加溴时需要注意哪些问题？

【参考文献】

[1]　王多志，曹铃华. 2′-芳基-3-(1,4,5,6-四氢-6-哒嗪酮-3-羰基)氨基硫脲及其环化产物的合成[J]. 有机化学，2004(9)：1045-1051.

[2]　王占平，胡方中，邹小毛. 3-芳氧基-6-氯(或氟)哒嗪类化合物的合成及除草活性研究[J]. 农药学学报，2004(2)：15-19.

[3]　冯君茜，于光恒，孙昌俊. 哒嗪酮类中间体药物及其合成进展[J]. 山东医药工业，2001(1)：21-24.

[4]　胡惟孝，杨忠愚. 有机化合物制备手册[M]. 天津：天津科技翻译出版公司，1995.

[5]　徐克勋. 精细有机化工原料及中间体手册[M]. 北京：化学工业出版社，1986.

[6]　强根荣，孙莉，王海滨，等. 哒嗪酮类衍生物的合成——介绍一个基础化学综合实验[J]. 大学化学，2006(3)：53-55.

（刘祖明　改编）

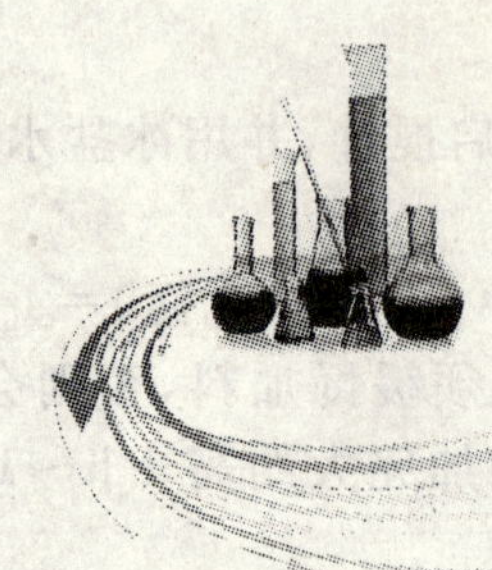

实验二十四 激光染料 7-羟基-4-甲基香豆素及其衍生物的合成与性质研究

【背景知识】

激光染料是在染料激光器中，受激励光源的激发而产生可调谐激光的一种染料。这类染料在激光器中受激励光源的激发能产生连续可调谐的激光。染料激光器应用不同的激光染料产生不同波长的激光，用于光谱学和大气污染监测、同位素分离、特定光化学反应、彩色全息照相以及疾病诊断治疗等方面。

1966 年，首先发现用闪光灯激励酞菁染料溶液，能实现激光振荡。之后，又用罗丹明 6G 染料实现了激光输出，诞生了第一台染料激光器。现在激光染料已有近千种以上，激光范围从 308.4 nm 的紫外区到 1850 nm 的红外区。

激光染料按化学结构可分为四类：①菁类染料，是产生红外领域激光的优良品种，如 3,3′-二乙基硫三碳菁碘盐，改变次甲基链长度，可改变振荡波长，激光范围为 540 nm～1200 nm；②噁嗪类染料，是红与红外区域激光染料，光化学稳定性比罗丹明类好，激光范围为 650 nm～700 nm；③香豆素类染料，是应用较广的一类激光染料，激光范围为 425 nm～565 nm，如 7-二乙胺基-4-甲基香豆素；④闪烁材料，主要是一些含噁唑、噁二唑、苯并噁唑环的芳香族化合物，如 POPOP[1,4-双(5-苯基噁唑基-2-基)-苯]、PPO(2,5-二苯基噁唑)，是紫到紫外区域中的激光染料。

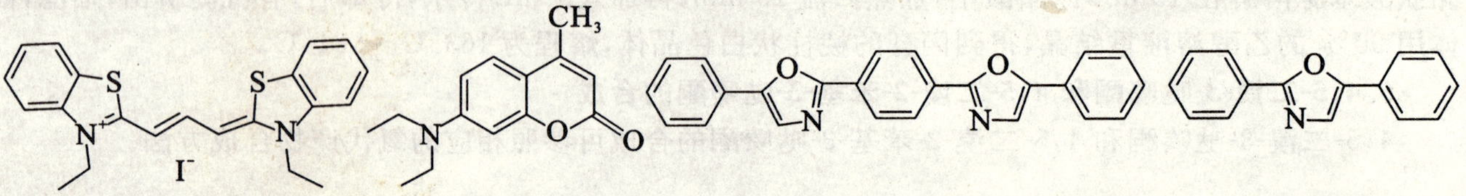

碳菁　　香豆素　　POPOP　　PPO

香豆素类化合物是一类重要的有机杂环化合物，具有抗菌、消炎、抗凝和抗肿瘤等多种生理活性和光学性能，已被广泛应用于医药、食品、染料、光学等领域。由于香豆素类化合物的香型、药理作用及一些特殊的功能而引起人们的高度重视。例如，用于合成新的荧光化合物、抗糖尿病药物、抗菌素等。香豆素类化合物的合成研究一直是有机合成化学研究的热点领域之一，其主要方法有：

(1)Perkin 反应法：以水杨醛、乙酸酐为主要原料，在醋酸钠催化下缩合脱水制得；

(2)Knoevenagal 反应法：一般在碱的存在下，由水杨醛与含有活泼亚甲基的乙酸衍生物反应，此法避免了 Perkin 反应中因供电子基团存在而导致的收率低等不足；

(3)Pechmann 反应法：利用取代的酚与 β-酮酸酯在路易斯酸的催化下发生闭环反应；

(4)Reformatsky 和 Wittig 反应法；

(5)钯催化剂法等。

利用 Pechmann 反应法制备苯环上有取代基的香豆素，原料易得，且易于保存，是最常用的、重要的合成方法之一。在这类反应中，只要在酚或 β-酮酸酯上改变不同的取代基，就会得到一系列的香豆素类衍生物。传统制备方法中使用的催化剂主要有浓硫酸、三氟乙酸、$AlCl_3$ 等。最新的研究表明，新型路易斯酸催化剂，如 $Sm(NO_3)_3 \cdot 6H_2O$、$InCl_3$、SO_4^{2-}-TiO_2 固体超强酸、$TiCl_4$、$SnCl_4$、Wells-Dawson 杂多酸、固体超强酸、苯基磺酸官能化分子筛、H_2NSO_3H 等，离子液体在无溶剂条件下的催化和微波技术的应用可以高效率、高产率地合成香豆素类化合物。

本实验采用间苯二酚与乙酰乙酸乙酯在酸(浓硫酸或对甲苯磺酸)存在下经 Pechmann 反应合成 7-羟基-4-甲基香豆素,并对其进行衍生化。对产物进行紫外吸收光谱和荧光光谱分析,比较它们的光谱性质差别。

【实验目的】

1. 学习 Pechmann 法制备香豆素的原理。
2. 掌握 7-羟基-4-甲基香豆素及其衍生物合成的实验操作方法。
3. 了解 7-羟基-4-甲基香豆素的紫外吸收光谱,荧光光谱性质。
4. 了解不同的合成方法并进行比较。

【实验原理】

激光染料 7-羟基-4-甲基香豆素及其衍生物的合成已有许多文献报道,本实验采用间苯二酚与乙酰乙酸乙酯在酸存在下经 Pechmann 反应来合成,并对其进行衍生化,具体合成路线如下:

$$\text{HO-}C_6H_4\text{-OH} + CH_3\overset{O}{\overset{\|}{C}}CH_2\overset{O}{\overset{\|}{C}}OC_2H_5 \xrightarrow{\text{Cat}} \text{7-羟基-4-甲基香豆素 (HO, }CH_3\text{)}$$

$$\text{7-羟基-4-甲基香豆素} + (CH_3CO)_2O \longrightarrow \text{7-乙酰氧基-4-甲基香豆素 (}H_3C\overset{O}{\overset{\|}{C}}O\text{-, }CH_3\text{)}$$

【仪器与药品】

1. 仪器:紫外光谱仪、荧光光谱仪、微波反应器、标准磨口仪、循环水泵、加热磁力搅拌器、熔点测定仪

2. 药品:间苯二酚、乙酰乙酸乙酯、对甲苯磺酸、乙酸酐、乙醇、浓硫酸、氢氧化钠、乙酸乙酯、石油醚

【实验内容】

1. 7-羟基-4-甲基香豆素的制备

(1)常规法

在装有磁力搅拌器、回流冷凝管的 50 mL 干燥圆底烧瓶中加入 2.2 g (0.02 mol)间苯二酚、2.6 mL 乙酰乙酸乙酯、0.1 g 对甲苯磺酸,搅拌下水浴加热至 75 ℃,继续保温 2 h,将反应液倒入 15 mL 有碎冰的水中,析出沉淀,抽滤,用 10%氢氧化钠溶液溶解沉淀,再用 2 mol·L^{-1} 硫酸酸化至 pH=4,析出白色固体,抽滤,用 20 mL 乙醇的水溶液($V_{乙醇}:V_{水}=3:2$)重结晶,得白色产品(熔程为 184 ℃～186 ℃)。

(2)微波法

在微波反应器中加入 1.1 g (0.01 mol)间苯二酚,1.3 g (0.01 mol)乙酰乙酸乙酯及1 mmol浓硫酸,在 800 W 的功率下反应 3 min,反应混合物冷却至室温后经抽滤、水洗得到产物,干燥。

2. 7-乙酰氧基-4-甲基香豆素的合成

在 50 mL 干燥圆底烧瓶中加入 1.43 g 7-羟基-4-甲基香豆素和 3 mL 乙酸酐,装上回流冷凝管后加热,固体慢慢溶解,回流 1.5 h,薄层层析检测反应完毕后(展开剂为乙酸乙酯:石油醚=1:1)冷却至室温,析出白色固体。将其碾碎,倒入 40 g 冰水中,抽滤,水洗至中性,干燥,得白色固体。

3. 7-羟基-4-甲基香豆素及其衍生物的荧光光谱测定

(1)样品准备:将 0.88 mg 样品溶解在 100 mL 无水乙醇中。

(2)开电脑进入 Windows 系统,开 Cary Eclipse 主机(注:保证样品室内是空的),双击 Cary Eclipse 图标。

(3)在 Cary Eclipse 主显示窗下,双击所选图标,进入浓度主菜单。

(4)单击 Setup 功能键,进入参数设置页面,在光谱类型选框中选择"Emission"发射光谱,设置好每页的参数,参数设置完成后,单击"OK"键。

(5)测试:将液体试样放入专用的液体样品槽中,固定到样品座中,若其表面溅有溶液可用擦镜纸拭干。关闭试样室,单击 Start 键,开始发射光谱测试,测试完毕,保存文件。再重新单击 Setup 功能键,进入参数设置页面,在光谱类型选框中选择"Excitation"激发光谱,设置好每页的参数,然后按"OK"键回到浓度主菜单。单击 Start 键,开始激发光谱测试,测试完毕,保存文件,开始打印谱图。

(6)测定完毕,倾出样品溶液,样品池用溶剂淋洗三次,同时关闭试样室。

(7)将仪器参数恢复到原始设置,关机。

7-羟基-4-甲基香豆素的激发与发射光谱见图 24-1。

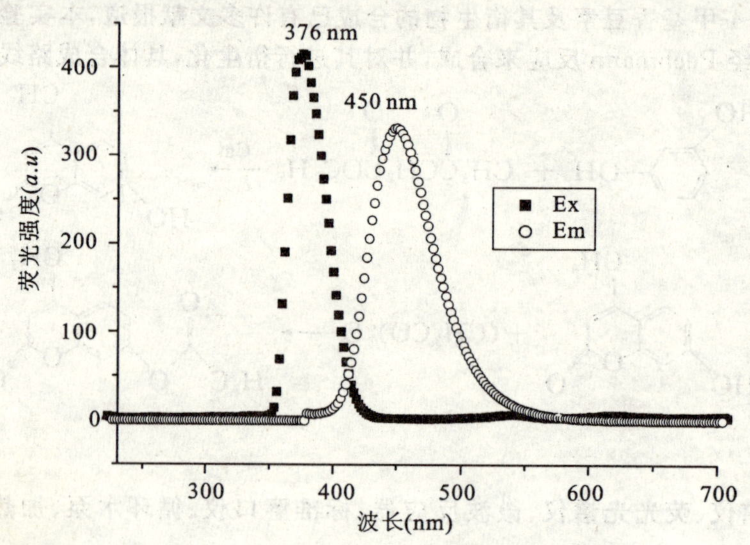

图 24-1 7-羟基-4-甲基香豆素的激发与发射光谱

【注意事项】

1. 反应停止,冷却后如果在反应瓶中直接析出固体,可以先抽滤,然后再用水洗涤。

2. 为了使固体快速溶解,可以先加入 12 mL 乙醇,加热使其溶解,然后趁热加入 8 mL 水,再冷却即可析出晶体。

【思考题】

1. 试述 Pechmann 法制备香豆素的反应机理。

2. 7-羟基-4-甲基香豆素及其衍生物的荧光光谱有什么区别?为什么?

【参考文献】

[1] 丁欣宇. 7-羟基 4-甲基香豆素的合成[J]. 上海化工,2004(11):26-27.

[2] 实用精细化学品手册编写组. 实用精细化学品手册(有机卷)[M]. 北京:化学工业出版社,1996.

[3] 章思规,辛忠. 精细有机化工制备手册[M]. 北京:科学技术文献出版社,1994.

[4] 毛宗万,童叶翔. 综合化学实验[M]. 北京:科学出版社,2008.

[5] 王丽娟,董文亮,赵宝祥. Pechmann 反应法制备香豆素的研究进展[J]. 合成化学,2007(3):261-265.

(刘祖明 改编)

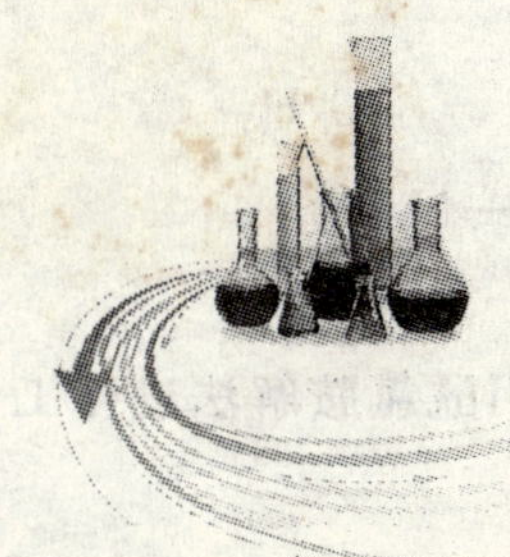

实验二十五
驱蚊剂——避蚊胺的合成

【背景知识】

避蚊胺简称 DEET(化学名称为 *N*,*N*-二乙基-间甲基-苯甲酰胺,*N*,*N*-diethyl-3-methylbenzamide),是一种广谱性的昆虫驱逐剂,不但对蚊子有强烈的驱避作用,而且对其他虫类,如蟑螂、蠓虫、牛虻、鹿蝇、白蛉等都有很好的驱避效力,它是一种广泛使用的杀虫剂。可将其喷洒在皮肤或衣服上,能避免蚊虫叮咬。

避蚊胺是由美国军队在"二战"期间发明的。1946 年军队开始使用,1957 年开始投入民用。最初在农场作为杀虫剂使用,后来美国政府申请在战争时期使用,特别是在越南和东南亚作战。

避蚊胺易挥发,并且包含人类的汗液和气息,通过阻断昆虫嗅觉受体的 1-辛烯-3-醇而起效。现在普遍认可的理论是避蚊胺能有效地使昆虫失去对人类或动物发出特殊气味的感官。正如人们初期所猜想,避蚊胺并没有影响到昆虫对二氧化碳的嗅觉能力。

然而,最近的科学研究表明,避蚊胺作为一种真正的驱蚊剂,它是通过使蚊虫感到不适而起效果的。A 型嗅觉受体神经元的触角感器的蚊子已确认对避蚊胺有明显反应,此外还有其他已知驱蚊剂,如桉树脑、芳樟醇、崖柏酮。

避蚊胺纯品为无色至琥珀色液体,沸点为 111 ℃/1 mm Hg,n_D^{25} 为 1.5206。不溶于水,可与乙醇、棉籽油、丙二醇、异丙醇混溶。对雄性大白鼠的急性经口 LD_{50} 约为 2000 mg·kg^{-1}。

【实验目的】

1. 了解避蚊胺的性质和用途。
2. 掌握合成避蚊胺的反应原理。
3. 掌握实验室合成避蚊胺的操作方法和分离提纯方法。

【实验原理】

1. 酰氯胺解法

间甲基苯甲酸与氯化亚砜(或三氯氧磷)反应得到间甲基苯甲酰氯,再和二乙胺发生胺解反应,生成避蚊胺。

$$3\text{-}CH_3C_6H_4\text{-}C(=O)\text{-}OH + SOCl_2 \longrightarrow 3\text{-}CH_3C_6H_4\text{-}C(=O)\text{-}Cl + HCl + SO_2$$

$$3\text{-}CH_3C_6H_4\text{-}C(=O)\text{-}Cl + NH(C_2H_5)_2 \longrightarrow 3\text{-}CH_3C_6H_4\text{-}C(=O)\text{-}N(C_2H_5)_2$$

2. 直接胺解法

间甲基苯甲酸与二乙胺在高温、高压下反应,生成避蚊胺。

$$\text{(m-}CH_3\text{-C}_6H_4\text{)}-\overset{O}{\overset{\|}{C}}-OH + NH(C_2H_5)_2 \longrightarrow \text{(m-}CH_3\text{-C}_6H_4\text{)}-\overset{O}{\overset{\|}{C}}-N(C_2H_5)_2$$

以上两种方法由于第二种方法对设备要求较高，目前一般都使用酰氯胺解法进行工业生产。

【仪器与药品】

1. 仪器：标准磨口仪、循环水泵、加热磁力搅拌器、油泵、旋转蒸发仪

2. 药品：间甲基苯甲酸、甲苯、二氯亚砜、*N*,*N*-二甲基甲酰胺、乙醚、二乙胺盐酸盐、5%的 NaOH、10%的 HCl、无水硫酸钠、十二烷基磺酸钠

【实验内容】

1. 间甲基苯甲酰氯的合成

在装有滴液漏斗、回流冷凝管(连接气体吸收装置)的 100 mL 三颈瓶中加入 4.1 g(30 mmol)间甲基苯甲酸、10 mL 甲苯和 1～2 滴 *N*,*N*-二甲基甲酰胺，在滴液漏斗中加入 2.6 mL 新蒸的二氯亚砜，加热搅拌，当温度升至 50 ℃左右时，间甲基苯甲酸全部溶解，呈无色透明液体，控制温度在 50 ℃～55 ℃，开始缓慢滴加氯化亚砜，尾气用稀碱液吸收，滴加时间为 10 min～15 min，加料完毕，在 50 ℃～55 ℃条件下保温 30 min～40 min，至反应结束(不再有气体放出)。将反应混合液在冰水浴中冷却至10 ℃或更低温度，留待下一步使用。

2. 避蚊胺的合成

量取 35 mL 4.0 mol・L^{-1}氢氧化钠溶液倒入锥形瓶中，然后在冰水浴中冷却。在搅拌下分批加入 2.7 g(25 mmol・L^{-1})二乙胺盐酸盐，再加入 0.1 g 十二烷基磺酸钠。将此溶液转入分液漏斗，在 10 ℃以下缓慢加入步骤 1 的反应混合物中。滴加完毕，升温，在 40 ℃条件下保温 15 min。反应完毕，冷却至室温。

3. 避蚊胺的分离纯化

将上述反应混合物用乙醚萃取三次，每次 20 mL。合并萃取液，先用 30 mL 1 mol・L^{-1}盐酸溶液洗涤，再用 30 mL 饱和食盐水洗涤，无水硫酸钠干燥，旋转蒸发仪蒸去乙醚和甲苯。得到的粗产品用氧化铝进行柱层析，以正己烷为洗脱剂，收集黄色色带，脱去溶剂，得避蚊胺产品。或者用减压蒸馏提纯，在 2.7×10^3 Pa 压力下减压蒸馏，收集 160 ℃～163 ℃馏分。

4. 应用研究

检验所制备的避蚊胺的驱蚊效果

用异丙醇溶解产品，配制成 15%的溶液，将一条小毛巾浸泡于其中。然后将毛巾晾干，缠到自己的一个手臂上，拿到一个蚊子很多的地方，用另外一条没有经任何处理的毛巾缠到另一手臂上作对比，观察哪一个手臂吸引的蚊子多。

【思考题】

1. 在间甲基苯甲酰氯的合成中，如果仪器或试剂含有水分，对反应的影响如何？

2. 后处理过程中，洗涤醚层的作用是什么？

【参考文献】

[1]　毛宗万，童叶翔. 综合化学实验[M]. 北京：科学出版社，2008.

[2]　唐除痴，李煜旭，陈彬，杨华铮，金桂玉. 农药化学[M]. 天津：南开大学出版社，1998.

(刘祖明　改编)

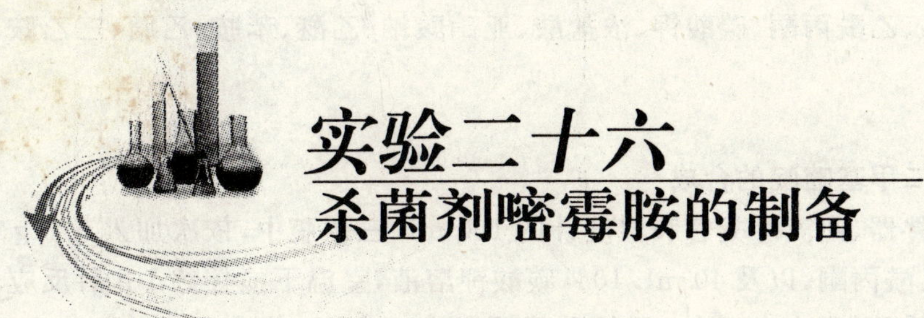

实验二十六
杀菌剂嘧霉胺的制备

【背景知识】

嘧霉胺(Pyrimethanil),商品名为施佳乐,化学名称为 *N*-(4,6-二甲基嘧啶-2-基)苯胺,是防治灰霉病、枯萎病的一种高效、低毒杀菌剂,具有内吸传导和熏蒸作用,施药后可迅速传到植物体内各部位,通过抑制病菌侵染酶的分泌阻止病菌的侵染,并杀死病菌。嘧霉胺与三唑类、二硫代氨基甲酸酯类、苯并咪唑类及乙霉威等无交互抗性,因此对敏感或抗性病原菌均有优异的活性。尤其对非苯胺类杀菌剂(如多菌灵、甲基硫菌灵、乙烯菌核利、菌核净等)已产生抗性的灰霉病菌有特效。嘧霉胺具有保护活性和叶片穿透性、根部内吸性,在田间药效实验中,对葡萄、草莓、番茄、洋葱、菜豆、黄瓜等作物和观赏植物的灰霉病和苹果黑星病有优异的防效。

【实验目的】

1. 了解杀菌剂嘧霉胺的性质及用途。
2. 学习合成嘧霉胺的反应原理。
3. 掌握实验室制备嘧霉胺的实验操作方法。

【实验原理】

文献报道的嘧霉胺的合成方法很多,归纳起来可以概括为2-氯嘧啶法和苯基胍法。

(1)2-氯嘧啶法

$$H_2N-\underset{}{\overset{NH}{\overset{\|}{C}}}-NH_2\cdot HNO_3 \xrightarrow{CH_3COCH_2COCH_3} \text{2-氨基-4,6-二甲基嘧啶 } (H_2N-C_4N_2H(CH_3)_2) \xrightarrow[HCl]{NaNO_2} \text{2-氯-4,6-二甲基嘧啶 } (Cl-C_4N_2H(CH_3)_2)$$

$$\xrightarrow{C_6H_5NH_2} C_6H_5NH-C_4N_2H(CH_3)_2$$

(2)苯基胍法

$$C_6H_5NH_2 \xrightarrow[NH_2CN\quad Na_2CO_3]{HCl} C_6H_5NH-\overset{NH}{\overset{\|}{C}}-NH_2\,HCO_3 \xrightarrow{CH_3COCH_2COCH_3} C_6H_5NH-C_4N_2H(CH_3)_2$$

由于苯基胍法要用到氰基氨,不适合在实验室使用,为此,本实验采用2-氯嘧啶法来制备嘧霉胺。

【仪器与药品】

1. 仪器:标准磨口仪、循环水泵、加热磁力搅拌器、旋转蒸发仪、熔点测定仪

2. 药品：硝酸胍、乙酰丙酮、碳酸钾、浓盐酸、亚硝酸钠、乙醚、苯胺、乙腈、三乙胺、无水硫酸钠

【实验内容】

1. 2-氨基-4,6-二甲基嘧啶的合成

在装有磁力搅拌器、回流冷凝管和温度计的 100 mL 三颈瓶中，依次加入 6.0 g (49 mmol) 硝酸胍，10 g (100 mmol) 乙酰丙酮，以及 40 mL 10%碳酸钾溶液，室温下搅拌约 1 h 后反应液变浑浊，继续反应 10 h 后停止，抽滤，洗涤，得白色晶体，干燥称重得 5.5 g 产品，收率 92.0%，熔点测定仪测熔点（文献 152.4 ℃～153.9 ℃）。

2. 2-氯-4,6-二甲基嘧啶的合成

在装有磁力搅拌器、回流冷凝管（接气体吸收装置）、滴液漏斗和温度计的 100 mL 三颈瓶中，加入 30 mL 浓盐酸，3.5 g(28 mmol) 2-氨基-4,6-二甲基嘧啶，冰盐浴冷却至 −5 ℃，缓慢滴入 30 mL 亚硝酸钠水溶液，控制温度在 −5 ℃以下，反应液迅速由无色变为黄色，然后依次变成棕黄色，橘红色，同时伴有棕色气体产生。当亚硝酸钠水溶液全部滴加完毕时反应液的颜色变成绿色。用 3 $mol \cdot L^{-1}$ 氢氧化钠水溶液缓慢中和至 pH=7，然后用乙醚萃取两次，每次 25 mL，用无水硫酸钠干燥，旋转蒸发仪脱去溶剂，得黄色液体，冷却后固化为黄色针状晶体，干燥后称重得产品 3.65 g，收率 89.5%；熔程为 14 ℃～15 ℃。

3. 嘧霉胺的合成

在装有磁力搅拌器、回流冷凝管、滴液漏斗和温度计的 100 mL 三颈瓶中，加入 30 mL 乙腈，1.5 g (11 mmol) 2-氯-4,6-二甲基嘧啶，2.2 mL 三乙胺，加热搅拌升温至 60 ℃，在 50 ℃～60 ℃下滴加 1.9 g (20 mmol) 苯胺，滴加完毕后继续回流反应 5 h，TLC 跟踪直至原料反应完毕。冷却至室温，析出晶体，过滤，干燥得 1.8 g 白色晶体，收率 88%，熔点测定仪测熔点（文献值 93 ℃～94 ℃）。

【思考题】

1. 试比较两种合成嘧霉胺方法的优缺点。
2. 合成 2-氯-4,6-二甲基嘧啶成败的关键是什么？
3. 查阅文献，看看还有哪些合成嘧霉胺的方法？

【参考文献】

[1] The pesticide manual(twelfth edition), BCPC Publications, 808.
[2] WO 2004036996.
[3] 马韵升，史庆领，徐波勇，等. *N*-(4,6-二甲基嘧啶-2-基)苯胺杀菌组合物[P]. CN:1385069, 2002-12-18.
[4] 周艳丽，薛超. 杀菌剂嘧霉胺的合成研究[J]. 农药科学与管理，2005(9):24-25.

（刘祖明　改编）

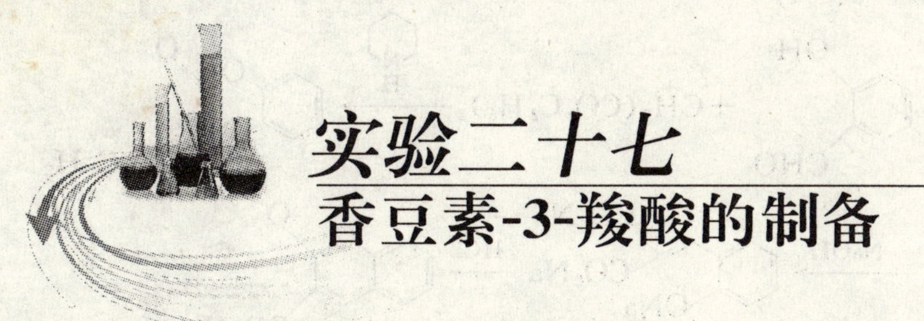

实验二十七
香豆素-3-羧酸的制备

【背景知识】

香豆素，又名香豆精、1，2-苯并吡喃酮，为顺式邻羟基肉桂酸的内酯，白色斜方晶体或结晶粉末，存在于许多天然植物中。它最早于1820年从香豆的种子中发现获得，也存在于薰衣草、桂皮的精油中。香豆素具有香茅草的香气，是重要的香料，常作为定香剂，可用于配置香水、花露水、香精、肥皂和洗涤剂的调和香料等，也用于一些橡胶和塑料制品，其衍生物还可以用作农药、杀鼠剂、医药等。天然植物中香豆素含量很少，大多数是通过合成获得的。由于香豆素的高使用价值，对其合成工艺的研究一直是一个热门领域。目前主要利用Perkin法及在此基础上发展出来的一些其他工艺来合成香豆素，但均存在一些问题。为了解决各种合成工艺存在的产率低、反应时间长、原料用量大、不环保等诸多问题，新方法的研发刻不容缓。随着微波化学技术、超声波化学技术等在有机合成中的广泛应用，用微波辐射法和超声波辐射法合成香豆素及其衍生物已有报道。本实验主要是在微波辐射和超声波辐射下采用Knoevenagel法在实验室合成香豆素-3-甲酸乙酯，然后水解得到香豆素-3-羧酸。

【实验目的】

1. 了解香豆素类化合物在自然界中的存在形式及其用途。
2. 了解羟醛缩合反应合成苯并吡喃酮类杂环化合物的原理和方法。
3. 掌握香豆素-3-甲酸乙酯合成及其水解的实验操作方法。

【实验原理】

1868年，Perkin采用邻羟基苯甲醛（水杨醛）与乙酸酐、乙酸钾一起加热制得了香豆素，该方法也被称为Perkin合成法。

$$\text{(OH, CHO)} + (CH_3CO)_2O \xrightarrow{CH_3COOK} \text{(OH)}\ CH{=}CH{-}CO_2K \xrightarrow{H_3^+O}$$

$$\underset{\text{苦马酸}}{\text{(OH)}\ COOH} + \underset{\text{香豆酸}}{\text{(OH)}\ COOH} \longrightarrow \underset{\text{香豆素}}{\text{(O, =O)}}$$

Perkin法具有反应时间长、反应温度高、产率有时不高等缺点。本实验采用水杨醛和丙二酸二乙酯在有机碱的催化下，可在较低温度下合成香豆素的衍生物香豆素-3-羧酸。

$$\text{水杨醛 (邻羟基苯甲醛)} + CH_2(CO_2C_2H_5)_2 \xrightarrow{\text{六氢吡啶}} \text{香豆素-3-甲酸乙酯}(CO_2C_2H_5)$$

$$\xrightarrow{NaOH} \text{(邻-ONa苯基)}CH{=}C(CO_2Na)_2 \xrightarrow{HCl} \text{香豆素-3-羧酸}(CO_2H)$$

这种在有机碱催化作用下促进羟醛缩合反应的方法称作 Knoevenagel 反应法。该法将 Perkin 法中的酸酐改为活泼亚甲基化合物，需要有一个或两个吸电子基团增加亚甲基氢的活泼性，同时，采用碱性较弱的有机碱作为反应介质避免了醛的自身缩合，扩大了缩合反应的原料使用范围。

本实验中除了要加入有机碱六氢吡啶外，还需加入少量冰醋酸。其机理尚不完全清楚，可能是水杨醛与六氢吡啶在酸催化下形成亚胺类化合物，亚胺类化合物再与丙二酸酯的碳负离子发生加成反应。

【仪器与药品】

1. 仪器：标准磨口仪、循环水泵、加热磁力搅拌器、熔点测定仪、超声波清洗器

2. 药品：水杨醛、丙二酸二乙酯、无水乙醇、六氢吡啶、二乙胺、冰醋酸、95%乙醇、氢氧化钠、浓盐酸、无水氯化钙、沸石

【实验内容】

1. 香豆素-3-甲酸乙酯的制备

(1)常规法

在 50 mL 干燥的圆底烧瓶中，加入 2.45 g(2.1 mL，0.020 mol)水杨醛、3.63 g(3.4 mL，0.023 mol)丙二酸二乙酯、13 mL 无水乙醇、0.3 mL 六氢吡啶和 1 滴冰醋酸，放入 2 粒沸石，安装回流冷凝管，冷凝管上口安放氯化钙干燥管，加热回流 2 h。将反应后的混合液转入锥形瓶内，加入 3 mL～5 mL 水，然后用冰水浴冷却使产物结晶析出完全，减压过滤，晶体用冰水冷却的 50%乙醇洗涤两次，每次 3 mL～5 mL，最后将晶体压紧抽干，干燥，称量，计算产率。测定粗品熔点(熔点 93 ℃)，检测其纯度。如果不纯，粗品可用 25%乙醇溶液重结晶。

(2)微波法

在 50 mL 圆底烧瓶中依次加入 2 mL (20 mmol)水杨醛、3.5 mL (24 mmol)丙二酸二乙酯、0.6 mL 二乙胺和两滴冰醋酸，在微波辐射下 90 ℃反应 12 min，反应结束后加入 10 mL 水，然后用冰水冷却析出固体，抽滤，粗品用 25%乙醇重结晶得 3.8 g 白色针状晶体，产率 88%。

(3)超声波法

在干燥的 100 mL 圆底烧瓶中分别加入 20 mL 无水乙醇、4 g (0.033 mol) 水杨醛、6.3 g (0.040 mol) 丙二酸二乙酯、0.25 mL 六氢吡啶、2 g 冰醋酸，混合均匀。安装带有 $CaCl_2$ 干燥管的回流冷凝管。将圆底烧瓶放入超声波清洗器中超声辐射 30 min。反应结束后，取出烧瓶，待产品稍冷后转移至装有 30 mL 冷水的 250 mL 烧杯中，冷却，过滤，固体用 2 mL～3 mL 冰乙醇洗涤 2～3 次，至固体中无黄色杂质。干燥，得白色固体。

2. 香豆素-3-羧酸的制备

在圆底烧瓶中，加入 2.0 g 香豆素-3-甲酸乙酯、1.5 g 氢氧化钠、10 mL 乙醇和 5 mL 水，再加入 2 粒沸石。装上回流冷凝管，加热回流，使酯和氢氧化钠全部溶解后，再继续回流加热 15 min。将反应后的

液体趁热倒入由 7.5 mL 浓盐酸和 25 mL 水混合而成的稀盐酸中进行酸化，有大量白色晶体析出，冰水浴冷却使晶体析出完全，减压过滤，少量冰水洗涤晶体 2 次，抽干得粗品香豆素-3-羧酸。干燥，称量，计算产率。粗品可进一步用水进行重结晶纯化。熔点为 190 ℃(分解)。

【思考题】

试写出用水杨醛制备香豆素-3-羧酸的反应机理。

【参考文献】

[1]　王玉良，陈华. 有机化学实验[M]. 北京：化学工业出版社，2009.

[2]　罗志臣. 超声波辐射合成香豆素-3-羧酸乙酯[J]. 化学世界，2010(5)：301-303.

[3]　缪程平，宗乾收，陈敏，等. 微波辐射下无溶剂合成香豆素-3-羧酸乙酯[J]. 化学试剂，2011(1)：88-90.

（刘祖明　改编）

实验二十八
安息香及其衍生物的合成和表征

【背景知识】

安息香(Benzoin)又称苯偶姻、二苯基乙醇酮、2-羟基-2-苯基苯乙酮或2-羟基-1,2-二苯基乙酮,是一种无色晶体,在分析化学中主要用于检验锌,在精细化工中,可作为药物和润湿剂的原料,还可用作生产聚酯的催化剂。安息香由两分子苯甲醛在热的氰化钾或氰化钠的乙醇溶液中通过缩合而成,故该反应称为安息香缩合。安息香分子中含有羰基和羟基两种官能团,可分别进行两种基团的反应。

安息香经氧化得到二苯基乙二酮,也称联苯甲酰、苯偶酰、联苯酰、二苯酰,用作有机合成的中间体。紫外光照射下,二苯基乙二酮裂解为自由基,引发聚合物链间交联,因此用作光引发剂还可用于聚合物的固化。最近的研究表明,二苯基乙二酮是羧酸酯酶的选择性抑制剂。

以二苯基乙二酮为原料经重排能得到二苯基羟乙酸,二苯基羟乙酸为白色单斜针状结晶,味苦,在高温时熔融成深红色,在医药中主要用于合成胃复康的中间体。

【实验目的】

1. 学习安息香缩合的原理,掌握缩合反应的实验操作方法。
2. 学习安息香被氧化生成二苯基乙二酮的操作方法,学习薄层分析法检测有机反应进行的程度。
3. 学习用二苯基乙二酮在氢氧化钾作用下重排制备二苯基羟乙酸的原理及操作方法。
4. 学习红外光谱及核磁共振氢谱的解析。

【实验原理】

早期的安息香缩合反应一般采用苯甲醛在NaCN作用下,经过碳负离子等价物的阶段,碳负离子作为亲核试剂进攻另一分子苯甲醛中的羰基,最终生成二苯基乙醇酮(Benzoin安息香)。机理如下:

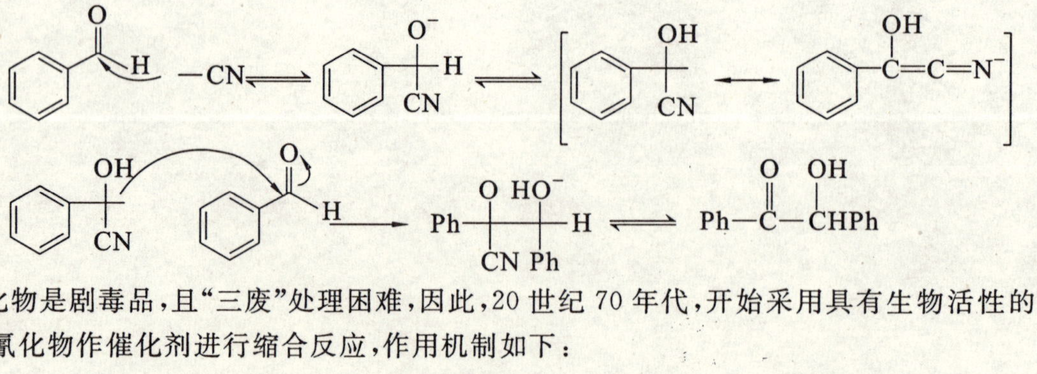

但氰化物是剧毒品,且“三废”处理困难,因此,20世纪70年代,开始采用具有生物活性的辅酶维生素B_1代替氰化物作催化剂进行缩合反应,作用机制如下:

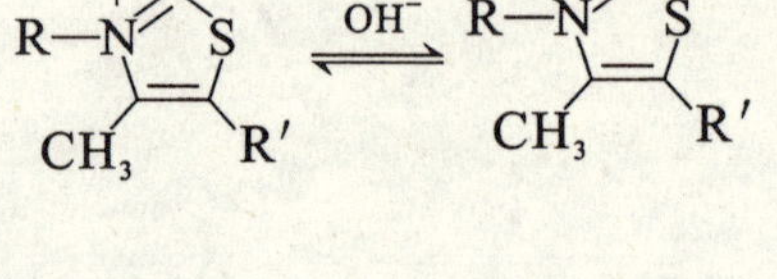

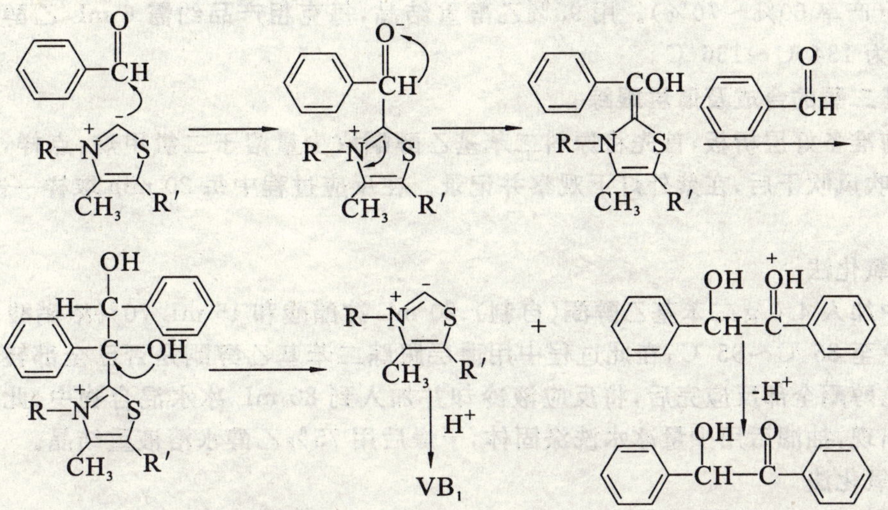

二苯基乙二酮通常由安息香氧化而得到，能使安息香氧化的试剂很多，常用的氧化剂有硝酸、乙酸酮、三氯化铁等。硝酸氧化法在目前使用较多，操作简便，但是此方法对硝酸的浓度要求比较严格，同时对设备的腐蚀严重，反应中释放出的二氧化氮会对环境产生污染。乙酸酮—硝酸铵也可以氧化安息香，二价铜被还原成亚铜，反应中产生的亚铜盐又不断被硝酸铵重新氧化成二价铜盐，硝酸铵本身被还原成亚硝酸铵，进而在反应条件下分解为氮气和水。三氯化铁也能氧化安息香，该氧化剂不仅避免了硝酸氧化法中产生的有毒含氮氧化物，而且收率高、操作方便。

当用碱处理二苯基乙二酮时发生重排，得到二苯基乙醇酸，这种类型的重排也称为二苯基乙醇酸重排。

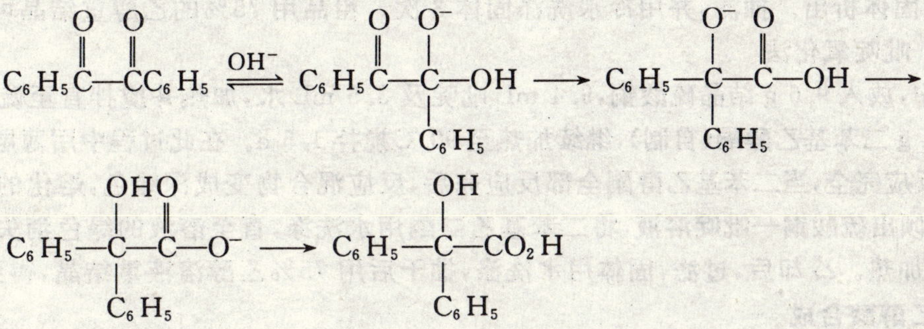

【仪器与药品】

1. 仪器：标准磨口仪、展缸、薄层层析板、磁力加热搅拌器、紫外灯、熔点测定仪、循环水泵（或隔膜泵）

2. 药品：维生素 B_1、苯甲醛（新蒸）、氢氧化钠、95%乙醇、冰醋酸、浓硝酸、硝酸钠、硫酸铜、六水合氯化铁、吡啶、二氯甲烷、氢氧化钾、活性炭、浓盐酸

【实验内容】

1. 安息香的合成

在 100 mL 圆底烧瓶中加入 1.7 g 维生素 B_1 和 4 mL 水，使其溶解后加入 15 mL 95%乙醇，将烧瓶置于冰浴中冷却。同时取 3 mL 5 mol·L^{-1} 氢氧化钠于一试管中也置于冰浴中冷却。然后在冰浴冷却下，将氢氧化钠溶液在 5 min 内自冷凝管顶端边摇动边逐滴加入烧瓶中。当碱液加到一半时溶液呈淡黄色，随着碱液的加入溶液的颜色也逐渐变深，使溶液 pH＝9 左右。

量取 10 mL 新蒸的苯甲醛，倒入上述反应混合物中，加热至 70 ℃～80 ℃反应 90 min，反应结束后，经冰水浴冷却后即有白色晶体析出。抽滤，用 50 mL 冷水洗涤，干燥后得 7 g～7.5 g 粗产品，熔程为

132 ℃～134 ℃(产率 60%～70%)。用 95%乙醇重结晶,每克粗产品约需 6 mL 乙醇。纯化后产物为白色晶体,熔程为 134 ℃～136 ℃。

2. 二苯基乙二酮的合成及薄层跟踪

在本实验前准备好层析板,首先将原料二苯基乙醇酮取少量溶于二氯甲烷,点样,以二氯甲烷作展开剂展开,用电吹风吹干后,在紫外灯下观察并记录。在反应过程中每 20 min 取样一次,直到原料点几乎消失为止。

(1)浓硝酸氧化法

在三颈瓶中加入 4.0 g 二苯基乙醇酮(自制)、20 mL 冰醋酸和 15 mL 70%浓硝酸(相对密度 1.42)混合均匀。加热至 85 ℃～95 ℃,在此过程中用薄层跟踪二苯基乙醇酮是否已全部转化为二苯基乙二酮。当二苯基乙醇酮全部反应完后,将反应液冷却并加入到 80 mL 冰水混合物中,此时有黄色的二苯基乙二酮结晶出现,抽滤后用少量冰水洗涤固体,干燥后用 75%乙醇水溶液重结晶。

(2)乙酸铜氧化法

在三颈瓶中加入 4 g 二苯基乙醇酮(自制)、12.5 mL 冰醋酸、2 g 粉状的硝酸铵和 2.5 mL 2%硫酸铜水溶液,回流搅拌,当反应物溶解后,开始放出氮气,继续回流,在此过程中用薄层跟踪二苯基乙醇酮是否已全部反应完全,当二苯基乙醇酮全部反应完后,将反应混合物冷却至 50 ℃～60 ℃,在搅拌下加入到20 mL冰水中,析出黄色固体。抽滤后用少量冰水洗涤固体,干燥后用 75%乙醇溶液重结晶。

(3)三氯化铁氧化法

在三颈瓶中加入 20 mL 冰醋酸、10 mL 水及 18.0 g $FeCl_3 \cdot 6H_2O$,装上回流冷凝管,加热至沸腾。停止加热待沸腾平息后,在搅拌下加入 4 g 二苯基乙醇酮(自制),继续回流。在此过程中用薄层跟踪二苯基乙醇酮是否已全部反应完全,当二苯基乙醇酮全部反应完后加入 80 mL 水煮沸,之后冷却反应液至室温,有黄色固体析出。抽滤,并用冷水洗涤固体 3 次。粗品用 75%的乙醇重结晶可得淡黄色晶体。

(4)硫酸铜-吡啶氧化法

在三颈瓶中,放入 9.6 g 结晶硫酸铜,9.4 mL 吡啶及 3.5 mL 水,加热并搅拌直至硫酸铜完全溶解为止。然后加入 4 g 二苯基乙醇酮(自制),继续加热至 90 ℃搅拌 1.5 h。在此过程中用薄层跟踪二苯基乙醇酮是否已全部反应完全,当二苯基乙醇酮全部反应完后,反应混合物变成深绿色,熔化的二苯基乙二酮在上层。冷却后,倾出硫酸铜—吡啶溶液,将二苯基乙二酮用水洗涤,直至溶液的绿色消失,然后与 8.4 mL 10% HCl 一同加热。冷却后,过滤,固体用水洗涤,抽干后用 75%乙醇溶液重结晶,得到白色固体。

3. 二苯基乙醇酸合成

在 100 mL 圆底烧瓶中加入 10.8 mL 95%乙醇和 3.5 g 二苯基乙二酮,加热回流,使其完全溶解,同时将 3.5 g 氢氧化钾溶于 7.6 mL 水中,在搅拌回流下将氢氧化钾水溶液分次加入圆底烧瓶中,继续回流 15 min,反应结束后,将反应液转移到烧杯中,放入冰水浴中冷却至固体完全析出,此过程约需 0.5 h,可得到二苯基乙醇酸钾盐的结晶,抽滤,并用 2 mL 冷 95%乙醇洗涤固体。

将所得的二苯基乙醇酸钾盐溶于尽量少的热水中,加活性炭脱色并趁热过滤,滤液冷却后用浓盐酸酸化至 pH=2。当此反应混合物冷却至室温后,用冰水浴冷却,抽滤,并用冷水充分洗涤固体,固体干燥后用 95%乙醇(30 mL/g～50 mL/g)进行重结晶,测熔点,纯的二苯基乙醇酸熔点为 150 ℃。

【注意事项】

1. 在安息香的合成中,维生素 B_1 受热易变质,储存时应放入冰箱内保存,使用时取出,用完后及时放回冰箱中。维生素 B_1 的噻唑环在氢氧化钠溶液中易开环失效,因此反应前维生素 B_1 溶液及氢氧化钠溶液必须用冰水冷透。

2. 在安息香的合成中,pH 的控制是该实验成败的关键。

3. 硫酸铜—吡啶氧化法合成二苯基乙二酮时,在加入二苯基乙醇酮之前,不能加热过猛,否则容易产生爆沸。

4. 硫酸铜—吡啶氧化法合成二苯基乙二酮时，在上层生成的二苯基乙二酮如因振动而破碎，不易倾出硫酸铜—吡啶溶液，可以直接用过滤法除去溶剂。

【思考题】

1. 在安息香的合成中，为什么要向维生素 B_1 溶液中加入氢氧化钠？

2. 将二苯基乙二醇酸钾盐用浓盐酸酸化时，为什么要控制 pH=2？若大于 2 或小于 2 有什么影响？

3. 如何由相应的原料经二苯基乙二醇酸重排合成下列化合物。

A. (呋喃基)$_2$C(OH)—CO_2H　　B. (CH_3O—C_6H_4)$_2$C(OH)—CO_2H

C. 芴-9-基 C(OH)(CO_2H)　　D. $(HOOCCH_2)_2$C(OH)—CO_2H

4. 图 28-1、图 28-2、图 28-3 和图 28-4 是该实验中三种化合物的[1] H-NMR 和 IR 谱图，试对以下图谱进行分析。

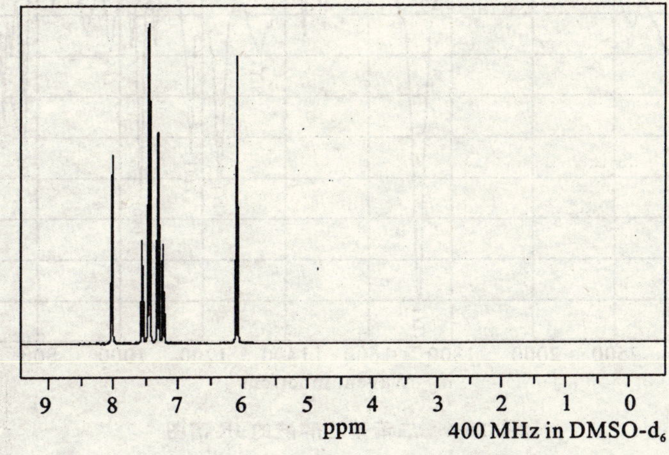

图 28-1　安息香的[1] H-NMR 谱图

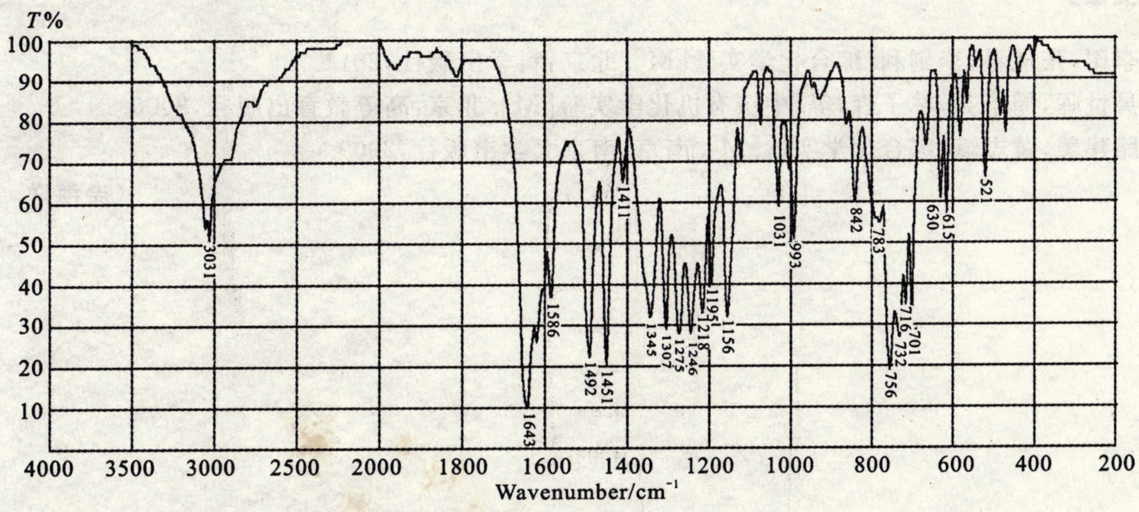

图 28-2　安息香的 IR 谱图

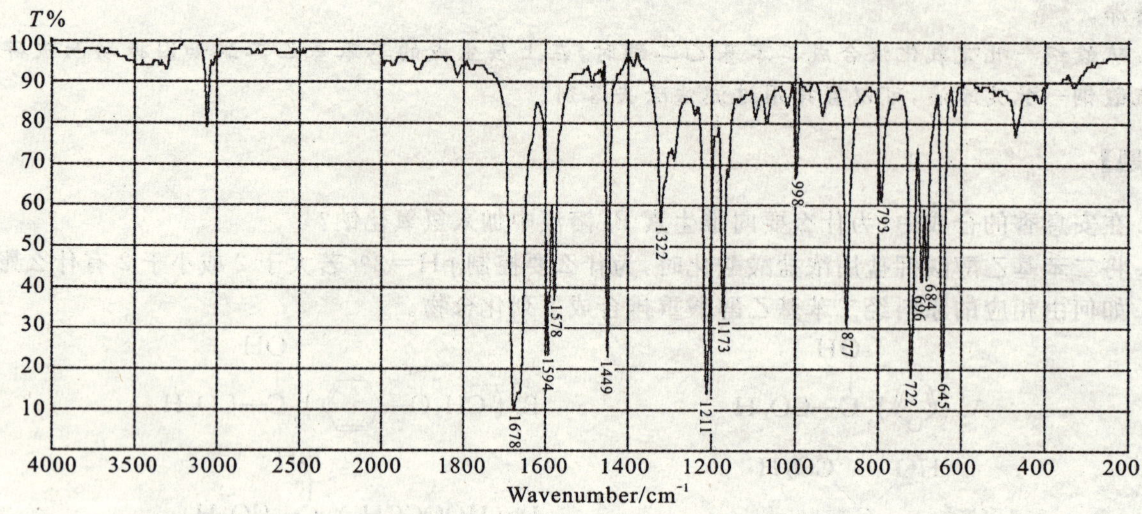

图 28-3 二苯基乙二酮的 IR 谱图

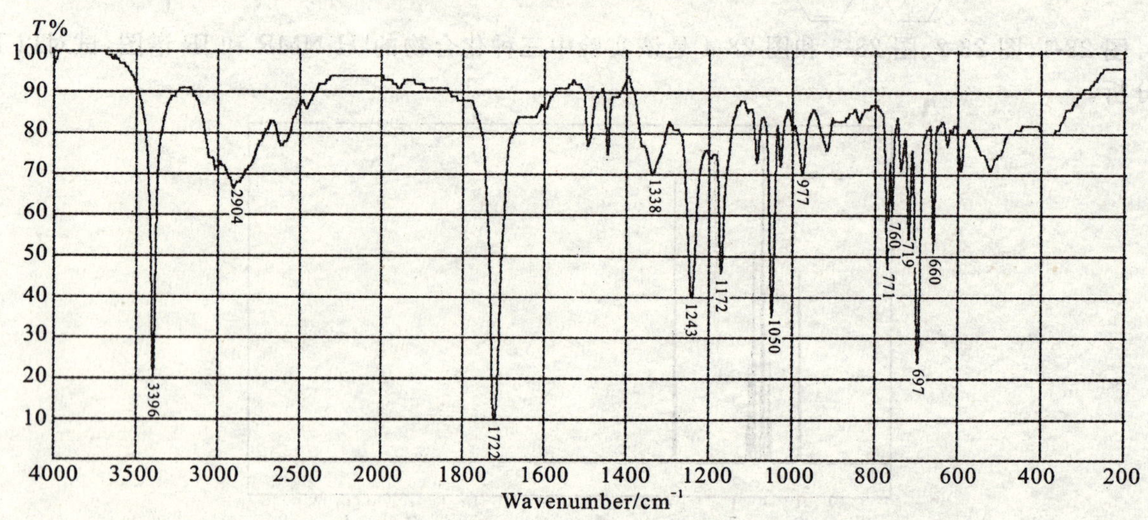

图 28-4 二苯基乙醇酸的 IR 谱图

【参考文献】

[1] 李珺，张逢星，李剑利. 综合化学实验[M]. 北京：科学出版社，2011.

[2] 吴世晖，周景尧，林子森，等. 中级有机化学实验[M]. 北京：高等教育出版社，2000.

[3] 路建美，黄志斌. 综合化学实验[M]. 南京：南京大学出版社，2009.

（涂海洋 改编）

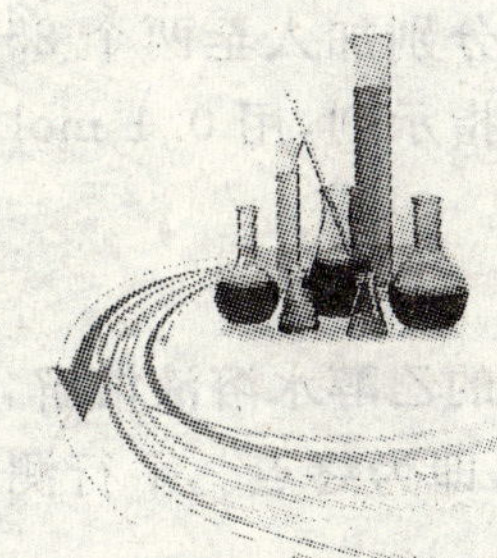

实验二十九

3-α-呋喃基丙烯酸的制备和紫外光谱及含量测定

【背景知识】

3-α-呋喃基丙烯酸在医药、化妆品、香料及有机合成物方面均有广泛应用，是一种制备塑料、合成树脂的重要原料。同时也是合成3-α-呋喃基丙烯酸酯类化合物的必要原料，而后者可作为多种食用香精的调香原料并是理想的紫外线吸收剂。3-α-呋喃基丙烯酸的制备方法有三种：①以糠醛和乙酸酐为原料，在无水醋酸钾作用下经Perkin反应制备，反应时间为2.5 h，产率为65%左右，此方法最为常用；②以糠醛和丙二酸为原料，在吡啶作用下制备，虽然产率为91%～92%，但该方法成本较高；③将糠醛与丙酮在氢氧化钠溶液中缩合，首先制得亚糠基丙酮，然后再用漂白粉氧化制得，产率为72%，此方法合成工艺路线较长，设备复杂，操作步骤多。

【实验目的】

1. 学习以呋喃甲醛和乙酸酐为原料，在碱性条件下经Perkin缩合反应制备3-α-呋喃基丙烯酸的原理及操作方法。

2. 学会利用中和滴定法测定产品的纯度。

【实验原理】

以糠醛和乙酸酐为原料，在无水醋酸钾作用下经Perkin反应制备3-α-呋喃基丙烯酸。

$$\text{(2-呋喃基)}-CHO + (CH_3CO)_2O \xrightarrow[\triangle]{K_2CO_3} \text{(2-呋喃基)}-CH{=}CH{-}COOH + CH_3COOH$$

【仪器与药品】

1. 仪器：标准磨口仪、分析天平、磁力搅拌器、滴定管、紫外分光光度计、熔点测定仪

2. 药品：呋喃甲醛(新蒸)、乙酸酐(新蒸)、无水碳酸钾、碳酸钠、邻苯二甲酸氢钾、0.1 mol·L^{-1} NaOH标准溶液、酚酞指示剂溶液、0.2%乙醇水溶液、活性炭、浓盐酸

【实验内容】

1. 3-α-呋喃基丙烯酸的制备

在100 mL圆底烧瓶中，依次加入2.5 mL呋喃甲醛、7 mL乙酸酐和3 g无水碳酸钾，加热回流1.5 h。反应结束后在搅拌下趁热将反应物倒入盛有50 mL冷水的烧杯中，用固体碳酸钠中和至溶液呈弱碱性，加入活性炭煮沸5 min～10 min，趁热过滤。滤液在冰水浴中边搅拌边滴加浓盐酸至pH＝2～3，3-α-呋喃基丙烯酸完全析出，抽滤，用少量冷水洗涤2次。粗产品用1∶3的乙醇水溶液重结晶，抽滤，洗涤，尽量抽干。然后烘干，称量，留着纯度测定用。

2. 产品纯度测定

(1)0.1 mol·L^{-1} NaOH标准溶液的标定

用减量法准确称取 0.4 g～0.6 g 邻苯二甲酸氢钾基准物质两份，分别加入至两个 250 mL 锥形瓶中，用 40 mL～50 mL 水使之溶解（必要时可加热），滴加 2～3 滴酚酞指示剂，用 0.1 $mol \cdot L^{-1}$ NaOH 标准溶液滴定。计算每次标定的 NaOH 溶液的浓度，平均浓度。

（2）产品纯度的测定

用增量法准确称取 0.27 g～0.35 g 产品，用 20 mL～30 mL 1：1 的乙醇水溶液溶解，加入 2～3 滴酚酞指示剂，用标准 NaOH 溶液滴定至微红色，保持半分钟内不褪色，即为终点。平行测定两次，计算每次所测样品中 3-α-呋喃基丙烯酸的百分含量、平均百分含量。

3. 测定 α-呋喃甲醛和 3-α-呋喃基丙烯酸的紫外光谱。

【注意事项】

1. 呋喃甲醛存放过久会变成棕褐色甚至黑色，同时往往含有水分。因此，使用前必须蒸馏提纯，收集 155 ℃～162 ℃的馏分。新蒸的呋喃甲醛为无色或淡黄色的液体。

2. 乙酸酐放久了，由于吸潮和水解将转变为乙酸，故本实验所需的乙酸酐必须在实验前进行重新蒸馏。

3. 本实验回流所用的仪器实验前必须干燥。

4. 反应开始时应控制加热速度，由于逸出二氧化碳有泡沫出现，应加以预防，以免冲出瓶外。

【思考题】

1. 具有何种结构的醛能进行 Perkin 缩合反应？

2. 呋喃甲醛和丙酸酐在碳酸钾的存在下相互作用后得到什么产物？

3. 比较 α-呋喃甲醛和 3-α-呋喃基丙烯酸的紫外光谱，并解释最大吸收波长变化的原因。

【参考文献】

[1] 黄宪，陈振初. 有机合成化学[M]. 北京：化学工业出版社，1983.

[2] 兰州大学，复旦大学化学系有机化学教研室. 有机化学实验[M]. 第二版. 北京：高等教育出版社，1994.

[3] 华中师范大学，等. 分析化学实验[M]. 北京：高等教育出版社，2001.

[4] 林敏，周金梅，杨俐锋. 相转移催化法合成 3-α-呋喃基丙烯酸[J]. 厦门大学学报（自然科学版），2003(2)：205-207.

（涂海洋　改编）

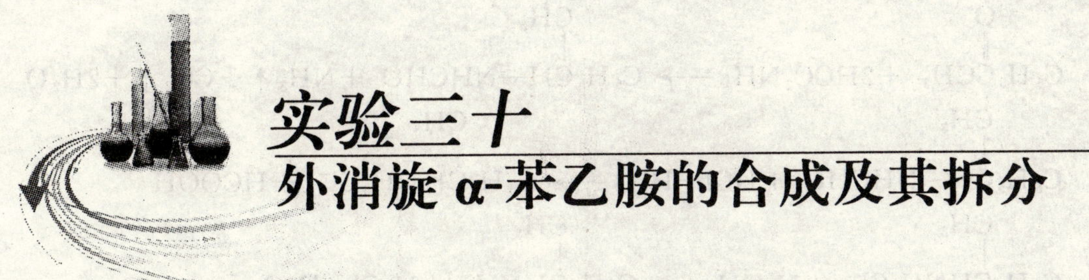

实验三十 外消旋 α-苯乙胺的合成及其拆分

【背景知识】

用一般的化学合成方法得到的手性化合物往往都是等量的对映体组成的外消旋体，无旋光性。对映体的熔点、沸点、密度和在非手性溶剂中的溶解度等都是完全相同的，所以采用常规的分离有机化合物的方法是无法将对映体分开的。利用拆分的方法，把外消旋体的一对对映体分成纯净的左旋体和右旋体，即所谓的消旋体的拆分。

拆分外消旋体的方法通常有晶体机械分离法、化学方法和生物方法等，其中最常用的方法是利用化学反应把对映体变为非对映体。如果手性化合物分子中含有一个易于反应的极性基团，如羧基、氨基等，就可以使它与一个纯的旋光化合物(拆解剂)反应，从而把一对对映体变成两种非对映体。由于非对映体具有不同的物理性质，如溶解性、结晶性等，可利用结晶等方法将它们分离、精制，然后再去掉拆解剂，就可以得到化学纯的单一对映体，从而达到拆分目的。

常用的拆解剂有用于拆分外消旋有机酸的光学纯的生物碱(如马钱子碱、奎宁和麻黄素等)和用于拆分外消旋有机碱的光学纯的有机酸(如酒石酸、樟脑磺酸等)。外消旋的醇通常先与丁二酸酐或邻苯二甲酸酐形成单酯，然后用旋光性的碱把酸拆分，再经碱性水解得到单个的旋光性的醇。

对映体的完全分离当然是最理想的，但在实际工作中很难做到这一点，常用光学纯度表示被拆分后对映体的纯净程度。

$$\text{光学纯度}=\frac{[R]-[S]}{[R]+[S]}\times 100\%=R\%-S\%$$

光学纯度也可用比旋光度进行计算，它等于样品的比旋光度除以纯对映体的比旋光度。

$$\text{光学纯度(op)}=\frac{[\alpha]\text{样品}}{[\alpha]\text{纯物质}}\times 100\%。$$

光学纯的酒石酸在自然界颇为丰富，它是酿酒过程中的副产物。由于(－)-胺(＋)-酸非对映体的盐比(＋)-胺(＋)-酸在甲醇中的溶解度小，故易从甲醇溶液中呈结晶析出，经稀碱处理，又可以使(－)-α-苯乙胺游离出来。母液中含有(＋)-胺(＋)-酸盐，原则上经提纯后可以得到另一个非对映体的盐，经稀碱处理后可得到(＋)-胺。

【实验目的】

1. 学习 Leuchart R 反应由醛或酮在高温下与甲酸铵作用制备外消旋α-苯乙胺的合成原理和方法。
2. 学习由光学纯的酒石酸作为拆解剂对外消旋 α-苯乙胺进行拆分来制备光学纯化合物的原理和方法。

【实验原理】

本实验用(＋)-酒石酸为拆解剂，与外消旋 α-苯乙胺形成非对映异构体的盐。

$$C_6H_5\overset{O}{\overset{\|}{C}}CH_3 + 2HCO_2NH_4 \longrightarrow C_6H_5\overset{CH_3}{\overset{|}{C}}H-NHCHO + NH_3\uparrow + CO_2\uparrow + 2H_2O$$

$$C_6H_5\overset{CH_3}{\overset{|}{C}}H-NHCHO + HCl + H_2O \longrightarrow C_6H_5\overset{CH_3}{\overset{|}{C}}H\overset{+}{N}H_3Cl^- + HCOOH$$

$$C_6H_5\overset{CH_3}{\overset{|}{C}}H\overset{+}{N}H_3Cl^- + NaOH \longrightarrow \underset{(\pm)\text{-苯乙胺}}{C_6H_5\overset{CH_3}{\overset{|}{C}}HNH_2} + NaCl + H_2O$$

(±)α-苯乙胺 + (±)酒石酸 ⟶ (+)-胺(+)-酸盐 ; (−)-胺(+)-酸盐 $\xrightarrow{50\%NaOH}$ (−)-苯乙胺

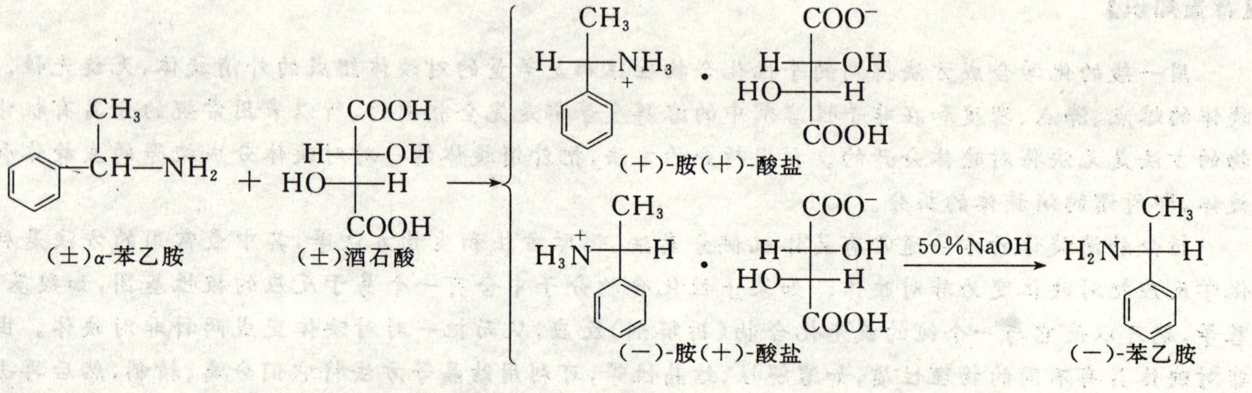

【仪器与药品】

1. 仪器：标准磨口仪、磁力加热搅拌器、旋光仪、移液管

2. 药品：(+)-酒石酸、甲醇、乙醚、50%氢氧化钠、苯乙酮、甲酸铵、氯仿、浓盐酸、氢氧化钠、甲苯、乙醚

【实验内容】

1. α-苯乙胺的制备

在 100 mL 蒸馏瓶中，加入 11.8 mL 苯乙酮、20 g 甲酸铵，蒸馏头上插上接近瓶底的温度计，侧口连接冷凝管配成简单的蒸馏装置。小火加热反应混合物至 150 ℃～155 ℃，甲酸铵开始熔化并分为两相，并逐渐变为均相。反应物剧烈沸腾，有水和苯乙酮蒸出，同时不断产生泡沫放出氨气。继续缓慢加热至温度达到 185 ℃，停止加热，通常此过程约需要 1.5 h。

反应结束后，将反应混合物冷却至室温，转入分液漏斗中，用 15 mL 水洗涤，以除去甲酸铵和甲酰胺，分出 *N*-甲酰-α-苯乙胺粗品，将其倒回原反应瓶。水层用氯仿萃取两次（每次 6 mL），合并萃取液也倒回反应瓶中。向反应瓶中加入 12 mL 浓盐酸，蒸出所有氯仿，再继续保持微沸回流 30 min～45 min，使 *N*-甲酰-α-苯乙胺水解。结束后，将反应物冷却至室温，如有晶体析出，加入最少量的水让其溶解。然后用氯仿萃取 3 次（每次 6 mL），水层转入 100 mL 三颈瓶。将三颈瓶置于冰浴中冷却，缓慢加入 10 g 氢氧化钠溶于 20 mL 水的溶液并加以摇振，然后进行水蒸气蒸馏。用 pH 试纸检验馏出液，至馏出液 pH=7 为止（开始为碱性）。约收集馏出液 65 mL～80 mL。

将含有游离胺的馏出液用甲苯萃取 3 次（每次 10 mL），合并甲苯萃取液，加入粒状氢氧化钠干燥。过滤后，先蒸去甲苯，然后改用空气冷凝管蒸馏，收集 180 ℃～190 ℃馏分，产量 5 g～6 g。塞好瓶口准备进行拆分实验。

纯的 α-苯乙胺沸点 187.4 ℃。

2. s-(−)-α-苯乙胺的分离

在圆底烧瓶中加入 6.3 g(+)-酒石酸和 90 mL 甲醇，加热至接近沸腾（60 ℃），搅拌使酒石酸溶解。然后在搅拌下缓慢加入 5 g α-苯乙胺（须小心操作以免混合物沸腾或起泡溢出）。冷至室温后，将烧瓶塞住，放置24 h以上，析出白色棱状晶体(假如析出针状晶体，应重新加热溶解并冷却至完全析出棱状晶体)。过滤，并用少许冷甲醇洗涤，干燥后得(－)-胺(＋)-酒石酸盐约4 g。将4 g(－)-胺(＋)-酒石酸盐置于250 mL锥形瓶中，加入15 mL水，搅拌使部分晶体溶解，再加入2.5 mL 50%氢氧化钠，搅拌混合物至固体完全溶解。将溶液转入分液漏斗，用乙醚萃取3次(每次10 mL)。合并醚萃取液，用无水硫酸钠干燥。水层倒入指定容器中回收(＋)-酒石酸。

将干燥后的乙醚溶液脱去乙醚，然后蒸馏收集180 ℃～190 ℃馏分。用塞子塞住锥形瓶准备测定比旋光度。

3. 比旋光度的测定

用移液管量取10 mL甲醇置于盛胺的锥形瓶中，摇振使胺溶解。溶液的总体积非常接近10 mL[加上胺的体积，或者是后者的质量除以其密度(d=0.9395)，两个体积的加和值在本步骤中引起的误差可以不计]。根据胺的质量和总体积，计算出胺的浓度($g \cdot mL^{-1}$)。将溶液置于2 cm的样品管中，测定旋光度及比旋光度，并计算拆分后胺的光学纯度。纯s-(－)-α-苯乙胺的$[\alpha]_D^{15}=-39.5°$。

4. 结果与讨论

根据所得到的比旋光度计算产物的纯度。

【注意事项】

1. 游离胺会吸收空气中的二氧化碳形成碳酸盐，所以应塞好瓶口隔绝空气保存。

2. 得到棱状晶体，是实验成功的关键。如溶液中析出针状晶体，可采取如下步骤。

(1)由于针状晶体为(＋)-胺(＋)-酒石酸盐，在甲醇中的溶解度比(－)-胺(＋)-酒石酸盐(棱状晶体)的溶解度大，可加热反应混合物至恰好针状晶体已完全溶解而棱状晶体未开始溶解为止，重新放置过夜。

(2)可以先分出少量棱状晶体，然后加热反应混合物至其余晶体全部溶解，稍冷却后用取出的以分离的棱状晶体作晶种，重新结晶。如析出的针状晶体较多时，此方法更为适宜。如有现成的棱状晶体，在放置过夜前加入晶种更好。

3. 蒸馏α-苯乙胺时，容易起泡，可加入1～2滴消泡剂(聚二甲基硅烷0.001%的己烷溶液)。

【思考题】

1. 你认为要想本实验成功，其关键步骤是什么？如何控制反应条件才能分离出纯的旋光异构体？

2. 图30-1和图30-2是该苯乙胺的^{1}H-NMR和IR谱图，请对其进行分析。

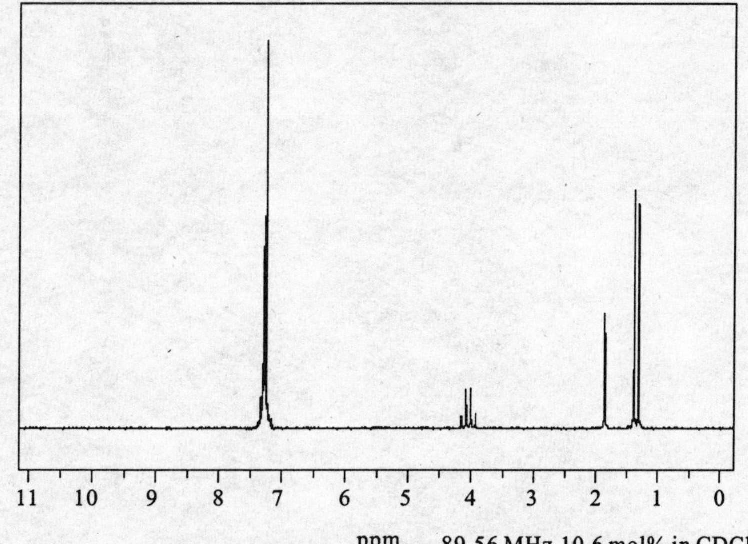

图30-1　(＋)-α-苯乙胺的^{1}H-NMR谱图

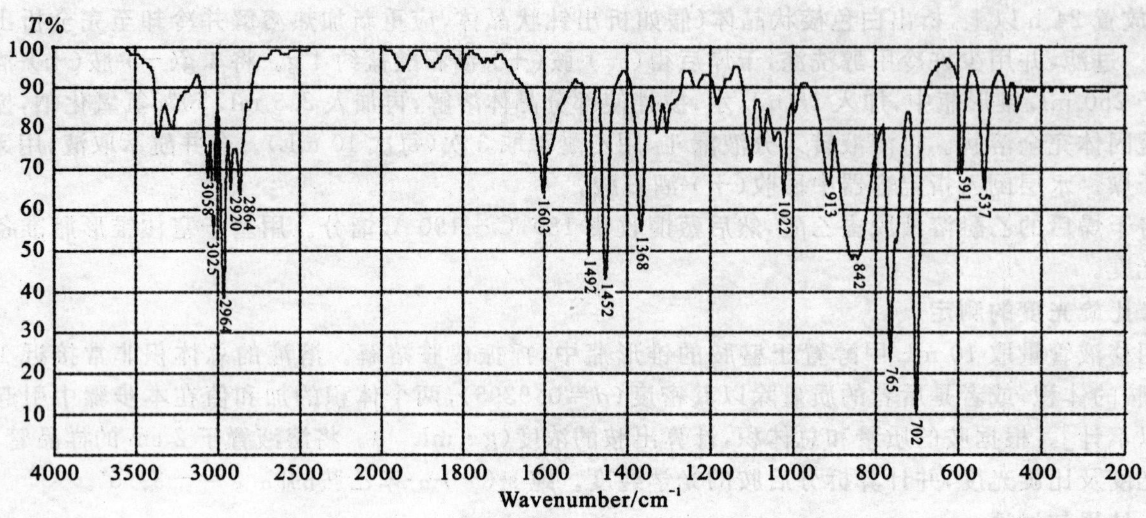

图 30-2 (+)-α-苯乙胺的 IR 谱图

【参考文献】

[1] 兰州大学,复旦大学化学系有机化学教研室.有机化学实验[M].第二版.北京:高等教育出版社,1994.

[2] 邢其毅,等.基础有机化学[M].第二版.北京:高等教育出版社,1994.

(涂海洋 改编)

实验三十一
鲁米诺的合成和发光反应

【背景知识】

鲁米诺(luminol),又名发光氨。化学名称为3-氨基邻苯二甲酰肼,是一种黄色晶体,水溶液显强酸性,对眼睛、皮肤、呼吸道有一定刺激作用。由于血红蛋白能催化过氧化氢的分解,让过氧化氢变成水和单氧,单氧再氧化鲁米诺使其发光。所以现代刑侦中使用鲁米诺检测血液。

鲁米诺试剂是鲁米诺与过氧化氢(双氧水的主要成分)的混合物,当鲁米诺与氢氧化物反应时生成一个双负离子(Dianion),它可被过氧化氢分解放出的氧气氧化,生成有机过氧化物。该过氧化物很不稳定,会立即分解出氮气,生成激发态的3-氨基邻苯二甲酸。激发态转化为基态时,以光的形式释放能量,波长位于可见光的蓝光部分。现已证实,发光体是3-氨基邻苯二甲酸盐二价负离子的激发单线态。当激发单线态返回至基态,就会产生荧光。激发态中间体也可将能量传递至激发能量较低的受体分子,受激发的受体分子再通过发出荧光释放能量恢复至基态。不同受体分子的激发态能量的差异使得其发出的荧光各不相同,这些现象在本实验中都可观察得到。

鲁米诺 $\xrightarrow{OH^-}$ 二价负离子 $\xrightarrow{O_2}$ 过氧化物 $\xrightarrow[\text{放出氮气}]{\text{分解}}$ [三线态二价负离子] $+ N_2$

$\xrightarrow{\text{系间窜跃}}$ [单线态二价负离子] $\xrightarrow{\text{放出荧光}}$ 基态二价负离子 $+ h\nu$

鲁米诺只有用氧化剂处理过才会发光。通常使用双氧水和一种碱的混合水溶液作为激发剂。在铁化合物催化下,双氧水分解为氧气和水:$2H_2O_2 \rightarrow O_2 + 2H_2O$,实验室中常以铁氰化钾作为催化剂铁的来源。很多生物系统中的酶也可催化过氧化氢的分解反应。

鲁米诺早在1853年就被首次合成。1928年,化学家首次发现这种化合物被氧化时能发出蓝光。几年以后,科学家利用此特性去检测血迹。血液中含有血红蛋白,能催化过氧化氢的分解,让过氧化氢变成水和单氧,单氧再氧化鲁米诺让它发光。在检验血痕时,鲁米诺与血红素(hemoglobin,血红蛋白中负责运输氧的一种蛋白质)发生反应,显出蓝绿色的荧光。这种检测方法极为灵敏,能检测只有百万分之一含量的血,即使滴一小滴血到一大缸水中也能被检测出来,由此可知犯罪分子是多么难以把现场清洗干净了。

鲁米诺发光是氧化导致的,这就意味着有很多氧化物以及能起催化作用的金属也能让鲁米诺发光,这其中包括日常使用的次氯酸漂白剂。因此,漂白剂有可能干扰鲁米诺的使用。但是这两种发光情况略有不同，漂白剂导致的发光是快速闪现的，而血迹导致的发光是逐渐出现的。

【实验目的】

1. 学习芳烃硝化反应的基本理论和硝化方法，加深对芳烃亲电取代反应的理解，进一步掌握重结晶操作技术。

2. 了解鲁米诺化学发光原理。

【实验原理】

鲁米诺是以3-硝基-邻苯二甲酸(3-Nitrophthalic Acid)为原料制备的。3-硝基-邻苯二甲酸是以邻苯二甲酸酐经直接硝化得到的，该反应既可获得3-硝基-邻苯二甲酸，同时也会得到4-硝基-邻苯二甲酸。

在3-硝基-邻苯二甲酸分子中，硝基与邻位的羧基会形成分子内氢键，同时相邻的两个羧基之间存在的分子内氢键如图31-1所示，对整个羧酸分子的离解产生显著的抑制作用，从而导致其水溶性下降。而在4-硝基-邻苯二甲酸中，硝基与羧基之间难以形成分子内氢键，因而，它在水中的离解度相对要大一些，水溶性也好一些。邻苯二甲酸酐硝化后产生的异构体的分离正是利用它们在水溶性上的差异。

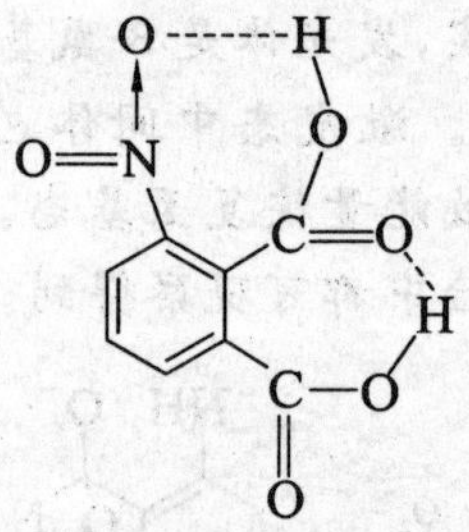

图31-1 3-硝基-邻苯二甲酸的氢键作用

3-硝基-邻苯二甲酸与肼反应首先得到酰肼，接着硝基被还原成氨基就可得到鲁米诺。

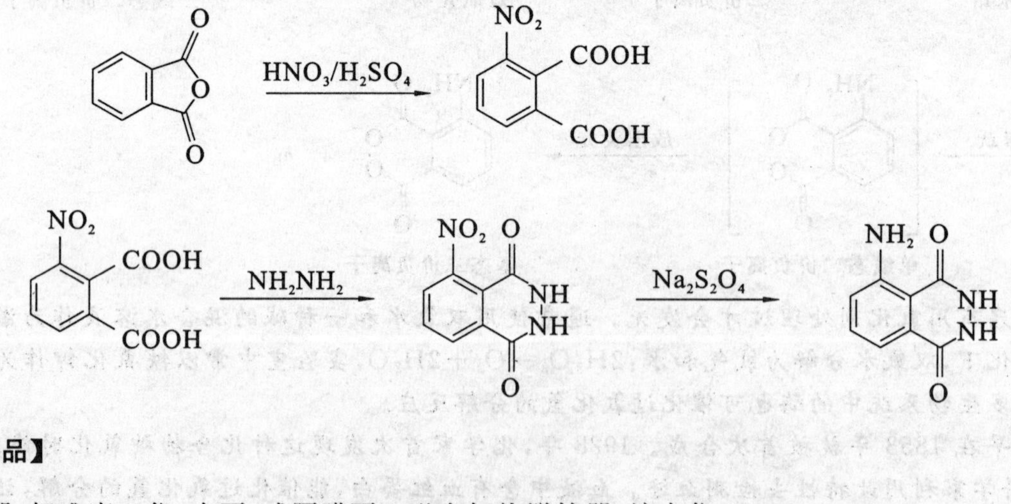

【仪器与药品】

1. 仪器：标准磨口仪、水泵(或隔膜泵)、磁力加热搅拌器、熔点仪

2. 药品：邻苯二甲酸酐、二缩三乙二醇、10%水合肼、二水合连二亚硫酸钠、二甲亚砜、浓硫酸、发烟硝酸、冰醋酸、10%氢氧化钠水溶液、氢氧化钾

【实验内容】

1. 3-硝基-邻苯二甲酸的合成

在 100 mL 三颈瓶中，加入 12 mL 浓硫酸和 12 g 邻苯二甲酸酐，搅拌加热，当反应混合物温度升至 80 ℃时停止加热，将 10 mL 发烟硝酸缓慢滴入反应器中，滴加速度以维持反应混合物温度保持在 100 ℃～110 ℃为宜。滴加完硝酸后，保持反应温度为 100 ℃搅拌 1 h。反应结束后将反应液冷却至室温后缓慢倒入盛有 40 mL 冷水的烧杯中，析出固体，过滤后，固体用 10 mL 水充分搅拌，使副产物 4-硝基-邻苯二甲酸尽可能溶于水。过滤后，收集固体即得到 3-硝基-邻苯二甲酸粗产品。3-硝基-邻苯二甲酸粗产品可用水重结晶，每克粗产物约需 2.3 mL 水。产物熔程为 215 ℃～218 ℃。

2. 鲁米诺的合成

将 1.3 g 3-硝基-邻苯二甲酸和 2 mL 10％水合肼置入 100 mL 二颈瓶中，加热使其溶解。然后加入 4 mL 二缩三乙二醇，用导管将二颈瓶通过安全瓶与水泵相连。打开水泵，加热，二颈瓶内反应物剧烈沸腾。大约 5 min 后，温度快速升至 200 ℃以上。继续加热，使反应温度维持在 210 ℃～220 ℃，约 2 min。反应结束后冷却至 100 ℃，加入 20 mL 热水（如果加热后再冷却，所获粗产物容易过滤），冷却至室温后，过滤，收集浅黄色晶体，即得到 5-硝基-邻苯二甲酰肼，中间体不需要干燥即可进行下一步的反应。

将 5-硝基-邻苯二甲酰肼加入 6.5 mL 10％氢氧化钠的水溶液中，搅拌使固体溶解后，加入 4 g 二水合连二亚硫酸钠，加热搅拌至沸腾，并保持此状态 5 min。稍冷却后，加入 2.6 mL 冰醋酸，继而在冷水浴中冷却至室温，有大量浅黄色晶体析出。过滤后，固体用水洗 3 次，再抽干得到黄色晶体。熔程为 319 ℃～320 ℃。

3. 发光反应

在 250 mL 锥形瓶中，依次加入 15 g 氢氧化钾、25 mL 二甲亚砜和 0.2 g 未经干燥的鲁米诺，盖上瓶塞，然后剧烈摇荡，使溶液与空气充分接触。此时，在暗处就能观察到从锥形瓶中发出的微弱蓝色荧光。继续剧烈摇荡并不时地打开瓶塞，让新鲜空气进入瓶内，瓶中的荧光会变得越来越亮。

若将不同荧光染料（1 mg～5 mg）分别溶于 2 mL～3 mL 水中，并加入到鲁米诺二甲亚砜溶液中，盖上瓶塞，用力摇动，在暗室里可以观察到不同颜色的荧光（无染料：蓝白色；曙红：橙红色；罗丹明 B：绿色；荧光素：黄绿色）。

【注意事项】

1. 发烟硝酸是强腐蚀性试剂，应在通风橱中小心量取。

2. 反应物在倒入水中的过程，应注意有毒气体一氧化氮会逸出。

3. 洗涤液和母液合并后，经蒸发浓缩，可获得 4-硝基-邻苯二甲酸。浓缩时要注意安全，当溶液变浓时，固体物质溶液发生碳化。可用乙醚对经过初步浓缩后的合并液进行萃取，然后蒸去乙醚即可得到 4-硝基-邻苯二甲酸，熔点为 165 ℃。

4. 水合肼毒性极大并具有强腐蚀性，应避免与皮肤接触。

5. 停止加热前，一定要先打开安全瓶上的活塞，使反应体系与大气相通，否则容易发生倒吸。

【思考题】

1. 与氯苯的硝化相比，邻苯二甲酸酐的硝化条件有什么不同，为什么？

2. 为什么 4-硝基-邻苯二甲酸在水中的溶解性要比 3-硝基-邻苯二甲酸强？

3. 鲁米诺化学发光的原理是什么？

4. 本实验在做鲁米诺发光演示时，为什么要不时打开瓶盖并剧烈摇荡？

5. 图 31-2、图 31-3、图 31-4、图 31-5、图 31-6 和图 31-7 是鲁米诺及中间体的 ^{1}H-NMR 和 IR 谱图，请

对其进行分析。

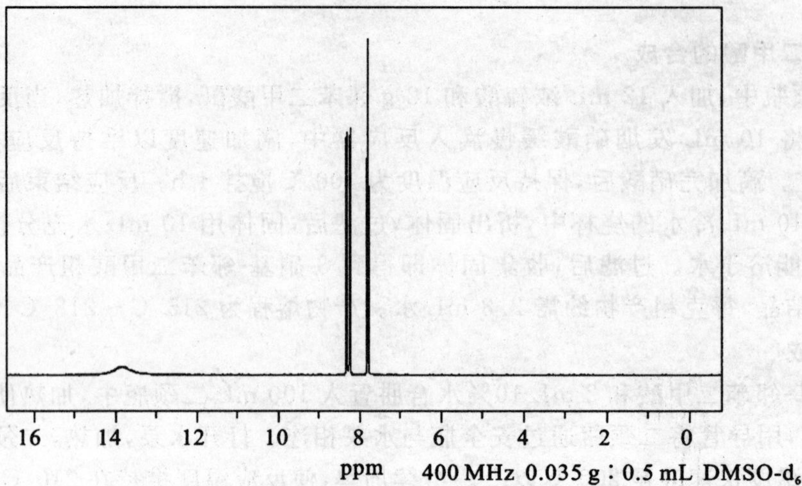

图 31-2 3-硝基-邻苯二甲酸的^{1}H-NMR 谱图

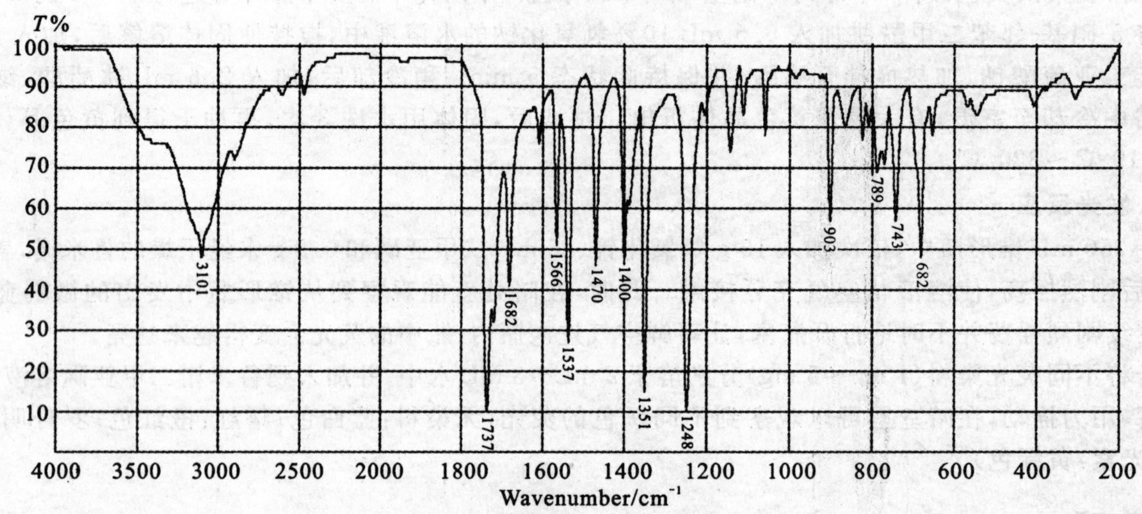

图 31-3 3-硝基-邻苯二甲酸的 IR 谱图

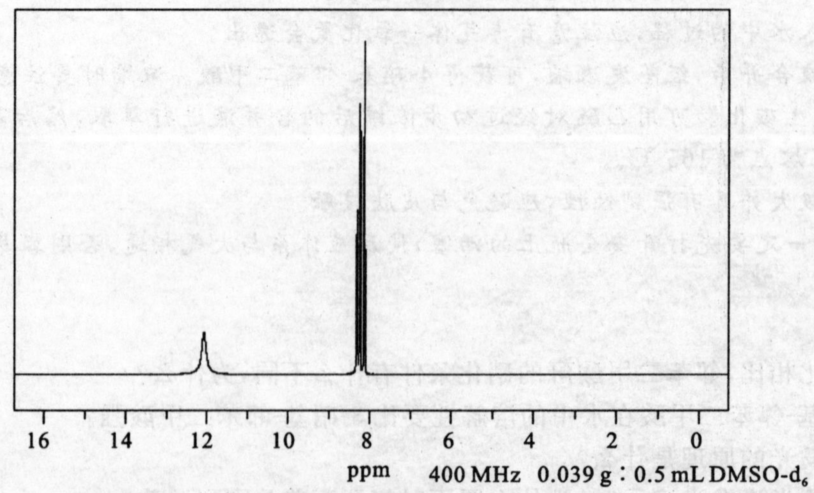

图 31-4 5-硝基-邻苯二甲酰肼的^{1}H-NMR 谱图

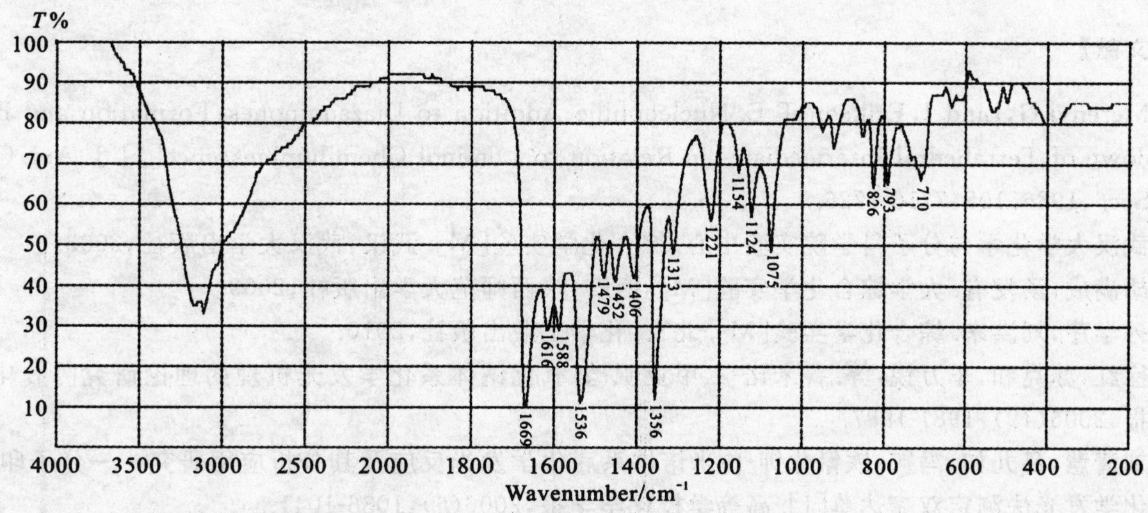

图 31-5　5-硝基-邻苯二甲酰肼的 IR 谱图

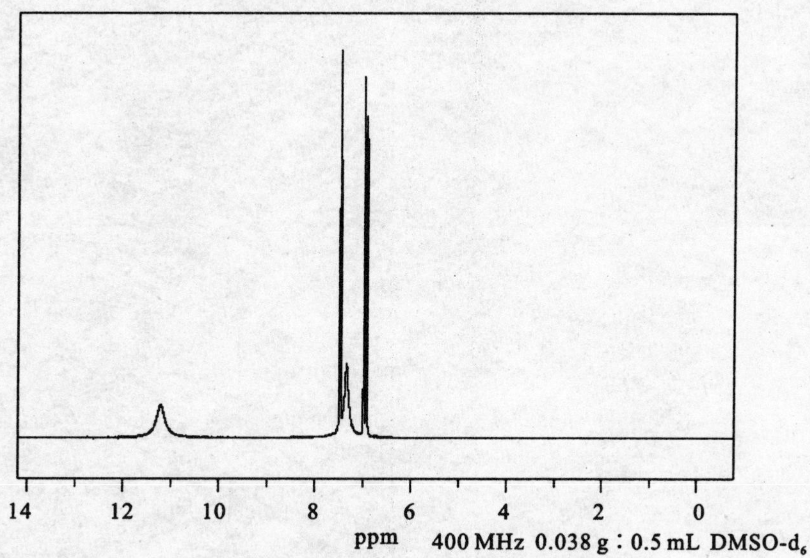

图 31-6　鲁米诺的 ^{1}H-NMR 谱图

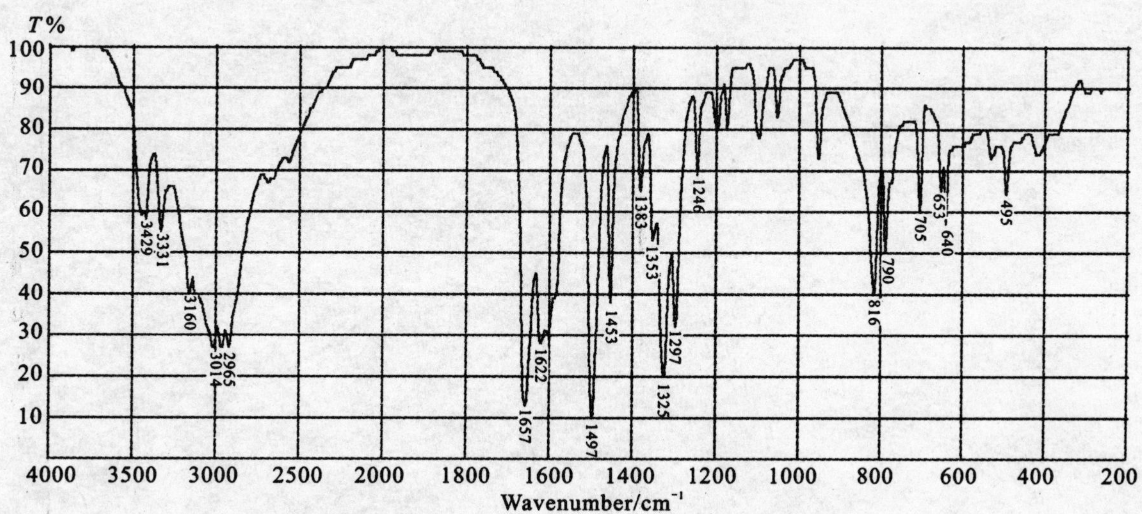

图 31-7　鲁米诺的 IR 谱图

【参考文献】

[1] Merenyi G, Lind J, Erikson T E. Nucleophilic Addition to Diazaquinones. Formation and Breakdown of Tetrahedral Intermediates in Relation to Luminol Chemiluminescence[J]. J. Am. Chem. Soc., 1986, 108: 7716-7726.

[2] 武汉大学化学与分子科学院实验中心. 综合化学实验[M]. 武汉:武汉大学出版社,2003.

[3] 胡满成,汤发有. 大学综合化学实验[M]. 西安:陕西师范大学出版社,2009.

[4] 孙学芹,刘洪来. 综合化学实验[M]. 北京:化学工业出版社,2010.

[5] 徐红,苏克和,车万锐,等. 鲁米诺-二甲亚砜-氢氧化钠体系化学发光机理的理论研究[J]. 化学学报,2006(19):1981-1987.

[6] 刘清慧,吕九如,冯娜. 铁氰化钾-鲁米诺体系后化学发光反应及其分析应用研究——分子印迹-后化学发光法测定双嘧达莫[J]. 高等学校化学学报,2006(6):1036-1041.

(涂海洋 改编)

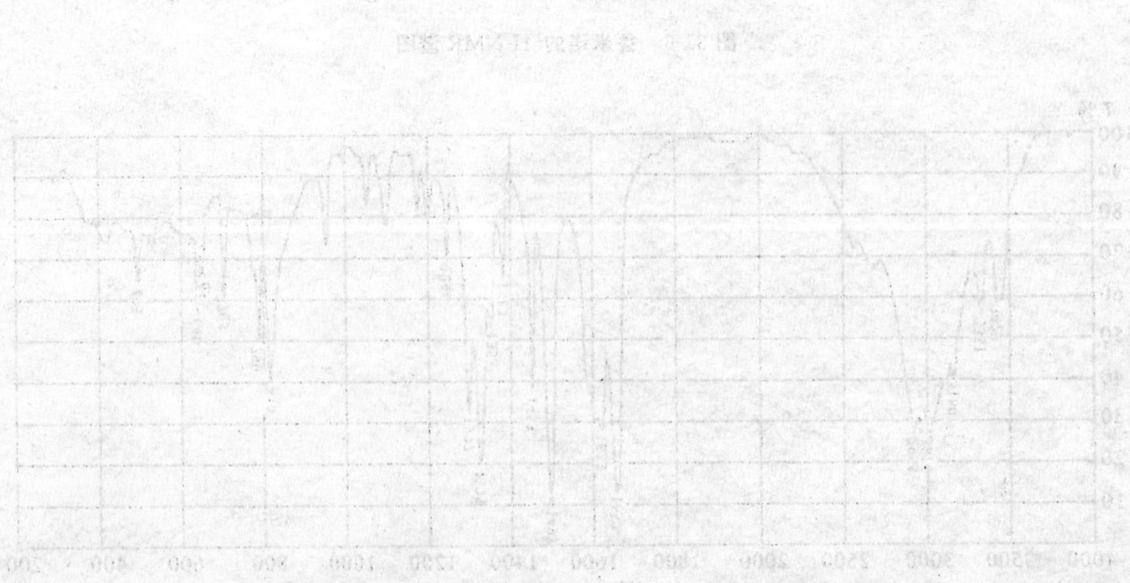

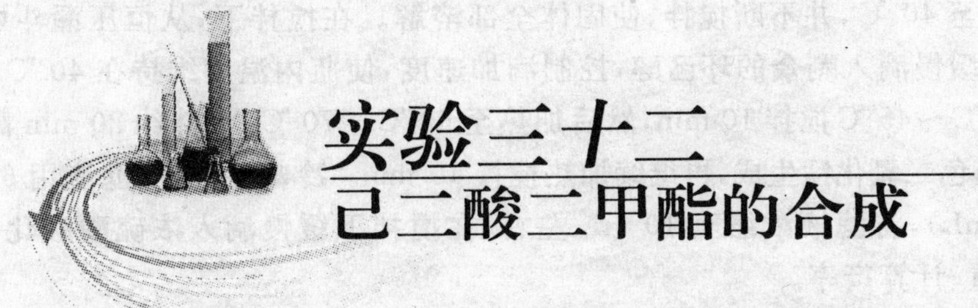

实验三十二
己二酸二甲酯的合成

【背景知识】

己二酸二甲酯是高沸点、无色透明液体，易溶于醇和醚，不溶于水，是重要的有机合成原料。广泛用作生产高档涂料、合成树脂、清洗剂、油墨等的溶剂，同时，它也是良好的耐寒增塑剂，是二元酸分离及加氢制取二元醇等精细化学品的重要中间体，也是尼龙酸二甲酯的主要成分，在气相色谱中作为标准物质。工业上通常采用己二酸二甲酯加氢制备1,6-己二醇。

工业上己二酸二甲酯的合成一般以乙二酸为原料，使用浓硫酸作催化剂。浓硫酸催化产率较高，设备腐蚀严重，而且因其脱水性和强氧化性，在酯化过程中不可避免地会发生碳化、聚合等多种副反应，同时会排放大量废酸，污染环境。为了克服上述缺点，近年来已开发出多种环境友好型催化剂，如分子筛、杂多酸、硫酸铁铵、固体超强酸、生物酶等，都取得了较好的酯化效果。本实验以硫酸氢钠作催化剂合成己二酸二甲酯。

中间体己二酸是一种重要的有机二元酸，主要用于制造尼龙66纤维、尼龙66树脂和聚氨酯泡沫塑料，在有机合成工业中，是用作合成己二腈、己二胺的基础原料，同时还可用于生产润滑剂、增塑剂己二酸二辛酯等，也可用于医药等方面，用途十分广泛。己二酸可以由硝酸氧化环己醇(由苯酚加氢制得)得到，该方法是最先实现了己二酸的工业化生产的方法。它还可以用环己烷氧化法合成，即先由环己烷制备环己酮和环己醇混合物(即酮醇油，又称KA油)，然后再进行KA油的硝酸或空气氧化。目前，新的己二酸合成方法为环己烯、过氧化氢与相转移催化剂发生反应生产己二酸，该化学反应产生的副产物只是水，后处理较为简单，对环境的污染较小。

【实验目的】

1.学习用环己醇氧化制备己二酸的原理和方法。
2.掌握电动搅拌(或磁力搅拌)、浓缩、过滤及重结晶等操作技能。

【实验原理】

本实验以环己醇为原料氧化制备中间体己二酸。

$$3\,C_6H_{11}OH + 8KMnO_4 + H_2O \longrightarrow 3HOOC(CH_2)_4COOH + 8MnO_2 + 8KOH$$

$$HOOC(CH_2)_4COOH + 2CH_3OH \longrightarrow H_3COOC(CH_2)_4COOCH_3 + 2H_2O$$

【仪器与药品】

1.仪器：标准磨口仪、磁力加热搅拌器(或电加热套加机械搅拌器)、熔点仪、循环水泵(或隔膜泵)

2.药品：高锰酸钾、碳酸钠、环己醇、高锰酸钾、浓硫酸、HNO_3(50%)、偏钒酸铵、氢氧化钠、己二酸、无水甲醇、水合硫酸氢钠、碳酸氢钠、$MgSO_4$

【实验内容】

1.己二酸的制备

方法一：在三颈瓶中加入6 g高锰酸钾固体和碳酸钠溶液(1.9 g碳酸钠溶于17.5 mL水中)，加热使反应物的温度升至 40 ℃，并不断搅拌，使固体全部溶解。在搅拌下，从恒压漏斗中滴入 4～5 滴环己醇，反应开始，然后缓慢滴入剩余的环己醇，控制滴加速度，使瓶内温度维持在 40 ℃～45 ℃。环己醇加完后，继续保持 40 ℃～45 ℃搅拌 10 min，然后加热至 60 ℃～70 ℃，搅拌约 20 min 高锰酸钾紫色完全褪去，同时有大量的褐色二氧化锰生成，再继续加热搅拌 10 min。冷却后抽滤，滤渣用 60 ℃～70 ℃的热水洗涤 3 次（每次 2 mL），将滤液浓缩至 10 mL 左右，在搅拌下缓慢滴入浓硫酸酸化至 pH＝2，冷却、抽滤、洗涤、烘干、称重、计算产率。

方法二：在装有回流冷凝管、温度计和分液漏斗的 100 mL 三颈瓶中，加入 18 mL（0.18 mol）50% HNO_3 及少许偏钒酸铵（约 0.03 g），并在冷凝管上接气体吸收装置，用稀 NaOH 溶液吸收反应过程中产生的二氧化氮气体。三颈瓶预热到 50 ℃左右，先滴入 5～6 滴环己醇，同时剧烈搅拌，至反应开始时放出二氧化氮气体，然后缓慢加入其余部分的环己醇，总量为 6 mL（约 0.06 mol），调节滴加速度，使瓶内温度维持在 50 ℃～60 ℃之间，滴加完毕约需 15 min。加完后继续搅拌，并加热至 80 ℃～90 ℃，保持 10 min至几乎无棕红色气体放出为止。然后将此热溶液倒入 100 mL 烧杯中，冷却后析出己二酸，抽滤，用冷水洗涤两次（每次 15 mL），干燥，粗产物约 6 g。

粗制的己二酸可以在水中重结晶。纯己二酸为白色棱状晶体，熔点为 153 ℃。

2. 己二酸二甲酯的制备

在装有分水器、温度计和回流冷凝管的三颈瓶中，加入 1.5 g 己二酸、1.7 mL 无水甲醇、一定量的一水合硫酸氢钠及 20 mL 环己烷，加热回流分水，至 1 h 结束反应，稍冷后倾出反应液，催化剂不溶于反应液而留在烧瓶内可重复使用。反应液依次用 10 mL 水、10 mL～15 mL 10%碳酸氢钠水溶液、饱和食盐水洗涤，洗完后有机相用 $MgSO_4$ 干燥，蒸馏，先常压下蒸出无水甲醇和环己烷，再减压蒸馏收集沸点 115 ℃～117 ℃/1.73 kPa 的馏分。

【注意事项】

方法一：

1. 该反应为放热反应，反应一旦开始，则会放出大量的热，开始时温度不能超过 40 ℃，否则不易控制。

2. 滴加环己醇的速度必须控制为 1～2 滴/秒，否则会因反应速度太快而不易控制。

3. 酸化必须充分，控制 pH＝2，且加浓硫酸速度不要太快。

方法二：

1. 环己醇和硝酸切不可用同一量筒量取。

2. 偏钒酸铵不可多加，否则产品发黄。

3. 本实验为剧烈放热反应，所以滴加环己醇的速度不宜过快，以免反应过剧，引起爆炸。一般可在环己醇中加 1 mL 水，一方面减少环己醇因黏稠带来的损失，另一方面可避免反应过剧。

4. 实验产生的二氧化氮气体有毒，所以装置要求严密不漏气，并要做好尾气吸收。

【思考题】

1. 本实验中为什么必须严格控制氧化反应的温度？实验中采取了哪些措施来控制温度？

2. 如果用同一个量筒取硝酸和环己醇可能会有什么结果？

3. 如何配置 50%硝酸溶液？

4. 图 32-1、图 32-2、图 32-3 和图 32-4 是己二酸及己二酸二甲酯的 ^{1}H-NMR 和 IR 谱图，请对其进行分析。

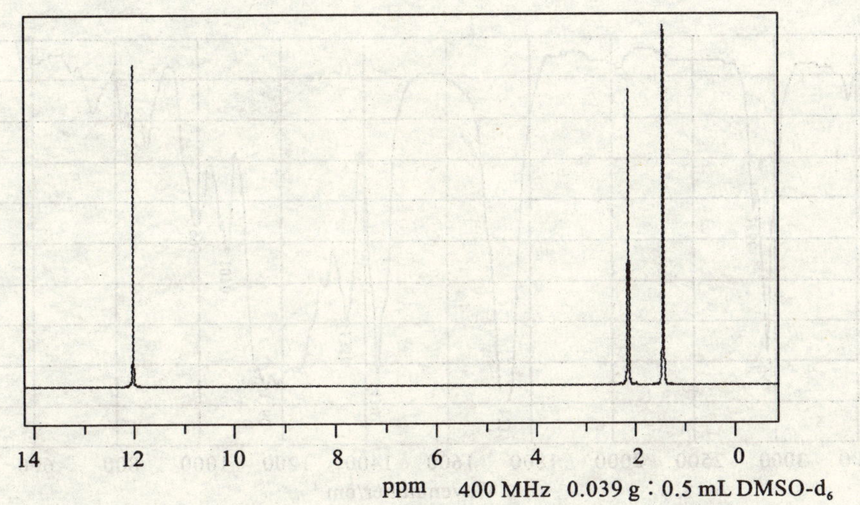

图 32-1　己二酸的^{1}H-NMR 谱图

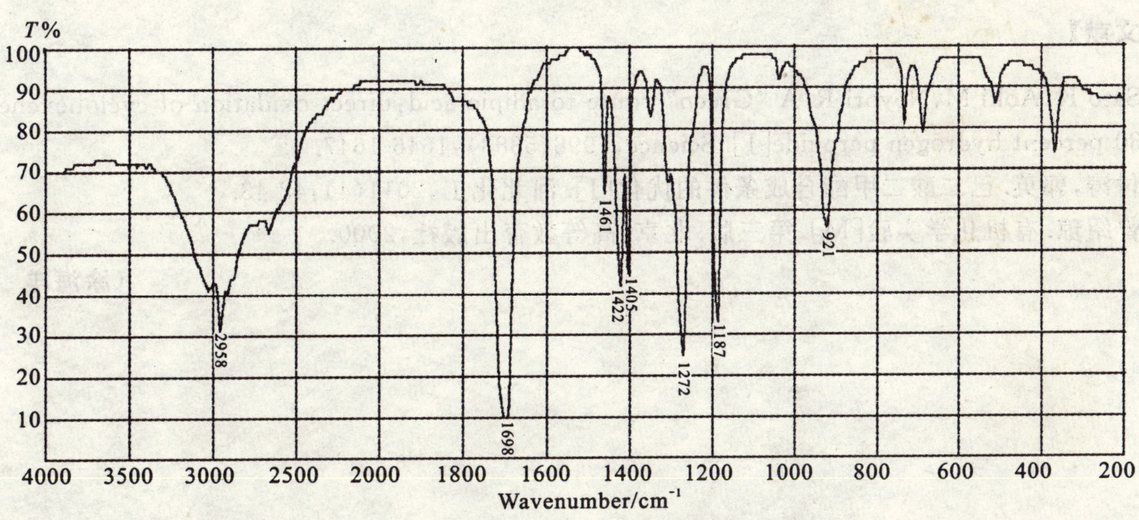

图 32-2　己二酸的 IR 谱图

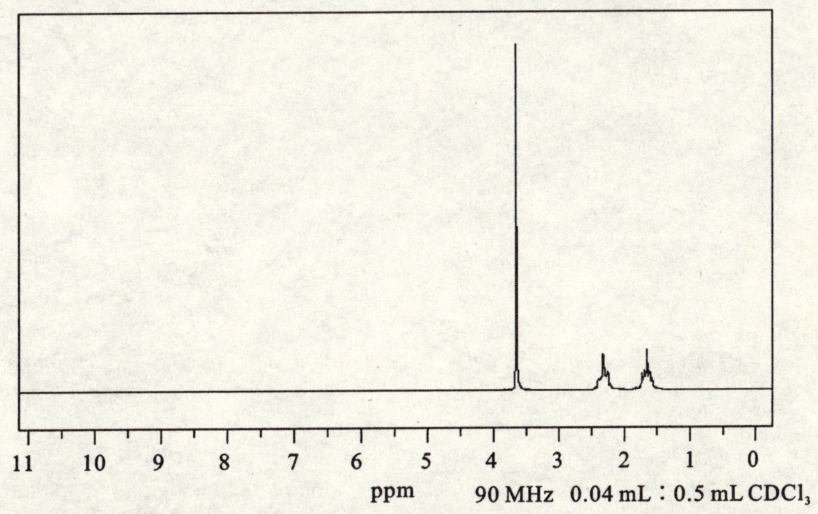

图 32-3　己二酸二甲酯的^{1}H-NMR 谱图

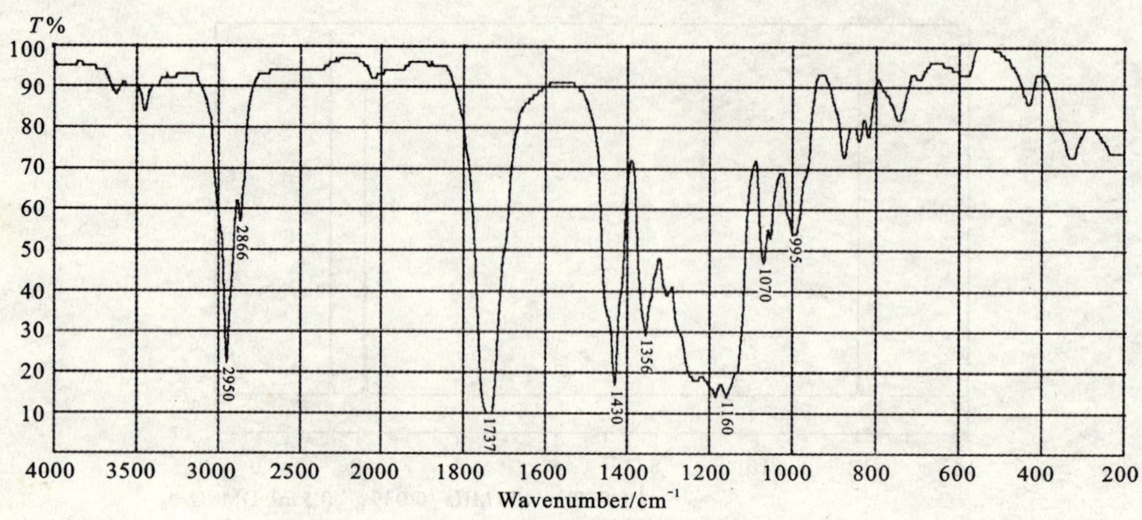

图 32-4　己二酸二甲酯的 IR 谱图

【参考文献】

[1]　Sato K, Aoki M, Noyori R. A "Green" route to adipic acid: direct oxidation of cyclohexenes with 30 percent hydrogen peroxide[J]. Science, 1998(5383): 1646-1647.

[2]　付涛, 郭英. 己二酸二甲酯合成条件的优化[J]. 河北化工, 2011(4): 42-43.

[3]　曾绍琼. 有机化学实验[M]. 第三版. 北京: 高等教育出版社, 2000.

（涂海洋　改编）

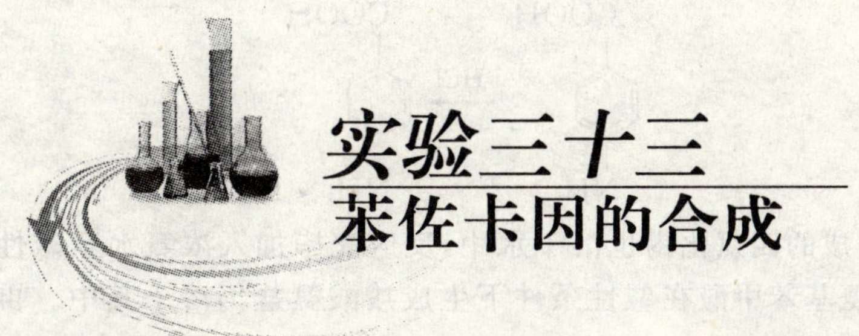

实验三十三 苯佐卡因的合成

【背景知识】

苯佐卡因(Benzocaine),即对氨基苯甲酸乙酯,又称麻因,苯佐卡因是种白色针状晶体,味微苦而麻,熔程为 90 ℃～92 ℃,微溶于水,易溶于乙醇、氯仿、乙醚,能溶于杏仁油、橄榄油、稀酸。苯佐卡因是重要的医药中间体,可以作为很多药物的前体原料,如:奥索仿、奥索卡因、普鲁卡因等,苯佐卡因自己本身也是一种重要的局部麻醉药,有止疼、止痒的作用。外用为撒布剂,用于创面、溃疡面及痔疮的镇痛。

【实验目的】

1. 通过苯佐卡因的合成实验,了解药物合成的基本过程。
2. 掌握氧化、酯化和还原反应的原理及基本操作。

【实验原理】

苯佐卡因的合成以对硝基甲苯为原料,可以有三种不同的合成路线。

CH_3–C$_6$H$_4$–NO_2 —氧化→ $COOH$–C$_6$H$_4$–NO_2 —路线一→ $COOC_2H_5$–C$_6$H$_4$–NO_2 —还原→ $COOC_2H_5$–C$_6$H$_4$–NH_2

$COOH$–C$_6$H$_4$–NO_2 —路线二→ $COOH$–C$_6$H$_4$–NH_2 —酯化→ $COOC_2H_5$–C$_6$H$_4$–NH_2

CH_3–C$_6$H$_4$–NO_2 —路线三→ CH_3–C$_6$H$_4$–NH_2 —乙酰化→ CH_3–C$_6$H$_4$–$NHCOCH_3$ —氧化→ $COOC_2H_5$–C$_6$H$_4$–$NHCOCH_3$ —酯化、水解→ $COOC_2H_5$–C$_6$H$_4$–NH_2

第一、第二条路线则步骤少、产率高,第三条合成路线步骤多,产率较低。第一条路线以对硝基苯甲酸为原料,通过先酯化再还原的方法制备苯佐卡因;第二条路线同样以对硝基苯甲酸为原料,通过先还原后酯化制得苯佐卡因,反应分为两步,第一步是还原反应,以对硝基苯甲酸为原料,锡粉为还原剂,在酸性介质中,苯环上的硝基还原成氨基,产物为对氨基苯甲酸。这是一个既含有羧基又有氨基的两性化合物,故可通过调节反应液的酸碱性将产物分离出来。还原反应是在酸性介质中进行的,产物对氨基苯甲酸形成盐酸盐而溶于水中:

$$\text{HOOC-C}_6\text{H}_4\text{-NH}_2 \xrightarrow{HCl} \text{HOOC-C}_6\text{H}_4\text{-NH}_2 \cdot HCl$$

还原剂锡反应后生成的四氯化锡也溶于水中，反应完毕加入浓氨水至碱性，四氯化锡变成氢氧化锡沉淀可被滤去，而对氨基苯甲酸在碱性条件下生成羧酸氨盐仍溶于其中。再用冰乙酸中和滤液，可析出对氨基苯甲酸固体。

$$\text{HOOC-C}_6\text{H}_4\text{-NH}_2 \cdot HCl \xrightarrow{NH_3 \cdot HCl} \text{NH}_4^+\,{}^-\text{OOC-C}_6\text{H}_4\text{-NH}_2 \xrightarrow{CH_3COOH} \text{HOOC-C}_6\text{H}_4\text{-NH}_2 \xrightarrow[H_2SO_4]{C_2H_5OH} \text{C}_2\text{H}_5\text{OOC-C}_6\text{H}_4\text{-NH}_2 \cdot H_2SO_4 \xrightarrow{Na_2CO_3} \text{C}_2\text{H}_5\text{OOC-C}_6\text{H}_4\text{-NH}_2$$

第二步是酯化反应，由于酯化反应有水生成，且为可逆反应，故使用无水乙醇和过量的浓硫酸。酯化产物与过量的浓硫酸形成盐而溶于溶液中，反应完毕加入碳酸钠中和，即得苯佐卡因。

【仪器与药品】

1. 仪器：标准磨口仪、磁力加热搅拌器、熔点仪、循环水泵（或隔膜泵）

2. 药品：对硝基甲苯、重铬酸钾、浓硫酸、氢氧化钠、活性炭、乙醇、对硝基苯甲酸、碳酸钠、冰醋酸、铁粉、对硝基苯甲酸、氯化铵、氯仿、盐酸、锡粉

【实验内容】

1. 对硝基苯甲酸的制备（氧化）

在 150 mL 的三颈瓶中依次加入 6 g 对硝基甲苯，18 g 重铬酸钾粉末及 40 mL 水。在搅拌下自滴液漏斗滴入 28 mL 浓硫酸。浓硫酸滴完后，加热回流 1 h～1.5 h（此过程中，冷凝管可能会有白色的对硝基甲苯析出，可适当关小冷凝水，使其熔融滴下）。待反应物冷却后，边搅拌边加入 50 mL 冰水，有沉淀析出，抽滤并用 50 mL 水分两次洗涤沉淀。将洗涤后的对硝基苯甲酸黑色固体放入盛有 25 mL 5% 硫酸的烧杯中，沸水浴上加热 10 min，冷却至室温后抽滤。将抽滤后的固体溶于 30 mL 5% NaOH 溶液中，50 ℃温热后抽滤，在滤液中加入 1 g 活性炭，煮沸后趁热抽滤。充分搅拌下将抽滤得到的滤液缓慢加入盛有60 mL 15%硫酸溶液的烧杯中析出黄色沉淀，抽滤，用少量冷水洗涤两次，干燥后得到粗品。粗品可以用 50%乙醇溶液重结晶，纯品的熔点为 239 ℃。

2. 苯佐卡因的制备

第一条路线：

(1)对硝基苯甲酸乙酯的制备（酯化）

在干燥的 100 mL 圆底烧瓶中加入 6 g 对硝基苯甲酸，24 mL 无水乙醇，一边搅拌一边加入2 mL浓硫酸，混合均匀后，加热回流 80 min，反应结束后将反应液冷却至室温后倾入至 100 mL 水中，用 5%碳酸钠溶液中和至 pH 呈碱性，抽滤，固体用少量水洗涤，干燥后得浅黄色固体。

(2)对氨基苯甲酸乙酯的制备（还原）

A 法：在三颈瓶中加入 35 mL 水、2.5 mL 冰醋酸和已经处理过的 8.6 g 铁粉，开动搅拌器，加热至 95 ℃～98 ℃搅拌反应 5 min，稍冷，加入 6 g 对硝基苯甲酸乙酯的乙醇溶液（35 mL 95%乙醇），在剧烈搅拌下，回流反应 90 min。反应结束后稍冷，在搅拌下分次加入温热的碳酸钠饱和溶液，搅拌片刻，立即趁热抽滤，滤液冷却后析出结晶，过滤，固体用冷稀乙醇洗涤，干燥得粗品。

B法：在三颈瓶中加入 25 mL 水，0.7 g 氯化铵和 4.3 g 铁粉，加热至微沸，活化 5 min。稍冷，缓慢加入 5 g 对硝基苯甲酸乙酯，充分激烈搅拌，回流反应 90 min。待反应液冷至 40 ℃左右，加入少量碳酸钠饱和溶液调节溶液的 pH＝7～8，加入 30 mL 氯仿，搅拌 3 min～5 min，抽滤，将滤液倾入 100 mL 分液漏斗中，氯仿层用 5%盐酸萃取 3 次（每次 30 mL），合并萃取液（氯仿回收），用 40%氢氧化钠调节溶液至 pH＝8，析出结晶，抽滤，得苯佐卡因粗品。

第二条路线：

(1)还原反应

称取 4 g(0.02 mol)对硝基苯甲酸、9 g(0.08 mol)锡粉加入到 100 mL 圆底烧瓶中，装上回流冷凝管，在搅拌下从冷凝管上口分批加入 20 mL(0.25 mol)浓硫酸，反应立即开始（如有必要可缓慢加热至反应发生，必要时可微热以保持反应正常进行），反应液中锡粉逐渐减少，当反应接近终点时（约 20 min～30 min)，反应液呈透明状。稍冷，将反应液倾倒入烧杯中，用少量水洗涤留存的锡块固体。待反应液冷至室温时，缓慢滴加浓氨水，边滴加边搅拌直到固体不再增加为止。过滤后向滤液中小心滴加冰醋酸，有白色晶体析出，用蓝色石蕊试纸检验至溶液呈酸性为止，在冷水浴中冷却，过滤得白色固体。

(2)酯化反应

在圆底烧瓶中，将 2 g(0.015 mol)对氨基苯甲酸溶于 20 mL(0.34 mol)无水乙醇和 2.5 mL(0.045 mol)浓硫酸中。加热回流 1 h，反应液呈无色透明状。反应结束后趁热将反应液倒入盛有 85 mL 水的 250 mL 烧杯中。溶液稍冷后，缓慢加入碳酸钠固体粉末，边加边搅拌，使碳酸钠粉末充分溶解，当液面有少许白色沉淀出现时，缓慢加入 10%碳酸钠溶液，将溶液 pH 调至呈中性，有大量固体析出，过滤得固体产品。用少量水洗涤固体，抽干，晾干后称重。

将粗品加入 50%乙醇，加热溶解。稍冷后，加活性炭脱色，加热回流 20 min，趁热抽滤。将滤液趁热转移至烧杯中，自然冷却，待结晶完全析出后，抽滤，用少量冰 50%乙醇洗涤两次，干燥。

【注意事项】

1.氧化反应的步骤中，用 5%氢氧化钠处理滤渣时，温度应保持在 50 ℃左右，若温度过低，对硝基苯甲酸钠会析出而影响产率。

2.在第一条路线的合成中：

(1)酯化反应须在无水条件下进行，否则收率将降低。无水操作的要点是原料干燥无水，所用仪器、量具干燥无水，反应期间避免水进入反应瓶。

(2)对硝基苯甲酸乙酯及少量未反应的对硝基苯甲酸均溶于乙醇，但均不溶于水。反应完毕，将反应液倾入水中，乙醇的浓度降低，对硝基苯甲酸乙酯及对硝基苯甲酸便会析出。

(3)还原反应中，因铁粉比重大，沉于瓶底，必须将其搅拌起来，才能使反应顺利进行，故必须充分剧烈搅拌。A 法中所用的铁粉需预处理，处理方法为称取 10 g 铁粉置于烧杯中，加入 25 mL 2%盐酸，加热至微沸，抽滤，水洗至 pH＝5～6，烘干，备用。

3.在第二条路线的合成中：

(1)还原反应中加料次序不要颠倒，加热时应缓慢加热。

(2)还原反应中，浓硫酸的量不可过量，否则浓氨水用量将增加，最后导致溶液体积过大，造成产品损失。

(3)如果溶液体积过大，则需要浓缩。浓缩时，氨基可能会发生氧化反应而导入有色杂质。

(4)对氨基苯甲酸是两性物质，碱化或酸化时都要小心控制酸或碱的用量。特别是在滴加冰醋酸时，须小心缓慢滴加，避免过量而形成内盐。

(5)浓硫酸既作催化剂，又作脱水剂，因此用量较多。加浓硫酸时要缓慢滴加并不断振荡，以免过热引起碳化。

(6)酯化反应结束时，反应液要趁热倒出，冷却后可能有苯佐卡因硫酸盐析出。

【思考题】

1. 氧化反应完毕，将对硝基苯甲酸从混合物中分离出来的原理是什么？
2. 如何判断还原反应已经结束？
3. 铁酸还原反应的机理是什么？
4. 酯化反应中，反应液为何先用固体碳酸钠中和，再用10%碳酸钠溶液中和？
5. 酯化反应为什么需要无水操作？
6. 图 33-1、图 33-2、图 33-3、图 33-4、图 33-5、图 33-6、图 33-7 和图 33-8 是苯佐卡因及中间体的 ^{1}H-NMR 和 IR 谱图，请对其进行分析。

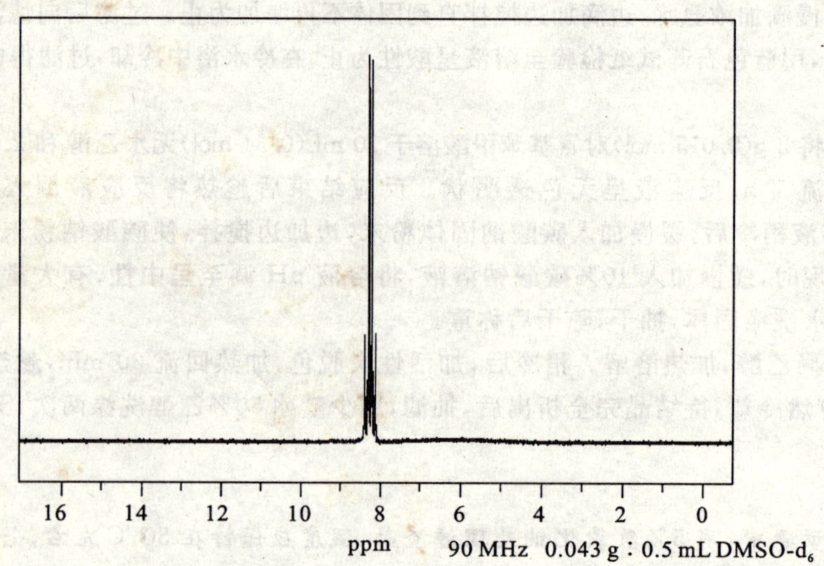

图 33-1 对硝基苯甲酸的 ^{1}H-NMR 谱图

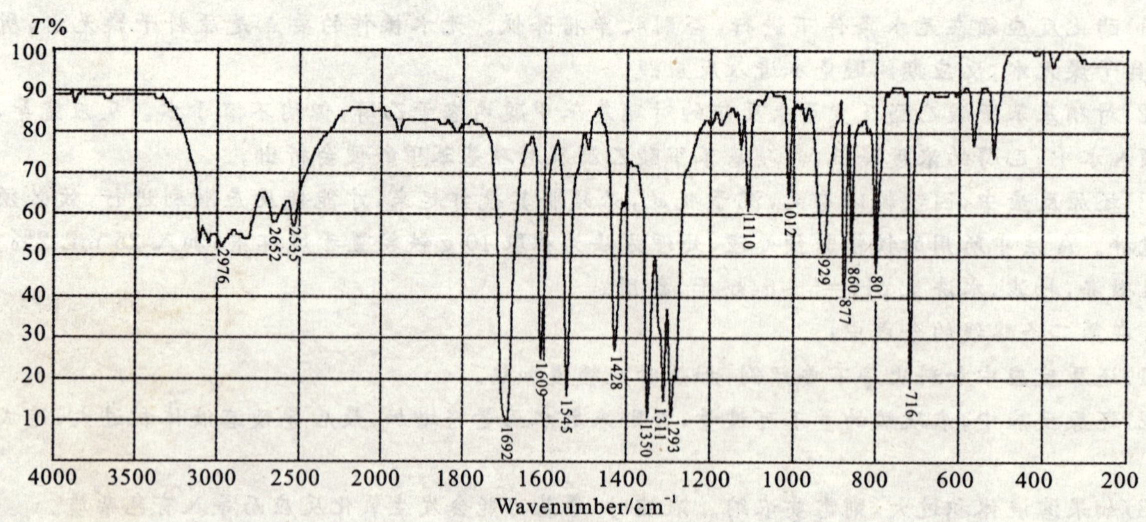

图 33-2 对硝基苯甲酸的 IR 谱图

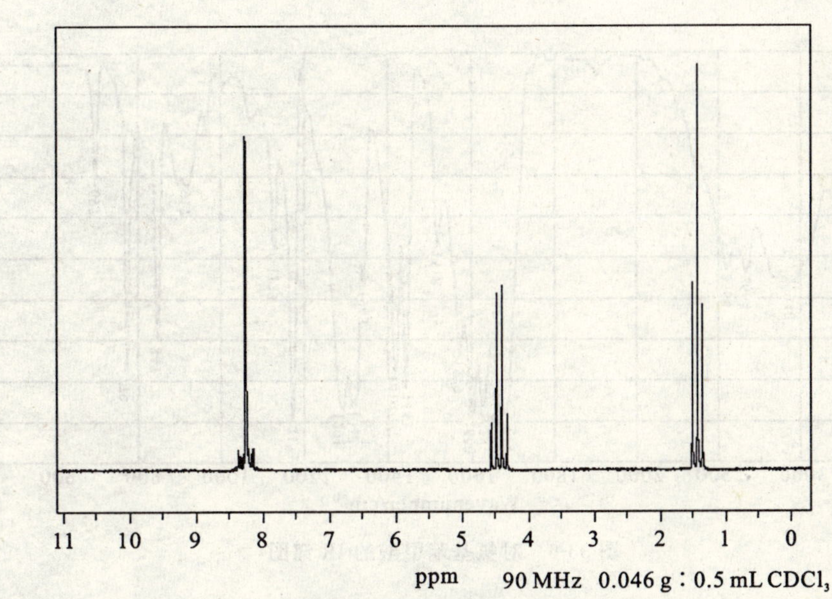

图 33-3　对硝基苯甲酸乙酯的[1] H-NMR 谱图

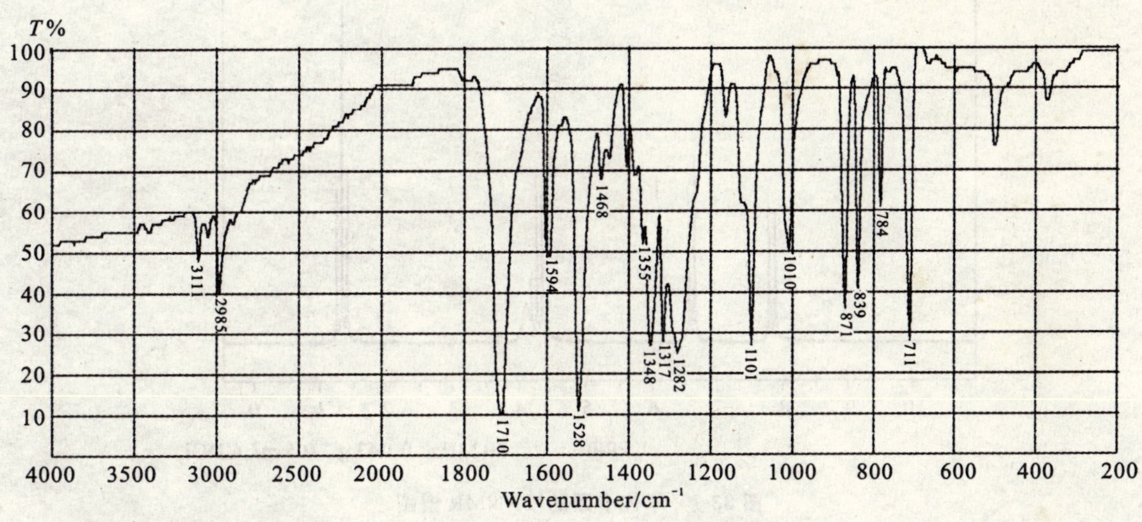

图 33-4　对硝基苯甲酸乙酯的 IR 谱图

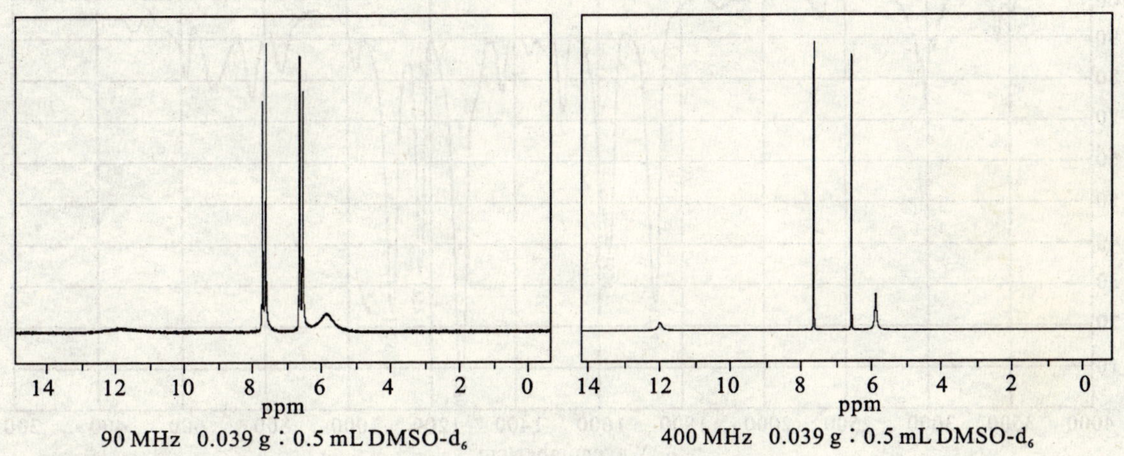

图 33-5　对氨基苯甲酸的[1] H-NMR 谱图

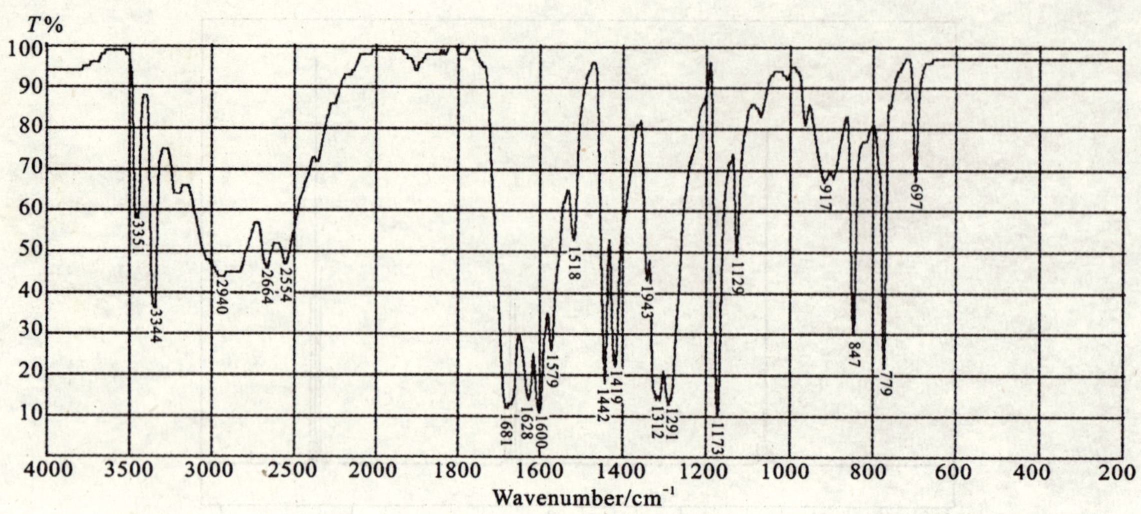

图 33-6 对氨基苯甲酸的 IR 谱图

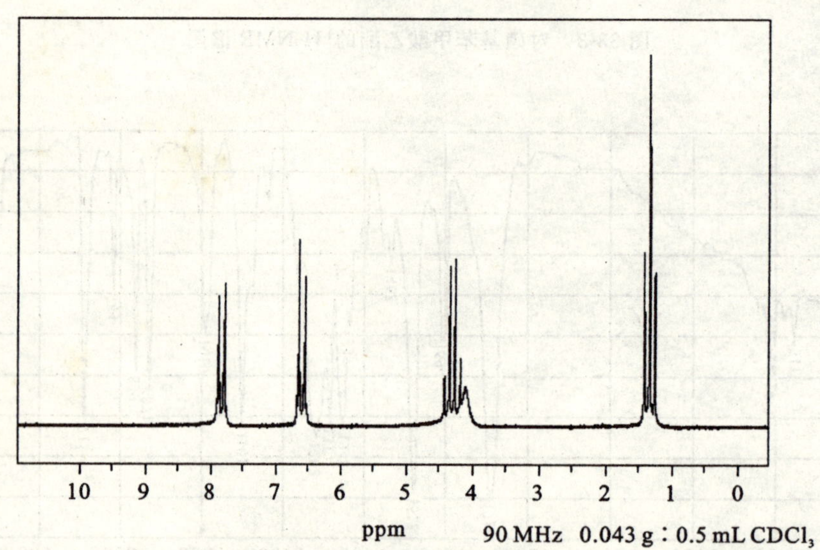

图 33-7 苯佐卡因的 ^{1}H-NMR 谱图

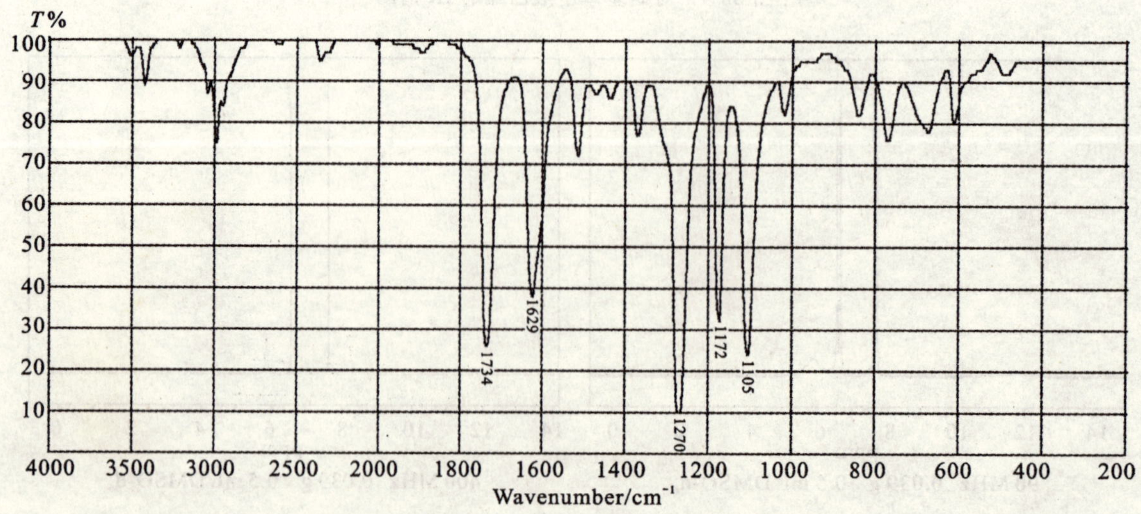

图 33-8 苯佐卡因的 IR 谱图

【参考文献】

[1]　王浩，李淑敏，陈连清，邓克俭. 对硝基苯甲酸乙酯合成研究[J]. 化工技术与开发，2008(5)：1-3.
[2]　郭春. 药物合成反应实验[M]. 北京：中国医药科技出版社，2007.
[3]　曾绍琼. 有机化学实验[M]. 北京：高等教育出版社，2005.
[4]　霍冀川. 化学综合设计实验[M]. 北京：化学工业出版社，2008.

（涂海洋　改编）

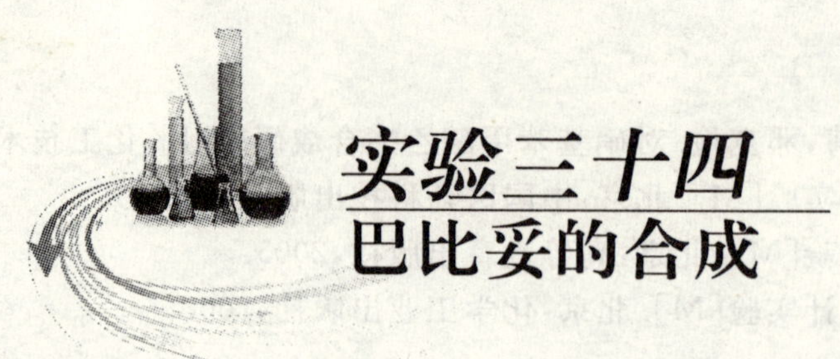

实验三十四 巴比妥的合成

【背景知识】

巴比妥(Barbital),又叫做巴比通(barbitone),是一种无臭、微苦的白色晶状粉末。20 世纪初至 20 世纪 50 年代中叶,巴比妥被用作催眠药。巴比妥的化学名为二乙基丙二酰脲或二乙基巴比妥酸。在乙醇钠的存在下,用 2,2-二乙基取代的丙二酸酯与尿素发生反应,或者在丙二酰脲的银盐中加入碘乙烷,都可以制得巴比妥。

巴比妥最早是在 1902 年由德国化学家 Emil Fischer 和 Josef,Baron von Mering 合成。巴比妥类化合物是中枢神经抑制药,随着剂量的不同,对中枢神经系统的抑制作用也不同。小剂量有镇静作用,中等剂量具有催眠作用,大剂量有抗惊厥和全身麻醉作用。本品作用虽然缓慢,但维持时间较长,可达 6 h~8 h。主要用于精神过度兴奋、躁狂或忧虑引起的失眠症、破伤风、癫痫等所致的痉挛、震颤、谵妄、晕船及麻醉前镇静;并有增强解热镇痛药的作用,治疗头痛、神经痛、关节痛、肌肉痛等。

此类药物在镇静剂量时才显示抗焦虑作用。由于本类药物的安全性远不及苯二氮类,且较易发生依赖性,因此,目前已很少用于镇静和催眠。其中只有苯巴比妥和戊巴比妥仍用于控制癫痫持续状态,硫喷妥偶用于小手术或内窥镜检查时作静脉麻醉。

【实验目的】

1. 通过巴比妥的合成了解药物合成的基本过程。
2. 掌握无水操作、减压蒸馏等实验技术。

【实验原理】

5,5-二乙基巴比妥合成路线如下:

$$H_2C(COOC_2H_5)_2 + C_2H_5Br \xrightarrow{C_2H_5ONa} (C_2H_5)_2C(COOC_2H_5)_2 \xrightarrow[C_2H_5ONa]{H_2NCONH_2}$$

$$\text{5,5-}(C_2H_5)_2\text{-巴比妥酸钠盐 (—ONa)} \xrightarrow{HCl} \text{5,5-}(C_2H_5)_2\text{-巴比妥酸}$$

苯巴比妥的合成路线如下:

$$C_6H_5CH_2COOC_2H_5 \xrightarrow[\substack{COOC_2H_5 \\ | \\ COOC_2H_5}]{C_2H_5O^-Na^+} C_6H_5CH(COOC_2H_5)_2 \xrightarrow[C_2H_5Br]{C_2H_5O^-Na^+} C_6H_5C(C_2H_5)(COOC_2H_5)_2$$

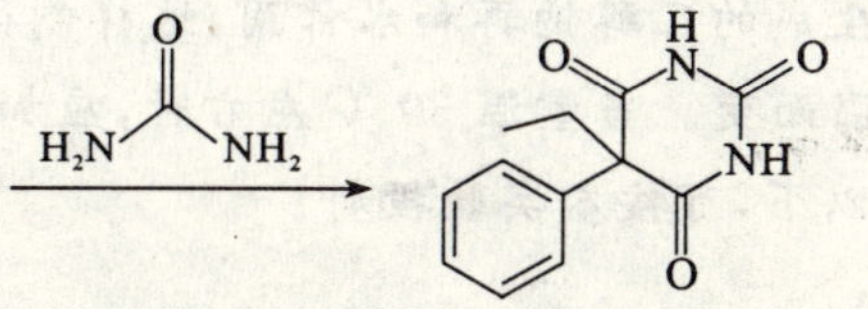

【仪器与药品】

1.仪器:标准磨口仪、旋转蒸发仪、磁力加热搅拌器、循环水泵(或隔膜泵)、熔点仪

2.药品:无水乙醇、钠、邻苯二甲酸二乙酯、无水硫酸铜、丙二酸二乙酯、溴乙烷、乙醚、二乙基丙二酸二乙酯、尿素、稀盐酸、草酸二乙酯、苯乙酸乙酯、苯基丙二酸二乙酯、乙酸乙酯、活性炭

【实验内容】

1.5,5-二乙基巴比妥的合成步骤

(1)绝对无水乙醇的制备

在圆底烧瓶中加入180 mL无水乙醇,2 g金属钠及几粒沸石,加热回流30 min,加入6 mL邻苯二甲酸二乙酯,再回流10 min。将回流装置改为蒸馏装置,蒸去前馏分,用干燥的容器做接收器。检验乙醇是否有水分,常用的方法是:取一支干燥试管,加入制得的1 mL绝对无水乙醇,随即加入少量无水硫酸铜粉末。如乙醇中含水分,则白色的无水硫酸铜变为蓝色。

(2)二乙基丙二酸二乙酯的制备

在三颈瓶中,加入制备的50 mL绝对无水乙醇,分次加入3 g金属钠。待反应缓慢时,开始搅拌,加热回流,待金属钠消失后,由滴液漏斗加入9 mL丙二酸二乙酯,10 min～15 min内加完,然后回流15 min,当温度降到50 ℃以下时,缓慢滴加10 mL溴乙烷,约15 min加完,然后继续回流2.5 h。将回流装置改为蒸馏装置,蒸去乙醇(但不要蒸干),放冷,混合物用20 mL～30 mL水溶解,分取酯层,水层以60 mL乙醚提取3次,合并有机相,用20 mL饱和食盐水洗涤一次,有机相加无水硫酸钠干燥,过滤后,滤液蒸去乙醚,然后蒸馏,收集218 ℃～222 ℃的馏分。

(3)巴比妥的制备

在三颈瓶中加入50 mL绝对无水乙醇,分次加入1.3 g金属钠。金属钠消失后,加入5 g二乙基丙二酸二乙酯,2.2 g尿素,加完后,升温至80 ℃～82 ℃,保温反应80 min。反应结束后,将回流装置改为蒸馏装置。缓慢蒸去乙醇,至常压不易蒸出时,再减压蒸馏至无液体馏出物。残渣用50 mL水溶解,倾入盛有10 mL稀盐酸(盐酸∶水＝1∶1)的烧杯中,调pH至3～4之间,析出结晶,抽滤,得粗品。粗品用水重结晶(如果有颜色可用活性炭脱色)得白色结晶。熔程为189 ℃～192 ℃。

【注意事项】

(1)本实验中所用仪器均需彻底干燥。由于无水乙醇有很强的吸水性,故操作及存放时,必须防止水分侵入。

(2)制备绝对乙醇所用的无水乙醇,水分不能超过0.5%,否则反应相当困难。

(3)取用金属钠时需注意安全,严禁金属钠与水接触,以免引起燃烧爆炸事故。

(4)加入邻苯二甲酸二乙酯的目的是利用它和氢氧化钠进行如下反应:

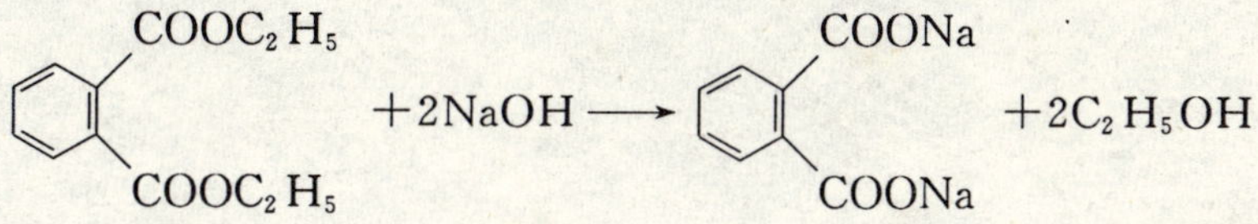

$$C_6H_4(COOC_2H_5)_2 + 2NaOH \longrightarrow C_6H_4(COONa)_2 + 2C_2H_5OH$$

因此避免了乙醇和氢氧化钠生成的乙醇钠再和水作用，这样制得的乙醇可达到极高的纯度。

(5)溴乙烷的用量，也要随室温而变。当室温 30 ℃左右时，应加多于 20 mL 溴乙烷，滴加溴乙烷的时间应适当延长，若室温在 30 ℃以下，可按本实验投料。

(6)尿素需在 60 ℃干燥 4 h。

2.苯巴比妥的合成步骤

(1)苯基丙二酸二乙酯的制备

在三颈瓶中，加入 40 mL 无水乙醇，2.1 g 金属钠，待金属钠作用完毕，加入 2.5 g 草酸二乙酯，室温反应 10 min，升温至 70 ℃，1 min 内加入 16 g 草酸二乙酯及 15 g 苯乙酸乙酯的混合液，搅拌 10 min，改成蒸馏装置用水泵回收乙醇。反应结束后，待冷却至 30 ℃以下，将 50 mL 10%盐酸缓慢加入到反应液中，使固体完全溶解，分出酯层，脱去溶剂后，减压蒸馏，在 1.33 kPa 减压下收集 159 ℃以上蒸馏物(或 165 ℃～166 ℃/11.4 kPa)。

(2)苯基乙基丙二酸二乙酯的制备

在三颈瓶中，加入 50 mL 无水乙醇，1.6 g 金属钠，搅拌，待金属钠作用完毕，加入 1 g 乙酸乙酯，于 80 ℃～85 ℃搅拌 30 min，降温至 58 ℃～60 ℃，加 13 g 苯基丙二酸二乙酯，搅拌 30 min，加 9 g 溴乙烷，65 ℃～75 ℃搅拌反应 3 h。反应结束后改为蒸馏装置，蒸出 120 ℃以前的馏物，冷却至 35 ℃以下，加 30 mL 水，使反应混合物完全溶解，用分液漏斗分出水层，得粗酯。粗酯于 80 ℃左右蒸去乙醇和水，升温至 180 ℃～190 ℃，收集 165 ℃～166 ℃/1.58 kPa 蒸馏物。

(3)苯巴比妥的制备

在三颈瓶中，加入 20 mL 无水乙醇，1.1 g 金属钠，待金属钠作用完毕，加入 1 g 乙酸乙酯，于 70 ℃～75 ℃搅拌 30 min，加 5.4 g 尿素及 6.5 g 苯基乙基丙二酸二乙酯，70 ℃～75 ℃搅拌反应 1.5 h，改为蒸馏装置，蒸去 120 ℃以下馏分。冷却后，加 20 mL 冰水，使固体溶解。滤液以 1 ∶1 盐酸中和至 pH 至 4～5，搅拌析出晶体，放置 30 min 后过滤，滤饼以少量 1∶100 盐酸水溶液洗涤 3 次。

将滤饼移至烧杯中，加入 100 mL 0.1%稀盐酸，加热溶解后，继续加热 10 min。稍冷却，加 0.5 g 活性炭，再加热煮沸 5 min～10 min，稍冷，趁热过滤，滤液冷却后，析出白色针状结晶，过滤后干燥，熔程为 173 ℃～178 ℃。

【思考题】

1.制备无水试剂时应注意什么问题？为什么在加热回流和蒸馏时冷凝管的顶端和接收器支管上要装有氯化钙干燥管？

2.工业上怎样制备无水乙醇(99.5%)？

3.对于液体产物，通常如何精制？本实验用水洗涤提取液的目的是什么？

4.在合成巴比妥和苯巴比妥中，为何要在 50 ℃下缓慢滴加溴乙烷？否则有何结果？

5.下面图 34-1，图 34-2，图 34-3，图 34-4 是 5，5-二乙基巴比妥及苯巴比妥的 ^{1}H-NMR 和 IR 谱图，请分析它们。

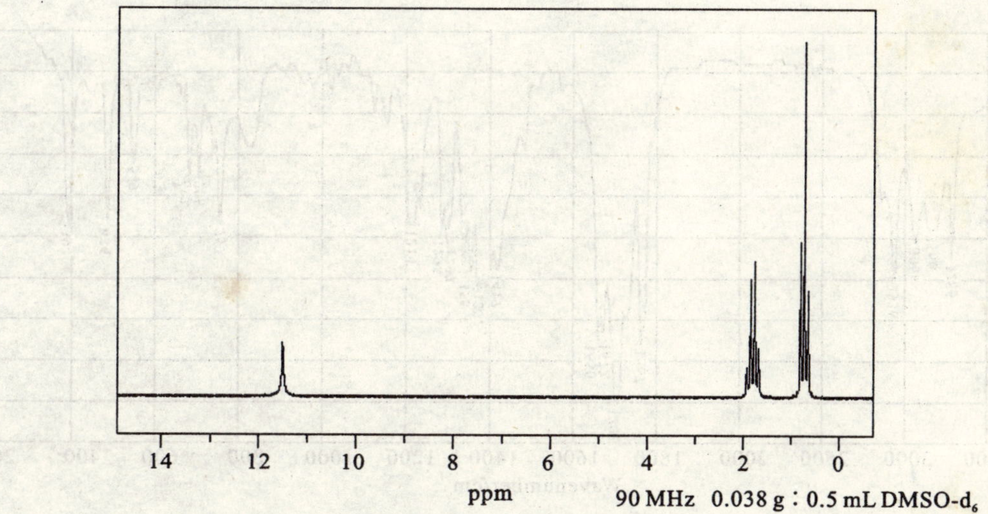

图 34-1　5,5-二乙基巴比妥的[1] H-NMR 谱图

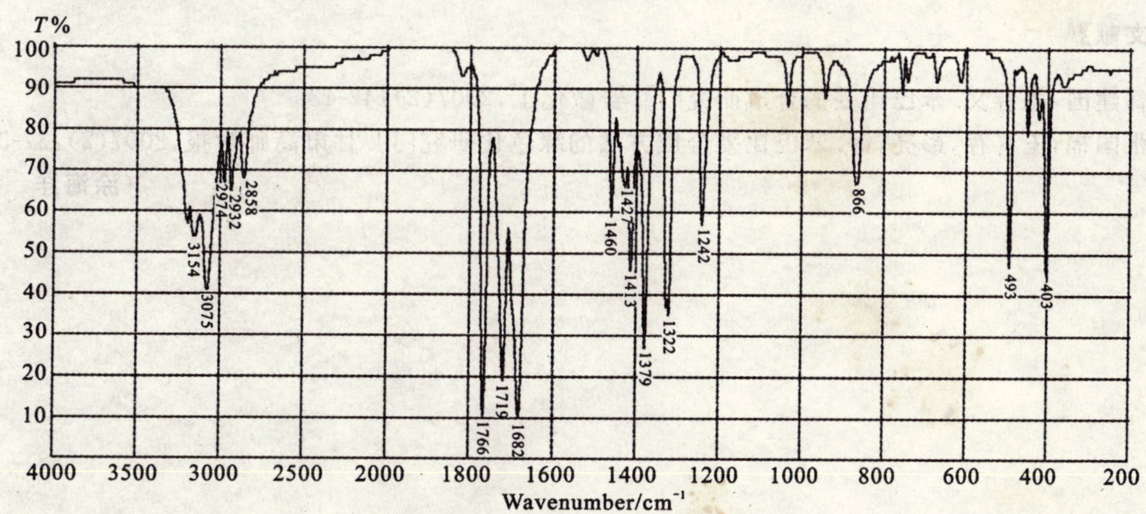

图 34-2　5,5-二乙基巴比妥的 IR 谱图

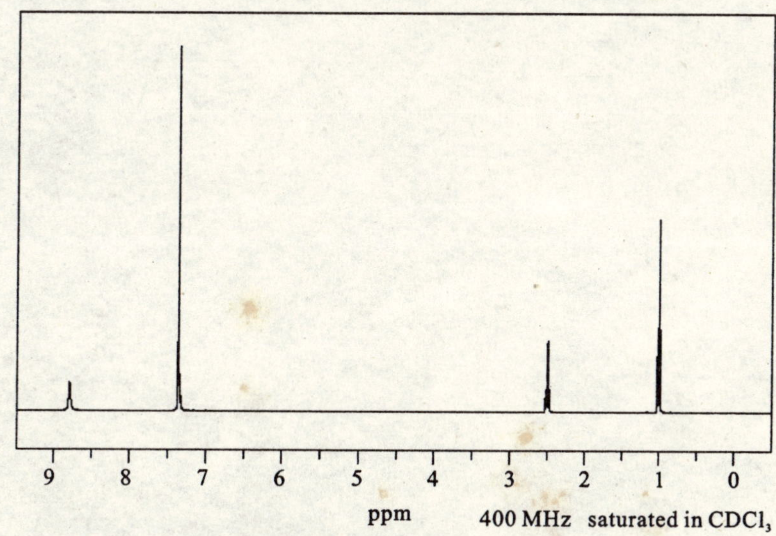

图 34-3　苯巴比妥的[1] H-NMR 谱图

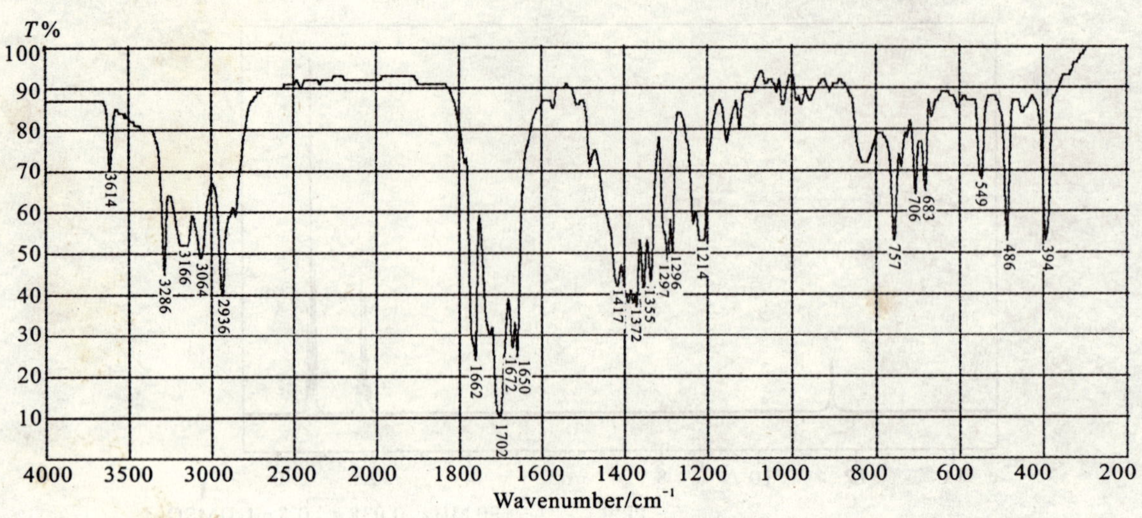

图 34-4　苯巴比妥的 IR 谱图

【参考文献】

[1]　韩建国,张春文.苯巴比妥的合成研究[J].安徽化工,2007(2):42-43.

[2]　张国福,王喜存,彭亮,等.苯巴比妥合成方法的绿色化研究[J].甘肃高师学报,2007(2):37-38.

（涂海洋　改编）

实验三十五
抗抑郁剂——吗氯贝胺的合成

【背景知识】

世界卫生组织2005年统计，各种抑郁症的患病率约占全球人口的11%。在中国，目前抑郁症的患病率约为3%～5%，抑郁症患者估计有3600万人。而在现有抑郁症患者中，只有不到10%的人接受了相关药物治疗。抑郁症在我国造成的总经济负担达到621亿元。据世界卫生组织（WHO）发表的《世界卫生报告》显示，抑郁症目前已成为世界第四大疾患，到2020年抑郁症可能成为仅次于心脏病的第二大疾病，因此开发治疗抑郁症的药物成为研究的热点。

吗氯贝胺即4-氯-*N*-[2-(4-吗啉基)乙基]苯酰胺，是单胺氧化酶抑制剂（MAOI）类抗抑郁药，是Roche公司研制开发的选择性单胺氧化酶-A的可逆性抑制剂。于1989年在瑞典首先上市，由于其疗效确切，副作用小，耐受性好，老幼皆宜，属新一代缓和的抗抑郁药。它对单胺氧化酶A（MAO-A）有可逆性的抑制作用，从而影响脑内单胺类神经递质传导系统，使多巴胺、去甲肾上腺素和5-羟色胺代谢减少，增加细胞内上述神经递质的浓度，从而产生抗抑郁作用。临床用于抗精神忧郁、抗焦虑的治疗，其肝脏毒性很小，同时选择性作用于单胺氧化酶A型，并且这种抑制作用是可逆的，不会引起高血压危险等，它没有早期单胺氧化酶抑制剂（MAOI）如异丙肼、苯乙肼等使用时发生"奶酪"反应、高血压危险和严重肝损害等副作用，在抗抑郁、抗缺氧等方面疗效显著，尤其适用于心、肾疾病的老年抑郁患者。

【实验目的】

1. 掌握吗氯贝胺合成的基本过程。
2. 掌握减压蒸馏等的实验技术。

【实验原理】

吗氯贝胺的合成路线主要有以下4条：

1. 4-(2-氨基)乙基吗啉与对氯苯甲酰氯反应；

$NH_2CH_2CH_2N$（吗啉环）+ Cl—C_6H_4—COCl ⟶ 吗氯贝胺（吗啉—CH_2CH_2—NH—CO—C_6H_4—Cl）

2. *N*-对氯苯甲酰氯丙啶与吗啉反应；

H_2C—H_2C（氮丙啶）N—CO—C_6H_4—Cl + HN（吗啉环）O ⟶ 吗氯贝胺（吗啉—CH_2CH_2—NH—CO—C_6H_4—Cl）

3. 对氯苯甲酸与氯甲酸乙酯生成混酐再与4-(2-氨乙基)吗啉反应的方法。

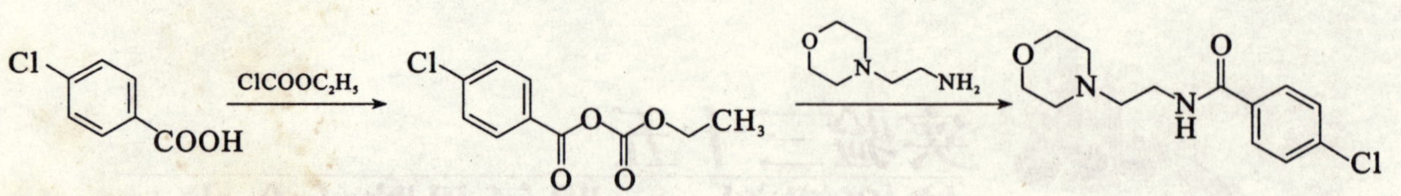

4. 4-氯-*N*-(2-溴乙基) 苯甲酰胺与吗啉反应；

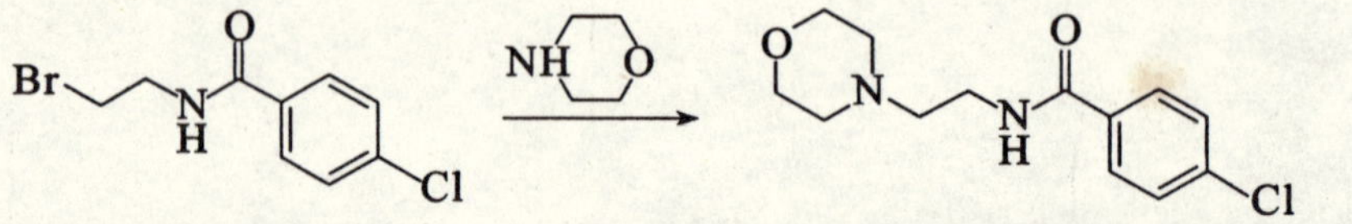

本实验选择了第四条合成路线。其制备是以单乙醇胺为起始原料，先与氢溴酸发生亲核取代生成2-溴乙胺氢溴酸盐，再与对氯苯甲酰氯进行 Schotten-Baumann 反应制得 4-氯-*N*-(2-溴乙基)苯甲酰胺，最后与吗啉发生亲核取代反应生成吗氯贝胺。产物的纯度可以用液相色谱检测，用核磁共振氢谱和红外光谱表征产物。吗氯贝胺的标准品红外图谱见图 35-1 所示，其合成路线如下：

$$HOCH_2CH_2NH_2 + 2HBr \longrightarrow BrCH_2CH_2NH_2 \cdot HBr + H_2O$$

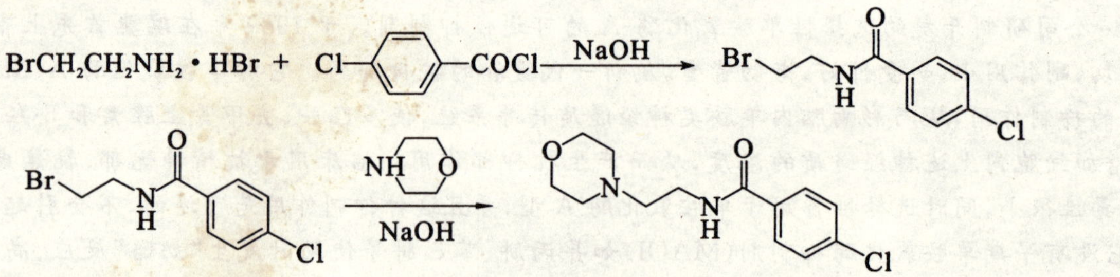

【仪器与药品】

1. 仪器：标准磨口仪、磁力加热搅拌器、循环水泵（或隔膜泵）、熔点仪、分水器

2. 药品：乙醇胺、氢溴酸、丙酮、二甲苯、吗啉、4-氯苯甲酰氯、异丙醇、溴化钾、2-溴乙胺氢溴酸盐、4-氯-*N*-(2-溴乙基)苯甲酰、氢氧化钠

【实验内容】

1. 2-溴乙胺氢溴酸盐合成

在三颈瓶中加入 9 mL 40％氢溴酸，10 ℃搅拌下将 1.6 mL(1.5 g)乙醇胺滴入其中，滴加过程中，控制温度 10 ℃～15 ℃，滴加完毕继续保持温度搅拌 1 h，然后加入 15 mL 二甲苯，升温回流，用分水器分水约 6 mL (含少量氢溴酸)后，减压蒸去二甲苯和过量的氢溴酸。反应后将溶液冷却至 70 ℃ 左右，加入冷却的丙酮，混合物充分搅拌，过滤后，固体以冷丙酮洗涤，抽干后干燥得白色晶状固体。熔程为 168 ℃～170 ℃，收率约为 90％。

2. 4-氯-*N*-(2-溴乙基)苯甲酰胺的合成

在三颈瓶中，将 2.0 g 2-溴乙胺氢溴酸盐溶于 7.5 mL 水中，然后用冰水浴冷却，在 5 ℃时同时滴加 1.8 g 对氯苯甲酰氯和 16 mL 5％NaOH 溶液，滴加完毕后，在室温下搅拌反应 3 h。反应后过滤固体并用水洗涤白色固体。收率约为 95％。

3. 吗氯贝胺合成

在三颈瓶内加入 0.8 g 4-氯-*N*-(2-溴乙基) 苯甲酰胺，3.1 g 吗啉，回流反应 2 h。冷却后加入 10 mL

水，用10% NaOH溶液调节pH为10，析出结晶，晶体过滤，用水洗，用异丙醇重结晶得白色晶体。熔程为116 ℃～117 ℃。

【思考题】

1. 请比较合成吗氯贝胺的各种路线的优缺点。
2. 加入氢溴酸与乙醇胺的比例是多少？为什么？
3. 为什么在4-氯-*N*-(2-溴乙基)苯甲酰胺的合成中，要加入氢氧化钠？

【参考文献】

[1]　陈斌，周婉珍，贾建洪. 吗氯贝胺的合成工艺研究[J]. 浙江工业大学学报，2004(6)：629-632.

[2]　强根荣，王红，盛卫坚. 综合化学实验[M]. 北京：化学工业出版社，2010.

附录：

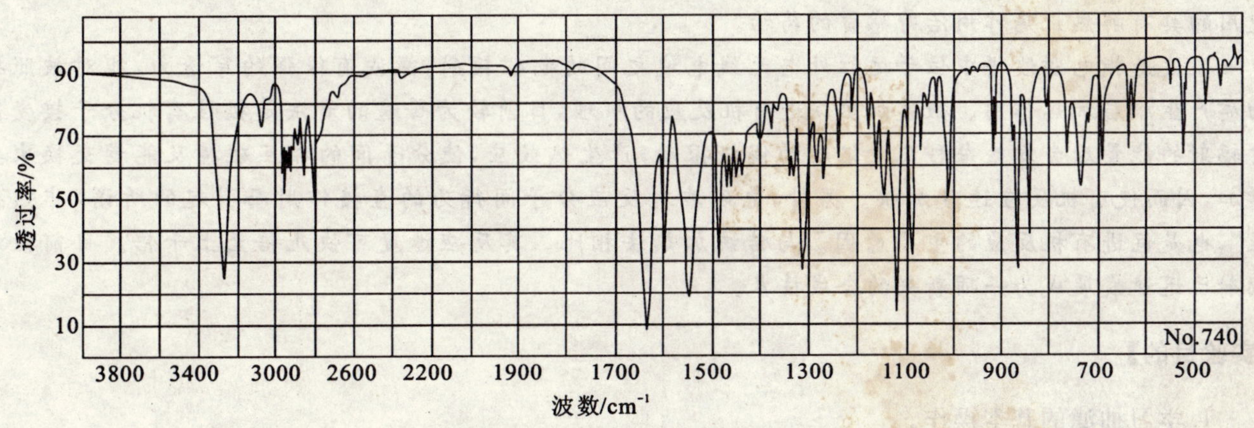

图 35-1　吗氯贝胺标准品红外图谱(2005版中国药典光谱集)

（刘祖明　涂海洋　改编）

实验三十六　乙酰水杨酸的合成和红外光谱的测定

【背景知识】

乙酰水杨酸是由水杨酸(邻羟基苯甲酸)和乙酸酐合成的。早在18世纪,人们已从柳树皮中提取了水杨酸,并注意到它可以作为止痛、退热和抗炎药,但是对肠胃刺激作用较大,直到19世纪末,人们才成功地合成了可以替代水杨酸的有效药物——乙酰水杨酸,即阿斯匹林,目前阿斯匹林仍然是一个广泛使用的具有解热止痛作用治疗感冒的药物。

微波是指电磁波谱中位于远红外与无线电波之间的电磁辐射,微波有很强的穿透力,能对被照射物质产生深层加热作用。微波加热促进有机反应的机理,目前较为普遍的看法是极性有机分子接受微波辐射的能量后会发生每秒几十亿次的偶极振动,产生热效应,使分子间的相互碰撞及能量交换次数增加,因而使有机反应速度加快。另外,电磁波对反应分子间行为的直接作用而引起的所谓"非热效应",也是促进有机反应的重要原因。与传统加热法相比。其反应速度可快几倍至上千倍。目前微波辐射已迅速发展成为一项新兴的合成技术。

【实验目的】

1. 学习抽滤的基本操作。
2. 学习重结晶的基本操作。
3. 学习绿色合成方法。

【实验原理】

水杨酸是一个具有酚羟基和羧基双官能团的化合物,当与乙酸酐作用时,可以得到乙酰水杨酸,即阿斯匹林。水杨酸与过量的甲醇反应,生成水杨酸甲酯,它是第一个作为冬青树的香味成分被发现的,因此通常为冬青油。

$$\text{(邻-}CO_2H\text{, }OH\text{ 苯)} + (CH_3CO)_2O \xrightarrow{H^+} \text{(邻-}CO_2H\text{, }OCOCH_3\text{ 苯)} + CH_3CO_2H$$

在生成乙酰水杨酸的同时,水杨酸分子之间羧基和羟基可以发生缩合反应,生成少量的聚合物:

$$\text{(邻-}CO_2H\text{, }OH\text{ 苯)} \xrightarrow{H^+} -O-C_6H_4-C(=O)-O-C_6H_4-C(=O)-O-C_6H_4-C(=O)-O- + H_2O$$

本实验将微波辐射技术用于合成乙酰水杨酸并加以回收利用。和传统方法相比,新型实验具有反应时间短、产率高和物耗低及污染少等特点。

$$\text{C}_6\text{H}_4(\text{CO}_2\text{H})(\text{OH}) + (\text{CH}_3\text{CO})_2\text{O} \xrightarrow[\text{微波辐射}]{\text{OH}^-} \text{C}_6\text{H}_4(\text{CO}_2\text{H})(\text{OCOCH}_3) + \text{CH}_3\text{CO}_2\text{H}$$

（逆反应：H_2O/OH^-，微波辐射）

【仪器与药品】

1. 仪器：标准磨口仪、展层缸、薄层层析板、红外光谱仪

2. 药品：水杨酸、乙酸酐、浓硫酸、碳酸氢钠、盐酸、乙醇、三氯化铁、乙酸乙酯、冰醋酸、碳酸钠

【实验内容】

1. 普通合成方法

在 50 mL 锥形瓶中依次加入 1.6 g 水杨酸，2.5 mL 乙酸酐和 2 滴浓硫酸摇匀，使水杨酸溶解。将锥形瓶置于 90 ℃的热水浴中，加热约 10 min，并不时地振摇。然后，停止加热，待反应混合物冷却至室温后，缓慢加入 15 mL 水，边加水边振摇。将锥形瓶放在冷水浴中冷却使晶体完全析出、抽滤，并用少量冷水洗涤，抽干，得乙酰水杨酸粗产品（用 1％三氯化铁溶液检验酚羟基是否存在）。

将粗产品转入到 100 mL 烧杯中，加入饱和碳酸氢钠水溶液，边加边搅拌，直到不再有二氧化碳产生为止。抽滤，除去不溶性聚合物（水杨酸自身聚合）。再将滤液倒入 100 mL 烧杯中，缓慢加入10 mL 20％盐酸，边加边搅拌，这时会有晶体逐渐析出。将此反应混合物置于冰水浴中，使晶体尽量析出。抽滤，用少量冷水洗涤 2～3 次，然后抽干，取少量乙酰水杨酸，溶入几滴乙醇，并滴加 1～2 滴 1％三氯化铁溶液，如果发生显色反应，说明仍有水杨酸存在。产物可用乙醇-水混合溶剂重结晶：即先将粗产品溶于少量沸乙醇中，再向乙醇溶液中添加热水直至溶液中出现混浊，再加热至溶液澄清透明（注意：加热不能太久，以防乙酰水杨酸分解），静置慢慢冷却、过滤、干燥、称重、测定熔点并计算产率。

乙酰水杨酸为白色针状晶体，熔程为 132 ℃～135 ℃。

TLC 法初步鉴定产品的纯度：取少许样品配成乙酸乙酯的溶液待用。将水杨酸、乙酰水杨酸标样和样品点点在硅胶板的同一条线上，在展开剂（$V_{石油醚(60\ ℃\sim90\ ℃)}:V_{乙酸乙酯}:V_{冰醋酸}=30:10:1$）中展开，然后取出挥干溶剂，在紫外灯下观察样品点的位置，并标记计算各点的 R_f 值。如果展开后样品点只有一个与标样有相同 R_f 值的点，表明产品纯度较高。可进一步用其他方法测试。

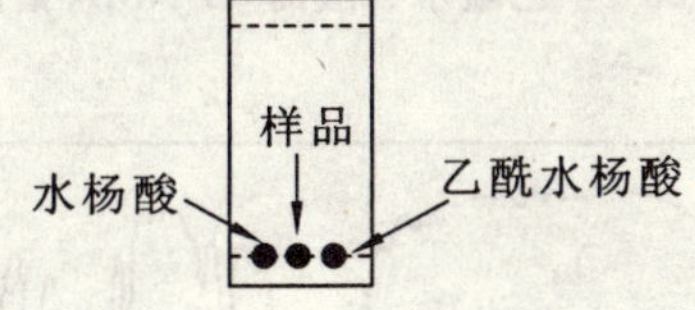

2. 微波辐射合成法

在 100 mL 干燥的圆底烧瓶中加入 2.0 g(0.014mol) 水杨酸和约 0.1 g 碳酸钠，再用移液管加入 2.8 mL(3.0 g, 0.029 mol) 乙酸酐，振荡，放入微波炉中，在辐射输出功率 495 W（中档）下，微波辐射 20 s～40 s。稍冷，加入 20 mL pH＝3～4 的盐酸水溶液，有固体析出，过滤后用少量冷水洗涤固体 2～3 次，抽干，得乙酰水杨酸粗产品。粗产品用约 16 mL 乙醇水混合溶剂（1 体积 95％的乙醇＋2 体积的水）重结晶，干燥，得白色晶状物，即乙酰水杨酸，称重，并计算收率，熔程为 132 ℃～135 ℃。产品结构还可用 2％ $FeCl_3$ 水溶液检验或用红外光谱测试。

3. 结果与讨论

将所得到的红外光谱和标准谱图对比，并对各个吸收峰进行归属。

【注意事项】

1. 合成乙酰水杨酸的原料水杨酸应当是干燥的，乙酸酐应是新开瓶的。如果打开使用过且已放置较长时间，使用时应当重新蒸馏，收集 139 ℃～140 ℃的馏分。

2. 乙酰水杨酸易受热分解，因此熔点不是很明显，它的分解温度为 128 ℃～135 ℃，熔点文献值为 136 ℃。测定熔点时，应先将热载体加热至 120 ℃左右，然后再放入样品测定。

3. 不同品牌的家用微波炉所用微波条件略有不同，微波条件的选定以使反应温度达 80 ℃～90 ℃为原则。使用的微波功率一般选择 450 W～500 W 之间，微波辐射时间为 20 s。此外，微波炉不能长时间空载或近似空载操作，否则可能损坏磁控管。

【思考题】

1. 制备阿斯匹林时，加入浓硫酸的目的何在？

2. 反应中有哪些副产物？如何除去？

3. 阿斯匹林在沸水中受热时，分解而得到一种溶液，后者对三氯化铁呈阳性试验，试解释之，并写出反应方程式。

4. 纯的乙酰水杨酸不会与三氯化铁溶液发生显色反应。然而，在乙醇一水混合溶剂中经重结晶的乙酰水杨酸，有时反而会与三氯化铁溶液发生显色反应，这是为什么？

5. 本实验中所用的仪器为什么必须干燥？

6. 下面图 36-1，图 36-2 是该乙酰水杨酸的^{1}H-NMR 和 IR 谱图，请分析它们。

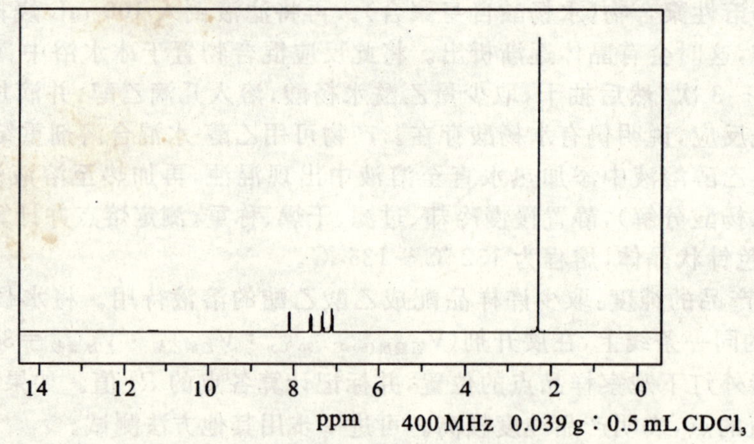

图 36-1 乙酰水杨酸的^{1}H-NMR 谱图

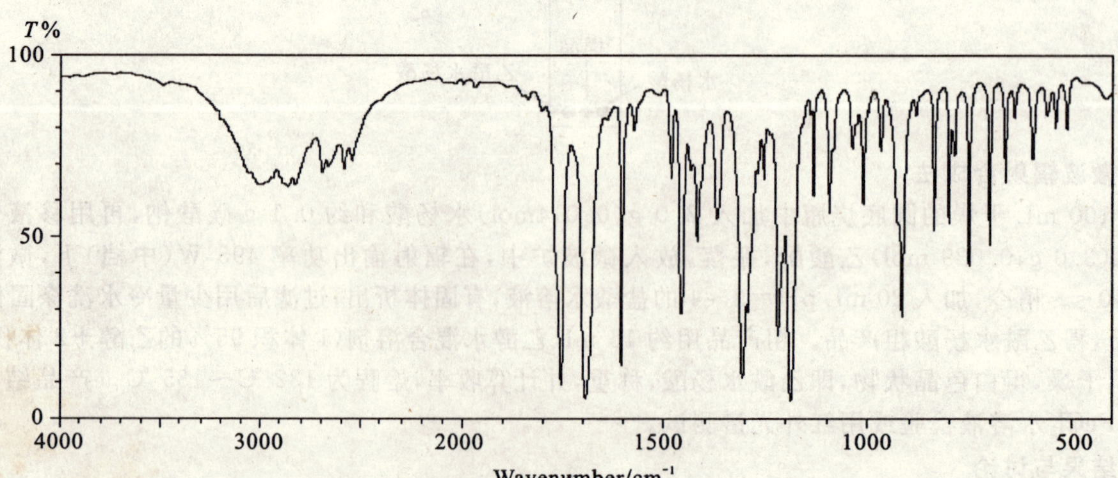

图 36-2 乙酰水杨酸的 IR 谱图

【参考文献】

[1]　兰州大学，复旦大学化学系有机化学教研室，王清廉，沈凤嘉修订．有机化学实验[M]．第二版．北京：高等教育出版社，1994.

[2]　邢其毅，等．基础有机化学[M]．第二版．北京：高等教育出版社，1994.

（涂海洋　田德美　改编）

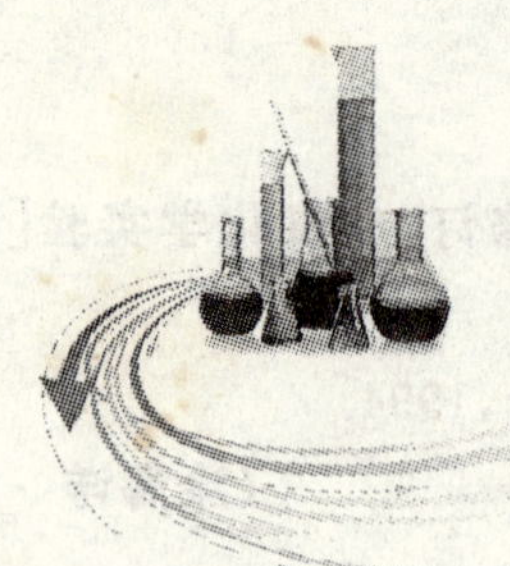

实验三十七

一锅法三组分串联法合成2-二乙氨基噻吩并嘧啶酮

【背景知识】

串联反应(tandem reactions, domino or cascader eactions)作为构建多环化合物的一个重要方法,一直以来都是有机合成方法学研究的热点之一。串联反应即"原位"的一锅合成法(one-pot synthesis *in situ*),不是在一个反应瓶内简单地接连进行二步独立反应,而是第一步反应生成的活泼中间体接着进行第二步、第三步的反应。该反应已成功地应用于不对称合成以及杂环化合物的合成中,特别是对于光学活性的天然产物和复杂分子,串联反应充分显示了较一般方法的优越性。该反应对于解决有机合成中的结构和效率问题具有强有力的优点,突出表现在:①串联反应的中间体不需分离,直接用于原位反应,从而简化了操作步骤。对于敏感的、不稳定的中间体,这一优点尤为突出;②串联反应减少了溶剂、洗脱剂的用量和副产物的产生,有利于环保;③串联反应经常可以得到独特的化学结构,大多具有很高的选择性。总之,串联反应是一个高效率的反应,可将较简单的原料经过很短的步骤转化成很复杂的分子。因此,在复杂结构及天然产物的全合成中,串联反应常常可以起到非常关键的作用。

目前串联反应研究较多的有:串联加成反应,包括串联 Michael 加成反应、串联自由基加成反应、串联分子内 Wittig 加成等反应;串联取代、环化反应,包括串联烷基化-环化、串联 SN_2 反应、串联自由基、电环化等;串联重排反应,包括串联 Cornforth 重排反应、串联 σ-重排、串联 Cope 氧化-Ene 反应等等。

膦亚胺叶立德的氮杂 Wittig 反应是一种将 P═N 转化为 C═N 的有效方法,该反应广泛地应用于氮杂环的合成,并已成为一种合成新型氮杂环及具有生理活性的天然杂环化合物的新方法。串联的氮杂 Wittig 反应则通过膦亚胺与异氰酸酯发生氮杂 Wittig 反应,形成活性中间体碳二亚胺,再进一步发生连续的成环反应,可制备杂环化合物如噻吩并嘧啶酮。而噻吩并嘧啶酮是一类具有良好生物活性的稠杂环化合物,一些 2-取代噻吩并嘧啶酮表现出优良的杀菌、消炎及抗癌活性。

【实验目的】

1. 掌握噻吩并嘧啶酮与中间体膦亚胺的合成技术和操作步骤。
2. 了解杂环化合物的基本知识和合成及性质分析。
3. 熟悉膦亚胺叶立德的合成与反应特性。

【实验原理】

先通过环己酮 **1**,氰乙酸乙酯与硫黄在碱存在下反应,得到 2-氨基-3-酯基噻吩 **2**,再与三苯基膦、六氯乙烷及三乙胺反应,可制备膦亚胺中间体 **3**。

O
$NCCH_2COOEt$
S
1
COOEt
S
NH_2
2
Ph_3P
C_2Cl_6, NEt_3
COOEt
S
N═PPh_3
3

膦亚胺 **3** 与苯基异氰酸酯发生氮杂 Wittig 反应，生成碳二亚胺 **4**，**4** 与二乙胺发生加成反应，得到胍中间体 **5**，**5** 再在醇钠催化下成环，最终得到 2-二乙氨基噻吩并嘧啶酮 **6**。

【仪器与药品】

1. 仪器：磁力搅拌器、温度计、烘箱、X4 型熔点仪测定、Perkin-Elemer PE-983 红外光谱仪、Varian Mercury 400 型 400 MHz 核磁共振仪测定、Finnigan Trace 质谱仪、Vario EL Ⅲ元素分析仪、锥形瓶、圆底烧瓶

2. 药品：氰乙酸乙酯、硫黄、环已酮、吗啡啉、乙醇、三苯基膦、六氯乙烷、三乙胺、二氯甲烷、苯基异氰酸酯、二乙胺、金属钠

【实验内容】

1. 2-氨基-3-酯基噻吩 2 的合成

向 500 mL 锥形瓶中依次加入 3.5 g(0.11 mol)硫粉、9.8 g 环已酮、11.3 g 氰乙酸乙酯并加入 20 mL～30 mL 乙醇溶解，边磁力搅拌边加入 10 mL 吗啡啉，油浴加热并控制温度在 30 ℃～40 ℃(注意：温度不能超过 60 ℃)的条件下反应 1 h～3 h，待反应结束后冷却结晶，并放入冰箱几个小时。抽滤所得淡黄色固体 2 用乙醇冲洗，烘干，称重。产率为 82%，熔点为 115 ℃，产品放于干燥器中备用。

2. 膦亚胺 3 的合成

称取 2.25 g 2-氨基-3-酯基噻吩 **2**(10 mmol)，7.87 g(30 mmol)三苯基膦，7.11 g (30 mmol)六氯乙烷，放入 250 mL 锥形瓶中，加溶剂二氯甲烷至药品全部溶解，用冰盐浴控制温度至 0 ℃以下，慢慢滴加 8.6 mL(60 mmol)无水三乙胺，上接干燥管干燥，反应约 5 h 左右。反应完毕后，脱溶，加入 10 mL 乙醇，过滤，将滤出的固体以乙醇洗涤，得浅黄色固体。产率为 82%，熔程为 160 ℃～162 ℃。

3. 2-二乙氨基噻吩并嘧啶酮 6 的合成

取 2.42 g(5 mmol)膦亚胺 **3** 于 100 mL 圆底烧瓶中，加二氯甲烷至药品完全溶解，用注射器加入 0.55 mL(5 mmol)PhNCO，控制温度在 5 ℃以下反应约 12 h。反应完毕后，减压蒸去大部分溶剂，加 V(乙醚)：V(石油醚)＝1：2(20 mL)使三苯氧膦尽可能完全析出，抽滤，滤液减压蒸去大部分溶剂即得碳二亚胺 **4**，**4** 无需进一步纯化，可直接进行下一步反应。

将所得碳二亚胺 **4** 溶于(15 mL)二氯甲烷中，加入 0.36 g (5 mmol)二乙胺，点板跟踪至反应完全，所得到的胍中间体 **5** 无需进一步纯化，可直接进行下一步操作。彻底脱去中间体 **5** 的溶剂(可水浴加热)，所剩油状物用少量绝对无水乙醇溶解，并加入几滴事先准备好的醇钠，振荡后静置，待反应完全后，将其放入冰箱内，温度降至 0 ℃以下后有晶体析出。产率为 82%，熔程为 144 ℃～145 ℃。

【注意事项】

1. 在2-氨基-3-酯基噻吩**2**的制备过程中，控制油浴在30 ℃～40 ℃进行反应，产物的产率和文献上报道的一致。

2. 在膦亚胺**3**的制备过程中，反应温度必须控制在0 ℃左右，此时反应液为浅黄色，所分离的膦亚胺**3**的纯度和产率也比较高；若温度没控制好，已在室温条件下，则反应液容易变黑，造成产物分离困难，产率下降，纯度也不高。

3. 由于碳二亚胺容易聚合或水解，在制备碳二亚胺**4**时不宜在过高的温度下进行，以0 ℃～5 ℃最好；并且在制备过程中，所有与空气直接接触的操作都必须迅速，以防止碳二亚胺水解变质，所以凡涉及脱溶过程都接有干燥塔。碳二亚胺**4**与仲胺的加成反应进行较快，但所生成的胍中间体**5**必须在醇钠的催化作用下才能关环，得到2-二乙氨基噻吩并嘧啶酮衍生物**6**。在实验操作过程中，碳二亚胺**4**与胍中间体**5**都无需分离纯化，就可进行下一步反应，这样大大简化了实验操作。

【参考文献】

[1] 丁明武. 杂环合成中的维悌希反应[M]. 武汉：华中师范大学出版社，1997.

[2] 丁明武，刘钊杰. 氮杂 Wittig 反应的最近进展[J]. 有机化学，2001(1)：1-7.

[3] Gilchrist T L. Synthesis of aromatic heterocycles[J]. J. Chem. Soc., Pekin Trans. 1, 2001: 2491-2515.

[4] Santagati A, Modica M, Santagati M. New synthetic approaches to bridgehead nitrogen heterocycles derived from 3-amino-2,3- dihydro-5,6- dimethyl-2-thioxo-thieno[2,3-d]pyrimidin- 4(1H)-one and its salts[J]. J. Heterocycl. Chem., 2000, 37: 1161-1164.

[5] Ding M W, Yang S J, Zhu J. New efficient synthesis of 2-substituted 5,6,7,8-tetrahydrobenzothieno [2,3-d] pyrimidin-4(3H)-ones[J]. Synthesis, 2004: 75-79.

（丁明武　涂海洋　改编）

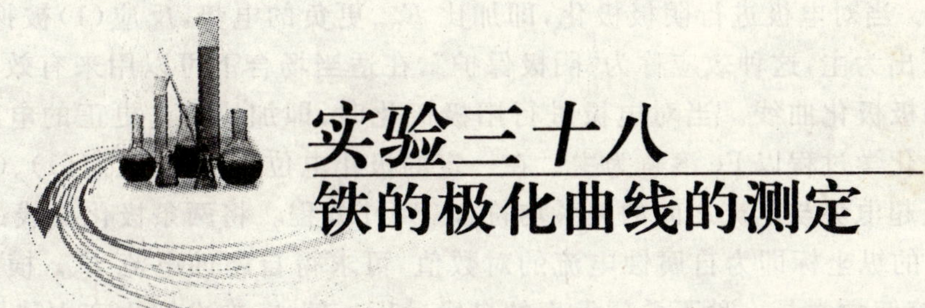

实验三十八 铁的极化曲线的测定

【背景知识】

金属单质及其合金是应用最为广泛和最重要的工程材料。但由于金属与环境介质间发生物理一化学作用而使金属性能发生变化，并导致金属、环境及其构成体系的功能受到损伤。虽然金属腐蚀的破坏不像地震、海啸、台风那样在短暂瞬间内造成巨大灾害，而是无时无刻不在静悄悄地吞噬金属，由此造成的年损失远远超过水灾、火灾、风灾和地震（平均值）等损失的总和。据报道，全世界每年因腐蚀而报废的金属材料约占当年金属生产量的1/10，我国每年因受腐蚀而不能回收利用的钢铁多达1000多万吨。不仅如此，因腐蚀造成的间接损失，诸如停工减产、物料流失、环境污染等比腐蚀本身的直接损失还要大很多。因此，研究金属材料的腐蚀规律并采取有效的防护措施极其重要。线性伏安技术是研究金属腐蚀规律的一种重要研究方法，广泛应用于金属的腐蚀与防护，如研究土壤腐蚀、潮湿大气腐蚀、氯离子的腐蚀、测试缓蚀剂的缓蚀机理和缓蚀效果等；此外，还应用于电镀、电解和电分析等领域。

【实验目的】

1. 掌握恒电位法测定电极极化曲线的原理和实验技术。通过测定 Fe 在 H_2SO_4、HCl 溶液中的阴极极化、阳极极化曲线，求算 Fe 的自腐蚀电位、自腐蚀电流和钝化电势、钝化电流等参数。

2. 了解 Cl^-、缓蚀剂等因素对铁电极极化的影响。

3. 讨论极化曲线在金属腐蚀与防护中的应用。

【实验原理】

金属的电化学腐蚀是金属与介质接触时发生的自溶解过程。例如在 H_2SO_4溶液中，在铁表面将进行一对共轭反应：

$$Fe \rightarrow Fe^{2+} + 2e^-$$

$$2H^+ + 2e^- \rightarrow H_2$$

Fe 将不断被溶解，同时产生 H_2。Fe 电极和 H_2电极及 H_2SO_4溶液构成了腐蚀原电池，其腐蚀反应为：

$$Fe + 2H^+ \rightarrow Fe^{2+} + H_2$$

这就是 Fe 在酸性溶液中腐蚀的原因（常被称为释氢腐蚀）。当电极不与外电路接通时，其净电流为零。Fe 溶解的阳极电流 I_{Fe}与 H_2析出的阴极电流 I_H在数值上相等但方向相反，即 $I_{corr}=I_{Fe}=-I_H\neq 0$。$I_{corr}$为 Fe 在 H_2SO_4溶液中的自腐蚀电流，其值的大小反应了 Fe 在 H_2SO_4中的自腐蚀速率，而 I_{corr}对应的电位则称为 Fe/H_2SO_4体系的自腐蚀电位 E_{corr}（注意：此电位不是平衡电位，而是维持 $I_{Fe}=I_H$的稳定电位。此时虽然阳极反应放出的电子全部被阴极还原所消耗，在电极与溶液界面上电荷是平衡的，但电极反应不断向一个方向进行，腐蚀产物以 I_{corr}的速度不断生成，物质是不平衡的，因此它是热力学的不稳定状态）。

自腐蚀电流 I_{corr}和自腐蚀电位 E_{corr}可以通过极化曲线外延法获得。极化曲线是指电极上流过的电流与电位之间的关系曲线，即 $I=f(E)$。图 38-1 是 Fe/H_2SO_4电极阴极极化和阳极极化曲线图。图中

ra 为阴极极化曲线。当对电极进行阴极极化，即加比 E_{corr} 更负的电势，反应(1)被抑制，反应(2)加速，电化学过程以 H_2 析出为主，这种效应称为"阴极保护"，在适当场合下可以用来有效地降低金属的溶解速度。图中 ab 为阳极极化曲线。当对电极进行阳极极化时，即加比 E_{corr} 更正的电势，则反应(2)被抑制，反应(1)加速，电化学过程以 Fe 溶解为主。在一定的极化电位范围内，反应(1)、(2)均由电化学反应步骤控制，因此电极超电势与电流之间的关系均符合 Tafel 方程。将两条极化曲线的直线部分 rs 和 bs 延长，其交点 s 对应的纵坐标即为自腐蚀电流的对数值，可求得自腐蚀电流 I_{corr}，横坐标即为自腐蚀电位 E_{corr}。金属的自溶解常常是一种不希望发生的自发过程。例如，在电镀生产中使用的阳极，由于自溶解现象，会造成电解液成分不稳定；在化学电源中金属自溶解又是引起电池自放电的主要因素；很多金属材料及设备，也会由于自溶解存在而遭受腐蚀破坏。

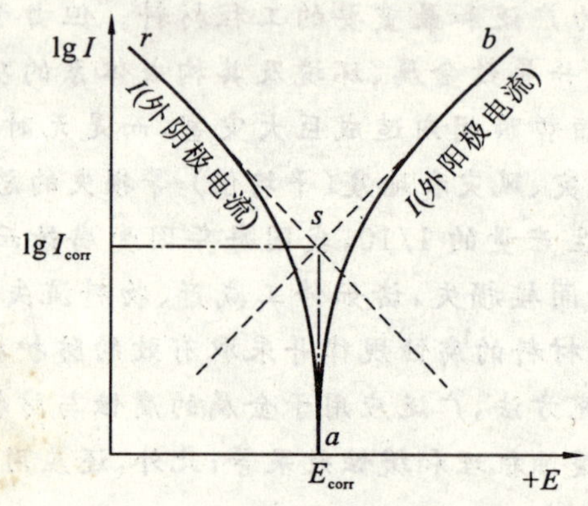

图 38-1　Fe 的极化曲线

当外电流进一步加强，Fe 的阳极溶解进一步加快，极化电流增大至 c 点对应的电流(图 38-2)。此时，只要极化电势稍超过 E_p，电流就直线下降至 d 点。此后电位增加，电流维持在一个很小的数值，如图中 de 段。对应于 c 点的电流称为致钝电流，电位称为致钝电位，而对应于 de 段的电流称为维钝电流。在 ef 段则电流再度随电极电势变正而增大。曲线中 abc 段是 Fe 的正常溶解，生成 Fe^{2+}，称为活化区。cd 段称为活化钝化过渡区。de 段电极处于比较稳定的钝化区，Fe^{2+} 离子与溶液中的 SO_4^{2-} 离子形成 $FeSO_4$ 沉淀层，阻滞了阳极反应，由于 H^+ 不易达到 $FeSO_4$ 层内部，使 Fe 表面的 pH 增大，Fe_2O_3、Fe_3O_4 开始在 Fe 表面生成，形成了致密的氧化膜，极大地阻滞了 Fe 的溶解，因而出现钝化现象。由于 Fe_2O_3、Fe_3O_4 在高电势范围内能稳定存在，故铁能保持在钝化状态。ef 段称为过钝化区，铁以高价离子 Fe^{3+} 转入溶液，在这一段中如果达到氧的析出电位，就会发生氧的析出反应，金属的溶解速度重新增大。

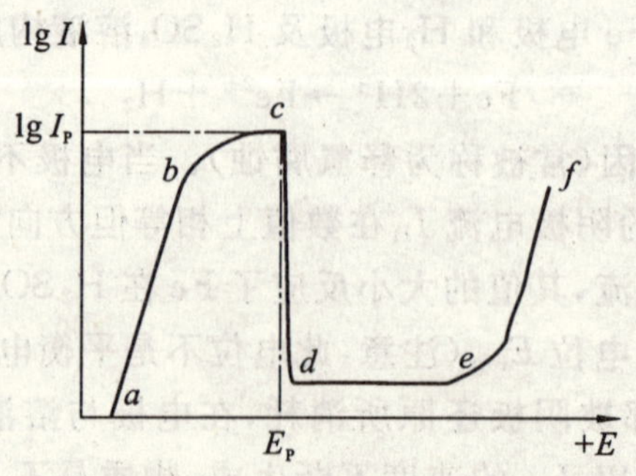

图 38-2　Fe 的钝化曲线

处在钝化状态的金属的溶解速度非常小，这种现象称为金属的钝化。这种利用阳极极化法使电极电势从腐蚀区极化达到钝态区，称为"阳极保护"。图 38-2 称为 Fe 的钝化曲线图，图中钝化电势 E_p、致

钝电流 I_p和稳定钝化电势区间 E_{dr}为金属阳极保护的三个重要参数。金属的钝化在金属的防腐蚀及电镀中作为不溶性阳极时正是人们所需要的,然而在另一些情况下,钝化现象却十分有害,如化学电源中使电源最大输出电流密度以及活性物质的利用率降低,钝化现象对电镀槽中的溶解性阳极也有类似不良效应。

金属的腐蚀和钝化与金属本身的性质及腐蚀介质有关。若存在某些具有活化作用的活性离子,可能延缓或阻止钝化过程。如 Fe 在 H_2SO_4溶液中易于钝化,若加入 Cl^- 离子时,不但不钝化,反而促进腐蚀。另一些物质,加入少量则可减缓腐蚀作用,常称为缓蚀剂。如乌洛托品(六次甲基四胺)可抑制 Fe 在酸性介质中的溶解。

用控制电势法测量极化曲线时,是将研究电极的电势恒定地维持在所需要的数值,然后测量与之对应的电流密度。恒电势法的原理见图 38-3。图中 W 表示研究电极、C 表示辅助电极、r 表示参比电极。参比电极和研究电极组成原电池,可确定研究电极的电位。辅助电极与研究电极组成电解池,使研究电极处于极化状态。

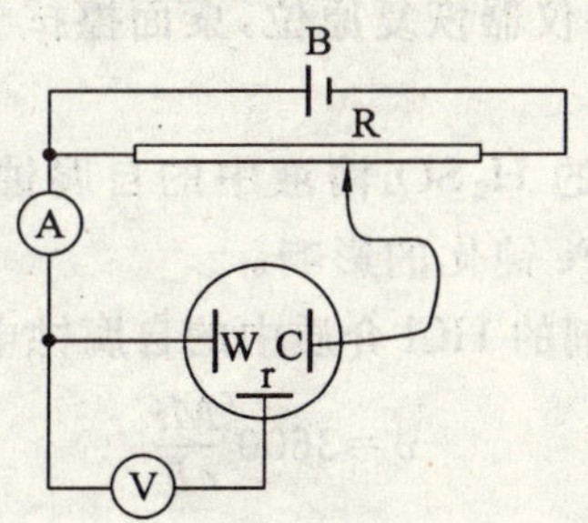

图 38-3 恒电势法原理示意图

在实际测量中,常采用的恒电势法有下列两种:

(1)静态法:将电极电势较长时间地维持在某一恒定值,同时测量电流密度随时间的变化,直到电流基本上达到某一稳定值。如此逐点地测量在各个电极电势下的稳定电流密度值,以获得完整的极化曲线。

(2)动态法:控制电极电势以较慢的速度连续地改变(扫描),并测量对应电势下的瞬时电流密度,并以瞬时电流密度值与对应的电势作图就得到整个极化曲线。所采用的扫描速度(即电势变化的速度)需要根据研究体系的性质选定。一般说来,电极表面建立稳态的速度越慢,则扫描也应越慢,这样才能使测得的极化曲线与采用静态法测得的结果接近。

上述两种方法均已获得广泛应用。从测量结果的比较可以看出,静态法测量的结果虽较接近稳定值,但测量时间太长。所以在实际工作中常采用动态法。本实验采用动态法。

【仪器与药品】

1.仪器:CHI660A 电化学工作站 1 台、电解池 1 个、硫酸亚汞电极(参比电极)、Fe 电极(研究电极)、Pt 片电极(辅助电极)各 1 支

2.药品:0.1 $mol \cdot L^{-1}$ H_2SO_4 溶液、1 $mol \cdot L^{-1}$ H_2SO_4溶液、1 $mol \cdot L^{-1}$ HCl 溶液、乌洛托品(缓蚀剂)

【实验内容】

1.电极处理:依次用粗砂纸、4#、6#金相砂纸将铁电极表面打磨平整光亮,用蒸馏水清洗后滤纸吸干。每次测量前都需要重复此步骤,电极处理的好坏对测量结果影响很大。

2.测量极化曲线:

(1)打开 CHI660A 工作站的窗口。

(2)将三电极分别插入电极夹的三个小孔中,使电极进入电解质溶液中。将 CHI 工作站的绿色夹头夹 Fe 电极,红色夹头夹 Pt 片电极,白色夹头夹参比电极。

(3)测定开路电位(OCP)。点击"T"(Technique)选中对话框中"Open Circuit Potential-Time"实验技术,点击"OK"。点击"▒"(parameters)选择参数,可用仪器默认值,点击"OK"。点击"▶"开始实验,测得的开路电位即为电极的自腐蚀电势 E_{corr}。

(4)开路电位稳定后,测电极极化曲线。点击"T"(Technique)选中对话框中"Linear Sweep Voltammetry"实验技术,点击"OK"。为使 Fe 电极的阴极极化、阳极极化、钝化、过钝化全部表示出来,初始电位(Init E)设为"OCP－0.2 V",终态电位(Final E)设为"OCP＋2.8 V",扫描速率(Scan Rate)设为"0.01 V/s",灵敏度(sensitivitvy)设为"自动",其他可用仪器默认值,极化曲线自动画出。

3.按 1、2 步骤分别测定 Fe 电极在 0.1 mol·L^{-1}和 1 mol·L^{-1} H_2SO_4溶液,1.0 mol·L^{-1} HCl 溶液及含 1%乌洛托品的 1.0 mol·L^{-1} HCl 溶液中的极化曲线。

4.实验完毕,清洗电极、电解池,将仪器恢复原位,桌面擦拭干净。

5.数据处理

(1)分别求出 Fe 电极在不同浓度的 H_2SO_4溶液中的自腐蚀电流密度、自腐蚀电位、钝化电流密度及钝化电位范围,分析 H_2SO_4浓度对 Fe 钝化的影响。

(2)分别计算 Fe 在 HCl 及含缓蚀剂的 HCl 介质中的自腐蚀电流密度及按下式换算成腐蚀速率(v)。

$$v=3600\frac{Mi}{nF}$$

式中,v—腐蚀速度(g·m^{-2}·h^{-1});i—钝化电流密度(A·m^{-2});M—Fe 的摩尔质量(g·mol^{-1});F—法拉第常数(C·mol^{-1});n—发生 1 mol 电极反应得失电子的物质的量。

【注意事项】

1.测定前仔细了解仪器的使用方法。

2.电极表面一定要处理平整、光亮、干净,不能有点蚀孔。

【思考题】

1.平衡电极电位、自腐蚀电位有何不同?

2.分析 H_2SO_4浓度对 Fe 钝化的影响。比较盐酸溶液中加和不加乌洛托品 Fe 电极上自腐蚀电流的大小。Fe 在盐酸中能否钝化?为什么?

3.测定钝化曲线为什么不采用恒电流法?

4.如果对某种体系进行阳极保护,首先必须明确哪些参数?

【参考文献】

[1] 北京大学化学学院物理化学实验教学组.物理化学实验[M].第四版.北京:北京大学出版社,2002.

[2] 复旦大学,等.物理化学实验[M].第二版.北京:高等教育出版社,1993.

[3] 成都科技大学,等.物理化学实验[M].北京:高等教育出版社,1989.

[4] 贾梦秋,等.应用电化学[M].北京:高等教育出版社,2004.

(金山 改编)

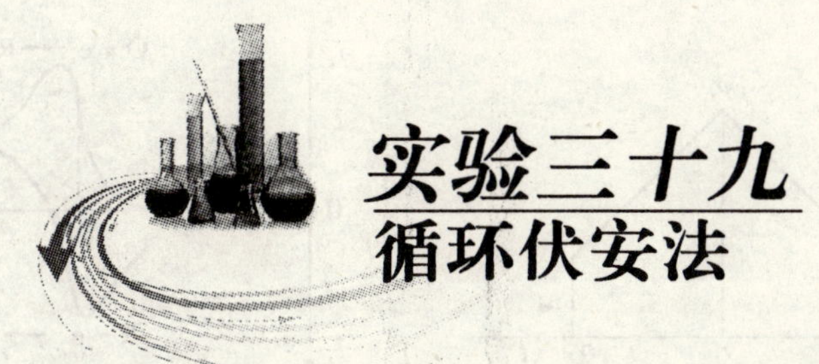

实验三十九 循环伏安法

【背景知识】

循环伏安法是电化学中最基本的研究方法。该法通过控制电极电势以不同的速率随时间以三角波形一次或多次反复扫描，使电极上能交替发生还原和氧化反应，并记录电流-电势曲线。通过对未知研究体系的CV研究，可以获得研究对象的反应电位或平衡电位，估算反应物的量，以及判断电极反应的可逆程度，中间体、相界吸附或新相形成的可能性，以及偶联化学反应的性质等。常用来测量电极反应参数，判断其控制步骤和反应机理，并观察整个电势扫描范围内可发生哪些反应及其性质如何。对于一个新的电化学体系，首选的研究方法往往就是循环伏安法，可称之为“电化学的谱图”。

【实验目的】

1. 掌握循环伏安法的基本原理和测量技术。

2. 通过对$[Fe(CN)_6]^{3-}$/$[Fe(CN)_6]^{4-}$体系的循环伏安法测量，了解如何根据峰电流、峰电势及峰电势差和扫描速度之间的函数关系来判断电极反应可逆性，以及求算有关的热力学参数和动力学参数。

【实验原理】

通过恒电势仪，可使电极电势在一定范围内以恒定的变化速率扫描。电势扫描讯号如图 39-1(a)所示的对称三角波。电极电势从起始电势 φ_i 变化至某一电势 φ_r，再按相同速率从 φ_r 变化至 φ_i，如此循环变化，同时记录相应的响应电流，称为“循环伏安扫描法”。有时也采用单向一次扫描讯号（从 φ_i 到 φ_r）而得到单程扫描曲线称为“线性扫描伏安法”。

若电极反应为 $O+e^- \rightarrow R$，反应前溶液中只含有反应粒子 O，且 O、R 在溶液中均可溶，控制扫描起始电势从比体系标准平衡电势 $\varphi^0_平$ 正得多的起始电势 φ_i 处开始作正向电势扫描，电流响应曲线则如图 39-1(b)所示。开始时电极上只有不大的非法拉第电流（双层电容充电电流）通过。当电极电势逐渐负移到 $\varphi^0_平$ 附近时，O 开始在电极上还原，并有法拉第电流通过。由于电势越来越负，电极表面反应物 O 的浓度必然逐渐下降，因此向电极表面的流量和电流就增加。当 O 的表面浓度下降到近于零，其向表面的物质传递达到一个最大速度，电流也增加到最大值。即在图中出现峰值电流 I_{pc}，然后由于 O 的贫化效应使电流逐渐下降。当电势达到 φ_r 后，又改为反向扫描。首先是 O 的浓度极化进一步发展和还原电流进一步下降。随着电极电势逐渐变正，电极附近可氧化的 R 粒子的浓度较大，在电势接近并通过 $\varphi^0_平$ 时，表面上的电化学平衡应当向着越来越有利于生成 R 的方向发展。于是 R 开始被氧化，并且电流不断增大直到达到峰值氧化电流 I_{pa}，随后又由于 R 的显著消耗而引起电流衰降。如图 39-1(b)所示的整个曲线称为“循环伏安曲线”。

由上可见，循环伏安法实验十分简单，但却能较快地观测到较宽电势范围内发生的电极过程，可为电极过程研究提供丰富的信息，因此是电化学测量中经常使用的一个重要方法。事实上，当人们对一未知体系进行研究时，最初所使用的方法往往是循环伏安法。

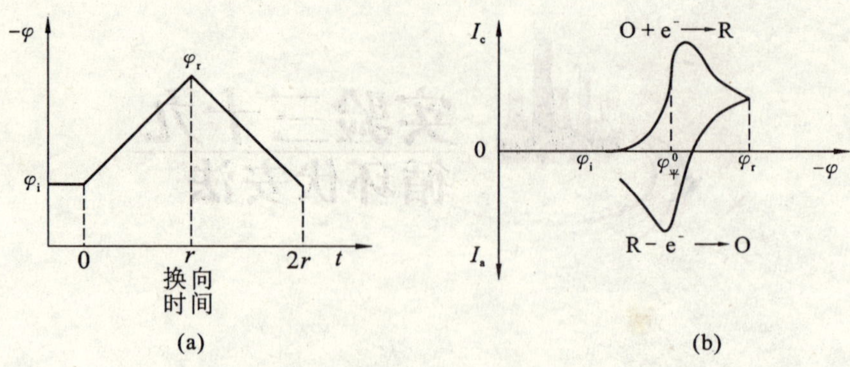

图 39-1 电势扫描时电极电势和电流随时间的变化

根据循环伏安曲线图中峰电流 I_p、峰电势 φ_p 及峰电势差 $\Delta\varphi_p$ 和扫描速率之间的关系，可以判断电极反应的可逆性。（注意：这里所说的"可逆"是指电化学反应步骤而言。表示电子传递速度很快，在电极表面上的 O 和 R 可以瞬间调整到 Nernst 公式所规定的比值，电极电势满足 Nernst 方程式，$\varphi=\varphi^0_{平}+\dfrac{RT}{nF}\ln\dfrac{\gamma_o c^s_o}{\gamma_r c^s_r}$，式中，$c^s_o$，$c^s_r$ 分别表示电极表面液层中氧化还原态的浓度。电流大小则由电极表面附近液层中反应物质的扩散传质速度所控制。）

当电极反应完全可逆时，在 25 ℃下，这些参数的定量表达式有：

(1) $$I_{pc}=2.69\times10^5 n^{3/2} D_0{}^{1/2} v^{1/2} c^0_o(\mathrm{A\cdot cm^{-2}}) \quad (1)$$

即 I_{pc}与反应物 O 的本体浓度 c^0_o 成正比，与 $v^{1/2}$ 成正比。其中：D_o为 O 的扩散系数($\mathrm{cm^2\cdot s^{-1}}$)，$c$ 为 O 的本体浓度($\mathrm{mol\cdot cm^{-3}}$)，$v$ 为扫描速率($\mathrm{V\cdot s^{-1}}$)。

(2) $|I_{pc}|=|I_{pa}|$，即 $|I_{pc}/I_{pa}|=1$，并与电势扫描速度 v 无关。

(3) $\Delta\varphi_p=(\varphi_{pa}-\varphi_{pc})=\dfrac{59}{n}$(mV)，$\varphi_{pc}$，$\varphi_{pa}$与扫描速度 v 和 c^0_o 无关，为一定值。

其中(2)与(3)是扩散传质步骤控制的可逆体系循环伏安曲线的重要特征，是检测可逆电极反应最有用的判断依据。

【仪器与药品】

1. 仪器：CHI660A 电化学工作站 1 台、电解池 1 个、Pt 盘电极（研究电极）、Pt 片电极（辅助电极）、饱和甘汞电极（参比电极）各 1 支

2. 药品：不同浓度的 $K_3Fe(CN)_6$ + 0.5 $\mathrm{mol\cdot L^{-1}}$ KCl 溶液、Al_2O_3

【实验内容】

1. 电极处理：先用 6＃金相砂纸将 Pt 电极打磨平整，用蒸馏水冲洗干净。然后再用 Al_2O_3悬浊液在麂皮上抛光，然后用蒸馏水冲洗干净，用滤纸擦干。

2. 循环伏安扫描：

(1)将三电极分别插入电极夹的三个小孔中，使电极浸入电解质溶液中。将 CHI 工作站的绿色夹头夹 Pt 盘电极，红色夹头夹 Pt 片电极，白色夹头夹参比电极。

(2)点击"T"(Technique)选中对话框中"Cyclic Voltammetry"实验技术，点击"OK"。点击"▒"(parameters)选择参数，"Init E"为 0.5 V，"High E"为 0.5 V，"Low E"为－0.1 V，"Initial Scan"为 Negative，"Sensitivity"在扫描速度大于 10 mV 时选 5×10^{-5}，点击"OK"。点击"▶"开始实验。

(3)分别以 5 $\mathrm{mV\cdot s^{-1}}$、10 $\mathrm{mV\cdot s^{-1}}$、20 $\mathrm{mV\cdot s^{-1}}$、50 $\mathrm{mV\cdot s^{-1}}$、80 $\mathrm{mV\cdot s^{-1}}$、100 $\mathrm{mV\cdot s^{-1}}$的扫描

速率对 5 mmol·L^{-1} $K_3Fe(CN)_6$+0.5 mol·L^{-1} KCl 体系进行循环伏安实验，求出 $\Delta\varphi_p$、I_{pc}、I_{pa}，了解 I_{pc}、I_{pa}、$\Delta\varphi_p$ 与扫描速率的关系。

3. 以 10 mV·s^{-1}的扫描速率分别对 20 mmol·L^{-1}、10 mmol·L^{-1}、5 mmol·L^{-1}、2 mmol·L^{-1}、1 mmol·L^{-1}的 $K_3Fe(CN)_6$溶液进行循环伏安扫描，了解 I_{pc}、I_{pa}、$\Delta\varphi_p$ 与浓度的关系。

4. 实验完毕，清洗电极、电解池，将仪器恢复原位，桌面擦拭干净。

5. 数据处理

从循环伏安图上读出 I_{pc}、I_{pa}、$\Delta\varphi_p$，作 $I_{pc}\sim v^{1/2}$ 和 $I_{pc}\sim c_o$图。

【注意事项】

1. 测定前仔细了解仪器的使用方法。

2. 每一次循环伏安实验前，必须严格按照步骤 1 中所述，处理电极。

【思考题】

1. 在三电极体系中，工作电极、辅助电极和参比电极各起什么作用？

2. 按(1)式，当 $v\rightarrow 0$ 时，$I_p\rightarrow 0$，据此可以认为采用很慢的扫描速度时不出现氧化还原电流吗？

【参考文献】

[1]　北京大学化学学院物理化学实验教学组. 物理化学实验[M]. 第四版. 北京：北京大学出版社，2002.

[2]　[英]南安普顿电化学小组. 电化学中的仪器方法[M]. 柳厚田，等译. 上海：复旦大学出版社，1992.

[3]　[日]藤昭，等. 电化学测定方法[M]. 陈震，等译. 北京：北京大学出版社，1995.

[4]　周仲柏，等. 电极过程动力学基础教程[M]. 武汉：武汉大学出版社，1989.

（金山　改编）

实验四十 $LiMn_2O_4$电极的制备和电化学性能测试

【背景知识】

随着世界可再生资源的日益紧缺，锂离子电池作为一种清洁能源受到广泛的关注。锂离子电池以其高能量密度、长循环寿命（>500 次）、快速充放电等优异性能和日趋降低的制作成本，有望大规模应用于电动汽车和太阳能、风能等清洁电能的储存，逐步成为未来 10～20 年内化学电源研究、开发的热点。经过近年来的市场选择与竞争，锂离子电池已在便携式电子产品领域占据绝对优势，市场销率高达 90%以上。

【实验目的】

1. 学习电极的制备和电池的装配技术，了解锂离子电池的基本结构。

2. 掌握电池充放电技术，了解电池的充放电的曲线特征和电池材料嵌—脱锂反应的基本原理；并进一步了解电能和化学能之间的相互转化过程。

【实验原理】

它采用低电势的嵌锂碳材料为负极，高电势的过渡金属氧化物为正极，溶有锂盐的有机电解质溶液为电解液。通过锂离子在两极间的嵌入—脱出循环以贮存和释放电能。其电极反应可表述为：

正极：$LiMO_2 \underset{\text{放电}}{\overset{\text{充电}}{\rightleftharpoons}} Li_{1-x}MO_2 + xLi^+ + xe^-$ （M＝Co、Ni、Mn）

负极：$nC_6 + xLi^+ + xe^- \underset{\text{放电}}{\overset{\text{充电}}{\rightleftharpoons}} Li_xC_6$

电池总反应：$LiMO_2 + nC_6 \underset{\text{放电}}{\overset{\text{充电}}{\rightleftharpoons}} Li_{1-x}MO_2 + Li_xC_6$

其工作原理如图 40-1 所示。充电时，锂离子从过渡金属氧化物正极晶隙中脱出，进入电解液。同时，电解液中锂离子嵌入至负极碳层之中。放电时，锂离子从负极碳层中脱出，嵌入正极材料结构之中。

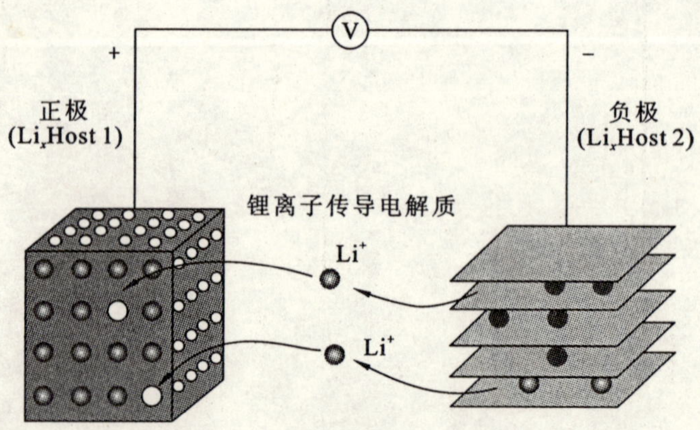

图 40-1 锂离子电池工作原理图示

嵌脱反应是一类特殊的反应，其基底材料具有二维或三维通道，允许外来的质子或原子可逆地嵌脱而其本身的晶体结构保持稳定。锂离子电池正极材料中的 $LiCoO_2$、$LiNiO_2$和负极材料石墨都是层状化合物，晶体中有供锂离子迁移的二维通道，而本实验所采用的尖晶石型 $LiMn_2O_4$则具有三维通道。锂离子在上述化合物中成千上万次地嵌入和脱出而化合物结构不发生改变，保证了能量在电池中的储存和释放。

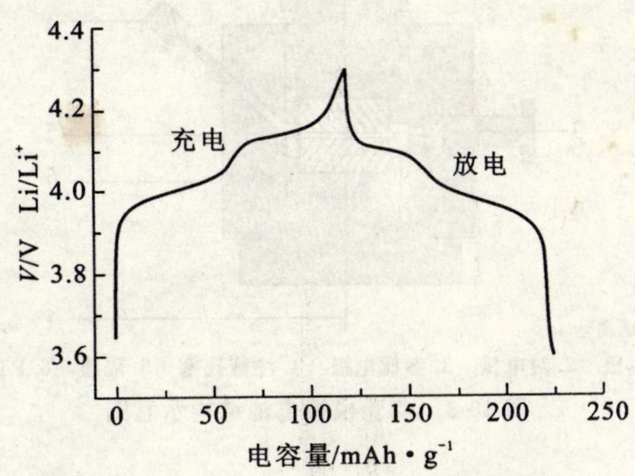

图 40-2　$LiMn_2O_4$电极充放电曲线图

在给定的充电（放电）条件下（恒流、恒压或恒阻），所测得的电池充电（或放电）电压随充电时间（或放电时间）的变化称为电流的充电（或放电）曲线。若所测得的充电（或放电）曲线是单电极电势相对于某一参比电极变化，则称此种曲线为单电极的充电（或放电）曲线。图 40-2 是 $LiMn_2O_4$电极的恒流充放电曲线示意图。充电时，由于 Li^+离子从 $LiMn_2O_4$晶格中脱出，锰的化合价升高，引起电极的电势升高。充电时的两个平台对应不同位置的 Li^+离子从晶格中脱出。当 Li^+离子脱完时，电极电势迅速升高，充电截止。放电时，电解液中的 Li^+离子嵌入 Mn_2O_4的晶格中，锰的化合价降低，电极电势随之降低。放电曲线上出现的两个平台对应于充电的两个平台，属于不同 Li 位的嵌入。当 Mn_2O_4中不能再容纳 Li^+离子，则电极电势迅速下降，放电截止。

【仪器与药品】

1. 仪器：天平、双滚压机、油压机、真空干燥箱、手套箱、锂离子电池充放电仪、红外灯、PTFE 模拟电池槽

2. 药品：$LiMn_2O_4$粉末、聚四氟乙烯乳液（PTFE）、乙炔黑、锂片、异丙醇、电解液 1 mmol · L^{-1} $LiPF_6$/EC＋DMC＋EMC（1∶1∶1）、聚乙烯微孔膜（celgard 2400）、镍网

【实验内容】

1. $LiMn_2O_4$电极的制备

将 $LiMn_2O_4$粉末、聚四氟乙烯乳液（PTFE）、乙炔黑按 85∶8∶7 的比例（干重）混合均匀。用异丙醇调成浆，然后在双滚压机上（40 ℃～50 ℃）碾压成 0.2 mm 左右厚的电极膜。将电极膜在红外灯下烘干，称重，然后在滚压机上将其压在集流镍网上。最后放在真空干燥箱中烘干待用。

2. 模拟电池装配

实验模拟电池采用三电极结构，如图 40-3 所示。模拟电池系统装配和拆卸都很简便，实验过程中可以同时观察充放电时正极对参比、负极对参比以及正极/负极之间的变化情况，既能考察单个电极的性能，又能考察正、负极之间的相互影响。本实验模拟电池中以锂片作为对电极和参比电极，电池的装

配在干燥的手套箱里进行。首先将锂片分别压在对电极和参比电极的不锈钢集流柱上，再将工作电极插入 PTFE 槽中，将 $LiMn_2O_4$ 电极和隔膜依次叠放在工作电极的集流柱上，并将对电极插入压紧，参比电极插入压紧，在注液孔中注入电解液后立即塞上塞子。

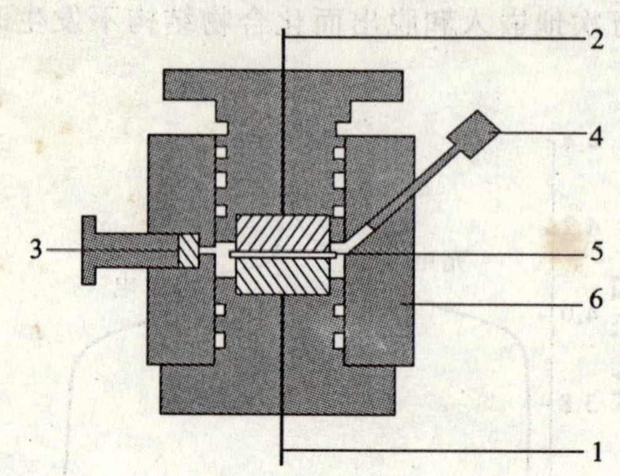

1. 工作电极 2. 对电极 3. 参比电极 4. 注液孔塞 5. 隔膜 6. PTFE 池体

图 40-3 实验模拟电池结构示意图

3. 恒电流充放电实验

将装配好的模拟电池在电池测试仪上进行充放电检测。分别以 $50\ mA \cdot g^{-1}$、$100\ mA \cdot g^{-1}$ 电流充放电，充电截止电压为 4.3 V，放电截止电压为 3.5 V，循环次数为 10 次。

4. 实验完毕，清洗电池槽、滚压机，将仪器恢复原位，桌面擦拭干净。

5. 数据处理

(1) 根据模拟电池的充放电数据，计算 $LiMn_2O_4$ 电极的放电容量和充放电效率。

(2) 根据模拟电池的充放电数据，以放电容量对循环次数作图，评价材料的循环性能。

【注意事项】

微量的水分对电极的性能影响非常大，因此电极和电池槽一定要烘干，并在干燥条件下装配电池，装配速度要快。

【思考题】

1. $LiMn_2O_4$ 材料是如何嵌锂的？
2. 锂离子电池如何实现化学能与电能的相互转换？

【参考文献】

[1] 吴宇平，等. 锂离子二次电池[M]. 北京：化学工业出版社，2002.
[2] 吕鸣祥，等. 化学电源[M]. 天津：天津大学出版社，1992.
[3] 李景虹. 先进电池材料[M]. 北京：化学工业出版社，2004.

（金山 改编）

实验四十一 电镀和化学镀

【背景知识】

电镀是一种工业上经常使用的方法，通过电镀可以改变基体表面性质或尺寸。例如，电镀可以赋予金属光泽以美观、金属表面物品的防锈、防止磨耗；提高金属导电度、润滑性、强度、耐热性、耐候性；热处理的防止渗碳、氮化；尺寸错误或磨耗的零件修补。目前，电子行业中电镀的应用极为普遍，各种印刷电路板的制造过程中都离不开电镀这一工序。

【实验目的】

1. 掌握恒电流密度法在铜基体上电镀锌的原理和实验技术，通过实验使学生了解到电镀的原理和过程。

2. 了解添加剂、电流密度、镀液 pH 对电镀的影响，通过电流效率的计算认识到电镀过程中存在的副反应；了解化学镀的原理和过程。

【实验原理】

电镀是指：含有金属离子的溶液中，在电场的作用下，金属离子在阴极得到电子并被还原，从而沉积在阴极金属基体表面。这个沉积过程会受镀液的状况，如金属离子浓度、酸碱度(pH)、温度、搅拌、电流、添加剂等影响。

以镀铜为例，阴极主要反应：$Cu^{2+}(aq)+2e^- \rightarrow Cu(s)$

电镀时镀液中的铜离子浓度因消耗而下降，影响沉积过程。面对这个问题，有两个方法解决：1. 在溶液中添加硫酸铜；2. 用铜作阳极。添加硫酸铜方法比较麻烦，又要分析又要计算。用铜作阳极比较简单。阳极的作用主要是导体，将电路回路接通。但铜作阳极还有另一功能，是氧化(失去电子)溶解成铜离子，补充铜离子的消耗。阳极主要反应：$Cu(s) \rightarrow Cu^{2+}(aq)+2e^-$，由于整个镀液是水溶液，也会发生水电解产生氢气(在阴极)和氧气(在阳极)的副反应，阴极副反应：$2H_3O^+(aq)+2e^- \rightarrow H_2(g)+2H_2O(l)$，阳极副反应：$6H_2O(l) \rightarrow O_2(g)+4H_3O^+(aq)+4e^-$。

添加剂在电镀溶液中起到非常关键的作用，添加剂可以使镀层致密、光亮，防止结晶的生成，提高镀液的均镀能力和极限电流密度。添加剂起到选择吸附、细化结晶的作用。电镀添加剂在电镀过程中的作用机理比较复杂，当添加剂在阴极表面上吸附后，就会改变界面上的电位分布，使阴极过电位升高，由于阴极极化作用的增强，有利于晶核的生成，使晶核的生成速度大于其晶核成长的速度，从而形成微小的晶粒，容易获得细晶粒的镀层，使镀层的光亮程度获得提高。同时添加剂在晶体的不同晶面上具有选择性吸附，抑制原来优先成长的晶面，改变晶体成长的结构。为此可降低镀层表面上对光的漫反射，使镜面反射加强，从而增强镀层的光亮度。

若锌镀液中不加添加剂，则不能得到良好的镀层。通常工业生产中，对特定的电镀液组成，有一个正常的电流密度范围，电流密度较高时，金属离子在阴极的还原速度也较快，在单位时间内得到的镀层会较厚，节约时间。但过高的电流密度会使镀层变得粗糙，颜色发黑。用酸性镀液电镀时，pH 是电镀锌的重要参数，这一方面关系到阴极的电流效率，另一方面也影响到镀层的质量。对镀锌而言，pH（pH>7）过高时锌盐水解，溶液混浊，镀层光亮度差，阳极易钝化。而 pH（pH<4）过低时，阳极溶解加快，高电流时容易析氢，镀层光亮度差。

化学镀则是在金属的催化作用下，通过可控制的氧化还原反应产生电沉积的过程。与电镀相比，化学镀具有镀层厚度均匀，针孔少，不需直流电源设备等特点，主要适用于不适合电镀的特殊场合。目前应用最广泛的是化学镀镍工艺，化学镀镍是利用镍盐溶液在强还原剂次亚磷酸钠的作用下，使镍离子还原成金属镍，同时次亚磷酸盐分解析出磷，因而在具有催化表面的镀件上，获得 Ni-P 合金镀层。

以次磷酸钠为还原剂的化学镀镍的反应过程为：

$$Ni^{2+} + H_2PO_2^- + H_2O \rightarrow HPO_3^{2-} + 3H^+ + Ni$$

所有这些反应都必须发生在催化活性表面上（如 Fe 等金属基体），且需要外界提供能量，即在较高的温度（60 ℃$\leqslant T \leqslant$ 95 ℃）下，反应才能进行。

与电镀镍相比，化学镀镍层与基体的结合力非常高，远远高于电镀，且镀层具有高硬度和高耐磨性。由于镀层系非晶态，孔隙小，表面光洁，耐腐蚀性强，在许多地方可替代不锈钢。且沉积镀层厚度十分均匀，正、负误差在 2 μm 左右，在盲孔、管件、深孔及缝隙的内表面可得到均匀镀层。

在塑料上为了获得装饰和功能性的电镀层，通常先在塑料基体上进行化学镀镍，使它变成导体，然后进行电镀。为了使塑料一开始有镍离子还原反应，基体表面必须经过敏化和活化处理。所谓敏化，就是使具有一定吸附能力的塑料表面上吸附上一些容易氧化的物质，而后在活化处理时，吸附的敏化剂被氧化，而活化剂被还原成金属催化晶核，留在制品表面上，这就给以后的化学镀镍打下了基础。

【仪器与药品】

1. 仪器：恒电位/电流仪、磁力搅拌器、水浴加热装置、铜电极、锌电极、不锈钢片、pH 试纸

2. 药品：KCl、$ZnCl_2$、H_3BO_3、镀锌添加剂（氯锌-8 号）、NaOH、盐酸、硫酸镍、次磷酸钠、柠檬酸钠、苹果酸、琥珀酸、乳酸、丙酸

【实验内容】

1. 工作电极的准备

用剪刀裁取 6 段 1×5 cm 的铜片，用砂纸将铜片一面打磨至光亮，然后进行阴极电解除油，阳极为不锈钢片。电压为 2 V～5 V，时间 1 min 左右，铜片为阴极，观察有明显气泡在电极表面析出。随后用一次水清洗铜片，用滤纸吸干表面水分，然后在铜片上标记出 1×1 cm^2 的面积待电镀。注意每次实验中，铜片只能使用一次，计算面积时铜片的两面都要计算在内。按图 41-1 所示连接好装置，进行以下实验。

2. 电镀液的配制

按以下的配方配制 100 mL 镀锌基础溶液：

KCl	200 g·L^{-1}
$ZnCl_2$	60 g·L^{-1}
H_3BO_3	25 g·L^{-1}

3. 添加剂对电镀的影响

(1)取上述电镀液 40 mL 在小烧杯中，用 pH 试纸测量出溶液的 pH 并记录，然后插入锌片作为阳极，铜片为阴极，施加直流电，电镀过程中开启搅拌，调节电流密度为 15 mA·cm^{-2}，电镀时间为 5 min，观察铜片电极表面镀锌层的颜色和均匀性。

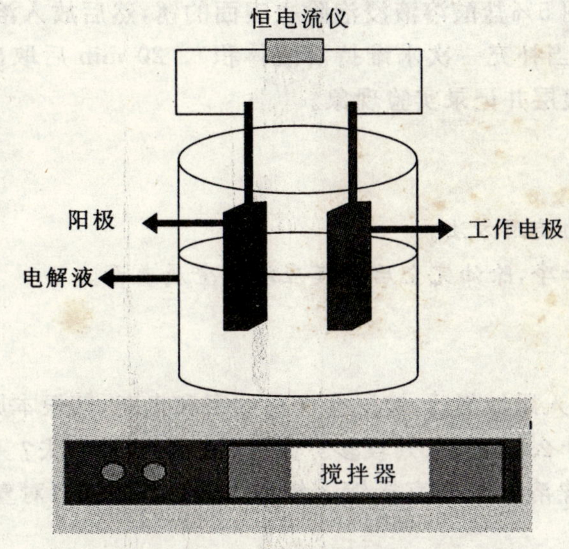

图 41-1　电镀装置

(2)在上述溶液中加入镀锌添加剂(氯锌-8 号)20 mL·L^{-1},溶解均匀后,同样在铜片上进行电镀,电流密度为 15 mA·cm^{-2},电镀时间为 5 min,观察铜片电极表面镀锌层的颜色和均匀性,并和以上未加添加剂的进行对比。

4. 电流密度对电镀的影响

在上述加入添加剂的镀液中,对铜片进行电镀,电流密度为 70 mA·cm^{-2},电镀时间为 5 min,观察铜片电极表面镀锌层的颜色和均匀性。

5. 镀液 pH 对电镀的影响

(1)用盐酸将上述溶液的 pH 调节至 2,然后在此条件下进行电镀,电流密度为 15 mA·cm^{-2},观察铜片上锌镀层的颜色和电镀过程中的现象。

(2)然后在上述溶液中加入质量分数为 20%的 NaOH 溶液,调节 pH 为 8,观察溶液的现象,然后在此条件下进行电镀,电流密度为 15 mA·cm^{-2},观察铜片上锌镀层的颜色和电镀过程中的现象。

6. 电流效率的计算

另取上述锌基础溶液 40 mL 在小烧杯中,加入镀锌添加剂(氯锌-8 号)20 mL·L^{-1}并溶解均匀。取一个铜工作电极称其质量,待镀面积总共为 2 cm^2,然后放入镀液中,施加电流密度为 15 mA·cm^{-2},电镀时间为 10 min,然后取出用蒸馏水冲洗干净,并用热风吹干,称重。计算出沉积上的 Zn 的质量,再和理论沉积量进行比较,计算出电流效率。

7. 化学镀镍

按以下配方配制 100 mL 化学镀镍溶液

硫酸镍	($NiSO_4 \cdot 7H_2O$)	30 g·L^{-1}
次磷酸钠	($NaH_2PO_2 \cdot H_2O$)	36 g·L^{-1}
柠檬酸钠	($Na_3C_6H_5O_7 \cdot 2H_2O$)	14 g·L^{-1}
苹果酸	($C_4H_6O_5$)	15 g·L^{-1}
琥珀酸	($C_4H_6O_4$)	5 g·L^{-1}
乳酸	($C_3H_6O_3$)	15 mL·L^{-1}
丙酸	($C_3H_6O_2$)	5 mL·L^{-1}

取上述溶液 40 mL 于小烧杯中,加热至 90 ℃,将铁制样品(如螺钉)先进行阴极电解除油(条件同

铜片的处理方式一样)，然后用5%盐酸溶液浸泡除去表面的锈，然后放入溶液中，观察实验现象(注意，如果溶液中水蒸发较快，应适当补充一次水维持溶液体积)。20 min后取出，用蒸馏水冲洗干净，并用热风吹干。观察铁片上的镍镀层并记录实验现象。

【注意事项】

1. 测定前仔细了解仪器的使用方法。

2. 电极表面一定要处理干净，除油完全后水膜应浸润金属表面。

【思考题】

1. 在电镀Zn的溶液中加入添加剂后，镀层会变得致密和光亮，其根本原因是什么？

2. 电镀锌的电流效率为什么低于100%较多？分析其中电流的损失？

3. 将塑料件放入化学镀镍溶液中能直接镀上镍吗？若不行，如何对塑料进行前处理才可以镀上镍？提出可行的方案。

【参考文献】

[1] 曾华梁，等. 电镀工艺手册[M]. 北京：机械工业出版社，1997.

[2] 复旦大学，等. 物理化学实验[M]. 第二版. 北京：高等教育出版社，1993.

[3] 贾梦秋，等. 应用电化学[M]. 北京：高等教育出版社，2004.

(金山 改编)

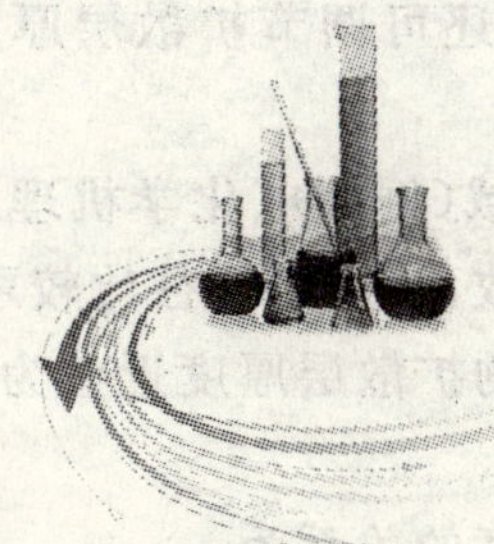

实验四十二 旋转圆盘电极测定扩散系数

【实验目的】

1. 了解旋转电极的原理。
2. 掌握用旋转圆盘电极测定扩散系数的方法。
3. 测定$[Fe(CN)_6]^{3-}$和$[Fe(CN)_6]^{4-}$在水溶液中的扩散系数。

【实验原理】

对于可逆电极，当无外电流通过时，该电极的电势就是平衡电势$\varphi_{平}$，因为此时电极上并无净的电极反应，平衡电势代表电极反应的倾向性；当电极有外电流通过时，它的电势φ将偏离$\varphi_{平}$，这一现象在电化学里统称极化(polarization)。极化过程中的电流、电势关系称为极化曲线或伏安曲线(polarization curve或Voltamogram)，它的研究方法有两大类：稳态极化法和暂态极化法。本实验的研究方法为稳态极化法。

电极反应是在电极的金属/电液界面上进行的复相反应，因此，电极过程必然包括若干步骤。其中，迁越(charge transfer step，简称CT，也译作电荷传递步骤，过去常称作活化步骤或电化学步骤)和扩散这两步是必然存在的。迁越步骤与扩散步骤谁占主导地位，亦即i_0(交换电流密度)与i_d(极限扩散电流密度)之间的相对大小决定电极反应极化曲线的特点。在实际测量时，除了i_0很小的迁越控制反应外，用静止的电极很难得到稳定而重现的极化曲线，这主要是扩散过程引起的。扩散过程产生浓差极化，扩散层的厚度(即电极界面存在浓差的薄层)随测量时间的延长而增加，这将引起电解质溶液的自然对流，而自然对流是不易控制的，因此，不易得到稳定的电流值。解决的办法是采用有控制的强制对流，或者是让电极的金属部分周期位移，如旋转电极、滴汞电极等；或者是让电解质溶液流动，如管道电极等。目前能够得到满意定量解释的稳态极化数据的，只有旋转电极。

旋转电极是一种特殊的电化学研究电极，常见的有旋转圆盘电极(RDE，rotating disc electrode)和旋转环一盘电极(RRDE，rotating ring disk electrode)。旋转电极同时存在扩散和对流两种传质过程，其"对流扩散理论"首先由苏联的Левич解决，后经Кабанов等人在实验上予以验证。自那以后在理论及应用等方面均得到极大的发展，成为稳态电化学测量的主要方法。

旋转圆盘电极为一圆柱体。电极的中心是一根金属棒，棒的下端是研究电极的圆形光亮表面，棒外用聚四氟乙烯绝缘。构造如图42-1所示：

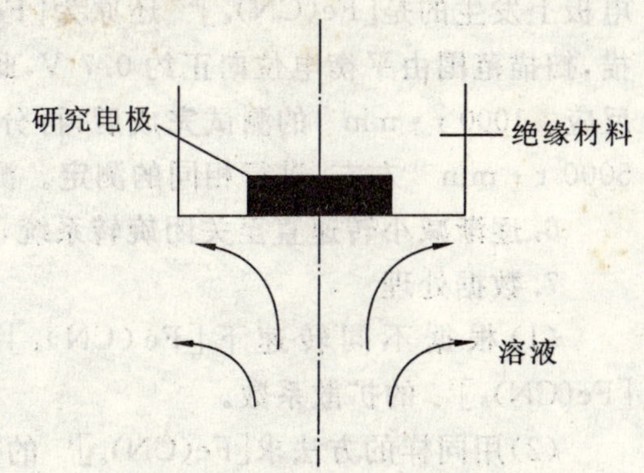

图42-1　旋转圆盘电极构造示意图

电极的实际使用面积是圆盘的光亮下表面。电极旋转时电极下面的溶液在圆盘的中心处上升，与圆盘接近后被抛向四周，圆盘中心相当于搅拌起点，电极表面的扩散层厚度均匀分布。旋转电极附近的流体动力学性质，决定了电极上各点的传质状况相同，电流密度相同，浓度分布相同。通过控制旋转速度，还可调节扩散层厚度，这就可以人为地决定电极过程的控制步骤，有目的地进行研究。

由于旋转电极的上述特点，它不仅被广泛应用于电化学的各个领域（例如电化学机理研究、电分析化学、各种电化学反应动力学参数的测定等），还可以用来测定扩散系数，其结果往往比较可靠。

根据流体动力学理论，对于水溶液，在层流条件下，旋转电极表面的扩散层厚度近似为：

$$\delta=1.61D^{1/3}\gamma^{1/6}\omega^{-1/2} \tag{1}$$

而根据浓度差极化方程式的推导，极限扩散电流密度与扩散层厚度的关系为：

$$i_d=nFDC^0/\delta \tag{2}$$

因此

$$i_d=0.62nFD^{2/3}\gamma^{-1/6}C^0\omega^{1/2} \tag{3}$$

式中，D 为反应粒子的扩散系数，单位为 $cm^2\cdot s^{-1}$；n 为该粒子进行电化学反应时的得（或失）电子数；γ 为溶液的动力学黏度，等于黏度与密度之比：$\gamma=\eta/\rho$，对于 25 ℃的水溶液，$\gamma=10^{-2}\ cm^2\cdot s^{-1}$；$C^0$ 为反应粒子的本体浓度，单位为 $mol\cdot L^{-1}$；ω 为旋转电极的转速，单位为弧度·s^{-1}。

根据(3)式，在一定的条件下，i_d 与 $\omega^{1/2}$ 呈线性关系。因此，我们可以测定一系列 ω 下的 i_d，由斜率求出扩散系数 D。

【仪器与药品】

1. 仪器：旋转圆盘电极 1 台、恒电位仪 1 台、电解池 1 个、工作电极 1 支、参比电极、辅助电极各 1 支

2. 药品：$K_3Fe(CN)_6$、$K_4Fe(CN)_6$、KCl、高纯 N_2

【实验内容】

1. 用分析纯试剂及二次蒸馏水配制 1 $mmol\cdot L^{-1}$ $K_3Fe(CN)_6$－1 $mmol\cdot L^{-1}$ $K_4Fe(CN)_6$－0.1 $mol\cdot L^{-1}$ KCl 溶液。

2. 取下旋转电极的特制电解池，洗净，加入溶液至电解池高度的 2/3 处。小心将电解池装在电极下面，装好辅助电极和参比电极。

3. 通 N_2 数分钟，以除去溶液中溶解的 O_2。

4. 将旋转圆盘电极作为研究电极，其他接线与循环伏安实验完全相同。接线经检查后，开始测定。先测出开路电位即平衡电位。

5. 开启旋转系统，预热后，调至 1000 $r\cdot min^{-1}$ 左右。由平衡电位开始向负进行慢扫描，扫描速度 1 $mV\cdot s^{-1}$～2 $mV\cdot s^{-1}$，扫描范围由平衡电位向负约 0.7 V，同时用记录仪记录 $i\sim\varphi$ 曲线。此时研究电板上发生的是$[Fe(CN)_6]^{3-}$还原为$[Fe(CN)_6]^{4-}$的反应。再由平衡电位向正进行同样速度的慢扫描，扫描范围由平衡电位向正约 0.7 V，此时研究电极上发生的是$[Fe(CN)_6]^{4-}$氧化为$[Fe(CN)_6]^{3-}$的反应。1000 $r\cdot min^{-1}$ 的测试完成后，再分别改变转速至 2000 $r\cdot min^{-1}$、3000 $r\cdot min^{-1}$、4000 $r\cdot min^{-1}$、5000 $r\cdot min^{-1}$ 左右，进行相同的测定。测定曲线可记录在同一记录纸上。

6. 逐渐减小转速直至关闭旋转系统，关机后，小心取下电解池，洗净，重新装好。

7. 数据处理

(1) 根据不同转速下$[Fe(CN)_6]^{3-}$还原的 i_d 值，做 $i_d\sim\omega^{1/2}$ 直线，由斜率根据(3)式求算$[Fe(CN)_6]^{3-}$的扩散系数。

(2)用同样的方法求$[Fe(CN)_6]^{4-}$的扩散系数。

无限稀释扩散系数的文献值：

$D\{[Fe(CN)_6]^{3-}\}=8.9\times10^{-6}\ cm^2\cdot s^{-1}$；$D\{[Fe(CN)_6]^{4-}\}=7.4\times10^{-6}\ cm^2\cdot s^{-1}$。

【注意事项】

1. 由于旋转电极是比较贵重的仪器，拆、装电解池时一定要注意不要把水或溶液弄到底座或电极头上方的螺旋处。

2. 旋转电极的表面处理一定要仔细。

3. 要除尽溶液中的溶解氧。

【思考题】

1. 简要说明 RDE 上均匀的电流密度分布是如何获得的？

2. 为什么极限扩散电流密度 i_d 与浓差扩散层厚度成反比？

3. 研究电极在静止时和旋转时的平衡电位相同吗？为什么？

【参考文献】

[1]　周仲柏，陈永言. 电极过程动力学基础教程[M]. 武汉：武汉大学出版社，1989.

[2]　Bard A J，Faulker L R. Electrochemical Methods[M]. Chap. 8 John Wiley & Sons，N. Y. 1980.

[3]　田昭武. 电化学研究方法[M]. 北京：科学出版社，1984.

[4]　周伟舫. 电化学测量[M]. 上海：上海科技出版社，1984.

（金山　改编）

实验四十三 弛豫法(浓度阶跃)测定反应速率系数

【实验目的】

1. 了解化学动力学实验中弛豫法的基本原理及特点。

2. 掌握用监测弛豫过程物理性质改变测定铬酸盐-重铬酸盐溶液正、逆反应速率系数跳浓的实验方法。

【实验原理】

1. 弛豫法原理　该方法的基本要点是：将处于平衡状态下的反应体系的某一条件(如温度、压力、电场强度等)发生急剧改变(阶跃 Jump)，于是平衡受到破坏并迅速向新的平衡位置移动。我们把体系由于受外来因素的影响而从不平衡状态趋向于新的平衡状态的过程叫做弛豫。弛豫过程的快慢与被研究的对峙反应正、逆向速率系数有关。干扰之后，立即用快速检测方法追踪体系的变化，通过测定弛豫速率可以求得正、逆反应的速率系数。

设有对峙反应 $2A \xrightarrow{k_+} D+F$，$D+F \xrightarrow{k_-} 2\ A$，反应速率方程为：

$$r=-\frac{dc_A}{2dt}=k_+c_A^2-k_-c_Dc_F$$

若该反应在指定条件下已达到化学平衡，现在使平衡系统某一条件突变。在平衡系统扰动停止的那一瞬间，也就是系统向新平衡态弛豫过程的开始时刻($t=0$)，这时各组分的浓度分别为 c_{A_0}、c_{D_0} 和 c_{F_0}。达到新平衡时 $t=t_\infty$，各组分浓度分别为 c_{A_∞}、c_{D_∞} 和 c_{F_∞}。定义与单位体积反应进度 x 类似的弛豫变量

$$\Delta_t=\frac{c_{A_t}-c_{A_\infty}}{2}=-(c_{D_t}-c_{D_\infty})=-(c_{F_t}-c_{F_\infty})$$

当然弛豫过程开始时 $\Delta_0=\frac{c_{A_0}-c_{A_\infty}}{2}$，在弛豫过程中各组分的瞬时浓度为：

$$c_{A_t}=c_{A_\infty}+2\Delta_t,\ c_{D_t}=c_{D_\infty}-\Delta_t,\ c_{F_t}=c_{F_\infty}-\Delta_t,$$

代入反应速率方程，当偏离平衡很小时，略去展开式中的平方项及更高次方项，再利用新平衡状态浓度间的关系 $k_+c_{A_\infty}^2=k_-c_{D_\infty}c_{F_\infty}$，可以得到弛豫过程的速率方程：

$$-\frac{d\Delta_t}{dt}=k_{app}\Delta_t$$

弛豫过程服从一级动力学规律，相应的动力学方程为：

$$\ln\frac{\Delta_t}{\Delta_0}=k_{app}t$$

其中，弛豫时间

$$\tau^{-1}=k_{app}=4k_+c_{A_\infty}+k_-(c_{D_\infty}+c_{F_\infty})$$

$$K_c=(c_{D_\infty}c_{F_\infty}/c_{A_\infty}^2)=k_+/k_-$$

2. 铬酸盐-重铬酸盐水溶液反应的动力学 ①～④

对于铬酸盐-重铬酸盐水溶液反应体系：

$$2H_3O^+ + 2CrO_4^{2-} = Cr_2O_7^{2-} + 3H_2O$$

反应机理：

① $H_3O^+ + CrO_4^{2-} \rightleftharpoons HCrO_4^- + H_2O$，平衡常数 K_1；

② $2HCrO_4^- \rightleftharpoons Cr_2O_7^{2-} + H_2O$，正、逆反应速率系数 k_+、k_-，平衡常数 K_2；

③ $H_3O^+ + In^- \rightleftharpoons HIn + H_2O$，平衡常数 K_3；

反应②是速率控制步骤，反应③是为了跟踪 H_3O^+ 浓度，加入指示剂 In^- 产生的平衡。$K_1 = 1.3\times10^6$，$K_2 = 50$

反应②的弛豫时间：$\tau^{-1} = 4k_+ c_{HCrO_4^-} + k_- c_{H_2O}$

其中，
$$c_{HCrO_4^-} = \frac{1}{4K_2}\left\{\sqrt{\left(\frac{K_1 c_{H_3O^+} + 1}{K_1 c_{H_3O^+}}\right)^2 + 8K_2 c_{Cr_总}} - \frac{K_1 c_{H_3O^+} + 1}{K_1 c_{H_3O^+}}\right\}$$

上式推导见参考文献[2]。

本实验用分光光度计监测扰动后的反应速率，只须以 $\ln\left[\lg\left(\frac{T_\infty}{T_t}\right)\right]$ 对 t 作图即可求出弛豫时间。(T_∞ 代表新平衡时的透光率，T_t 代表扰动后 t 时刻的透光率。)再以弛豫时间对 $c_{HCrO_4^-}$ 作图，从直线的斜率和截距可求出反应速率系数 k_+，k_-。

【仪器与药品】

1. 仪器：国产 723 型分光光度计、pH 计、注射器、比色皿、容量瓶

2. 药品：KNO_3、$K_2Cr_2O_7$、KOH、溴百里酚兰(二溴百里酚磺酞)均为分析纯

【实验内容】

1. 反应液 A、B 的配制：(A、B 溶液 KNO_3 浓度均为 0.1 $mol\cdot L^{-1}$，$K_2Cr_2O_7$ 浓度如表 43-1 所示)

表 43-1 $K_2Cr_2O_7$ 浓度

序号	$c_{K_2Cr_2O_7}$	
	A/(10^{-2} $mol\cdot L^{-1}$)	B/(10^{-3} $mol\cdot L^{-1}$)
1	5.000	0.5000
2	2.500	1.000
3	1.250	5.000

B 溶液含 1×10^{-5} $mol\cdot L^{-1}$ 溴百里酚兰，用 2 $mol\cdot L^{-1}$ KOH 溶液调节反应液 B 的 pH，用 pH 计准确测定，使其达到 6.6～7.2。

2. 在带有恒温装置的 723 型分光光度计中，于样品池和参比池中(光程为 1 cm 或 2 cm)，分别注入 3 mL(或 6 mL)B 溶液和水，恒温 20 min，然后用 1 mL 注射器吸入 0.1(或 0.2) mL A 溶液，同时再吸入 0.4 mL 空气，尽快地(2 s～4 s)注入 B 溶液中，并同时用 8 mL 注射器吸、放溶液，使其充分混合，在 620 nm 下，立即跟踪监测扰动后溶液中指示剂的透光率 T 随时间 t 的变化，直到透光率停止变化，读取 T_∞，最后在 pH 计上准确测定反应液的 pH。

3. 按下表 43-2 重复实验步骤 2。

表 43-2 实验所用的溶液

1	2	3	4	5	6	7	8	9
A1,B1	A2,B1	A3,B1	A1,B2	A2,B2	A3,B2	A1,B3	A2,B3	A3,B3

* A溶液量为 0.1 mL,B溶液量为 6 mL。

4. 数据处理

(1)对每一次微扰:① 以 $\ln[\lg(T_t/T_\infty)]$对 t 作图求出弛豫时间 τ。

② 求算 $c_{HCrO_4^-}$。

(2)以 $c_{HCrO_4^-}$ 对 $1/\tau$ 作图,由截距、斜率求出反应速率系数 k_+、k_-。

【注意事项】

A、B两溶液必须尽可能在短时间内快速混合,并立即跟踪透光率随 t 的变化;pH 测量必须准确。

【思考题】

1. 什么是弛豫及弛豫时间?
2. 讨论以 $c_{HCrO_4^-}$ 对 $1/\tau$ 作图数据是分散的原因。
3. 实验中 KNO_3 起什么作用?

【参考文献】

[1] Swinchert J H. J. Chem. Edu. ,1967:524.
[2] Swinchert J H,Castellan Q W. Inorg. Chem. ,1964(3):278.
[3] Sabzberg H W,et al. Physical Chemistry Laboratory Principles and Experiments[M]. Macrrilan Publishing Co,Inc. 1978.

(金山 改编)

实验四十四 2-甲基-2-亚硝基丙烷二聚体解离反应的热力学和动力学研究

【背景知识】

自由基又称游离基，是具有非偶电子的基团或原子，在自然界和生物体中广泛存在。自由基早在20世纪初就已被人们所认识，但直到20世纪50年代电子顺磁共振(EPR)技术的出现其结构才得以确认。虽然电子顺磁共振技术可定量测定自由基，但直到20世纪60年代自旋捕集技术(spin trapping)的出现，EPR技术才开始应用于短寿命自由基的检测。其原理是利用适当的自旋捕捉剂与活泼的短寿命自由基结合，生成相对稳定的自旋加合物。根据自旋加合物的ESR谱图波谱参数，据此推断原来活泼自由基的结构。自旋加合物存在的寿命可以达到几分钟到几十分钟，因此测定过程可以选用先反应，后捕捉，再立即检测的方式进行。由于ESR技术相对成熟稳定，对不同的自由基选择合适的自旋捕集剂就变得非常的重要。典型的自旋捕集剂是亚硝基化合物或氮氧化合物，常用的主要包括：5,5-二甲基1-吡咯琳-*N*-氧化物(DMPO)；2-甲基-2-硝基丙烷(MNP或tNB)；苯基叔丁基氮氧化合物(PBN)；α-(1-氧基-4-吡啶基-*N*-叔丁基氮氧化合物)(4-POBN)。

【实验目的】

1. 研究溶液中反应的热力学性质，测定反应的平衡常数、反应焓、反应熵。
2. 研究该反应接近平衡时的动力学性质，测定正逆反应的速率常数、指前因子和活化能。
3. 进一步掌握分光光度法跟踪系统中反应物，产物的瞬时浓度和平衡浓度的实验技术。

【实验原理】

1. 平衡系统的热力学性质

固态的2-甲基-2-亚硝基丙烷(t-BuNO)具有偶氮二氧化合物的结构：

$$t\text{-Bu}-\underset{\downarrow\atop \text{O}}{\text{N}}=\overset{\text{O}\atop\uparrow}{\text{N}}-\text{Bu-}t$$

相当于一个二聚体，记为$(t\text{-BuNO})_2$，此二聚体溶于有机溶剂中，则在单体与二聚体之间形成平衡$\text{D}\rightleftharpoons 2\text{M}$。并有平衡常数：

$$K=c_{\text{M}}^2/c_{\text{D}} \tag{1}$$

c_{M}和c_{D}分别为单体和二聚体在平衡条件下的浓度。以c_{M_0}和c_{D_0}代表全部溶质均为单体和二聚体时的浓度，M全部由D解离得到，因此，二聚体的解离度α：

$$\alpha=(c_{\text{D}_0}-c_{\text{D}})/c_{\text{D}_0}=c_{\text{M}}/c_{\text{M}_0} \tag{2}$$

因此：

$$K=4\alpha^2 c_{\text{D}_0}/(1-\alpha)=2\alpha^2 c_{\text{M}_0}/(1-\alpha) \tag{3}$$

(1)单体的最大吸收波长$\lambda_{\max}=678\ \text{nm}$，其吸光度遵循朗伯-比尔定律

$$A_{\text{M}}=\varepsilon_{\text{M}} c_{\text{M}} l \tag{4}$$

式中，ε_M是单体的摩尔吸光系数，而 l 是液体的厚度。

但是由于单体在溶液中的平衡浓度不可知，故由此式计算 ε_M是不可能的，为此引入“有效”吸光系数 ε_{eff}，并有：

$$A_M = \varepsilon_{eff} c_{M_0} l \tag{5}$$

此式的相关性是非线性的，因为 ε_{eff}与 c_M 有关，等式(5)与等式(4)两边分别相除，可以得到：

$$c_M / c_{M_0} = \varepsilon_{eff} / \varepsilon_M = \alpha \tag{6}$$

代入等式(3)可得：

$$K = 2c_{M_0}\varepsilon_{eff}^2/[\varepsilon_M(\varepsilon_M - \varepsilon_{eff})] \quad 或 \quad \varepsilon_{eff} = \varepsilon_M - 2c_{M_0}\varepsilon_{eff}^2/(K\varepsilon_M) \tag{7}$$

以 ε_{eff}对 $c_{M_0}\varepsilon_{eff}^2$作图得直线，$\varepsilon_M$为截距，而平衡常数 K 可由测得的 ε_M值和直线斜率计算。

由上述方法测得几个不同温度下的平衡常数，则反应焓 $\Delta_r H_m$的值的测定可通过范特霍夫方程得到：

$$\left(\frac{\mathrm{dln}K^{\ominus}}{\mathrm{d}T}\right)_p = \frac{\Delta_r H_m^{\ominus}}{RT^2} \tag{8}$$

由得到的 ΔH 值和平衡常数 K，可以计算该反应的熵变，即：

$$\Delta_r S_m^{\ominus} = \frac{\Delta_r H_m^{\ominus}}{T} + R\ln K^{\theta} \tag{9}$$

(2)测定反应焓还有另一种更为简便的方法，由于在实验条件下平衡几乎完全移向单体，故改变温度，A_M值变化不明显，而二聚体的吸光强度却变化很大(显然，α 由 0.98 变到 0.99，引起[M]的变化接近 1%，同时 c_D 的变化值却为 100%)。这样，用二聚体的谱带测定反应焓更为方便，测定时甚至不必知道 ε_D的值，由二聚体在最大吸收波长 $\lambda=294$ nm 处的吸光度 A_D，结合等式 $A_D=\varepsilon_D c_D l$ 及式(1)和(8)可以得到：

$$\mathrm{dln}A_D/\mathrm{d}T = \frac{\Delta_r H_m^{\ominus}}{RT^2} 或 \ln A_D = \frac{\Delta_r H_m^{\ominus}}{RT} + \mathrm{const} \tag{10}$$

这样，$\ln A_D$对 $1/T$ 的相关性是线性的，由直线的斜率可求出解离反应的焓值。

2. 解离和二聚反应动力学

对 $D \underset{k_2}{\overset{k_1}{\rightleftharpoons}} 2M$ 反应中，溶液的稀释和温度的升高均可使平衡向右移动，而浓缩和冷却会使平衡向生成二聚体方向移动。因此可设计测定反应动力学参数的两种方法。

(1)将少量的 t-BuNO 溶液与溶剂一道注入恒温的池体，这样稀释的结果，平衡向生成单体方向移动，同时 A_D(二聚体在其最大吸收波长 $\lambda=294$ nm 处的吸光度)由一定的初始值(A_{init})逐渐减少到平衡值($\overline{A_D}$)。反应速率由如下方程表述：

$$\mathrm{d}c_D/\mathrm{d}t = -k_1 c_D + k_2 c_M^2 \tag{11}$$

由于本实验条件下平衡几乎完全转向单体，即(11)式中 $k_1 c_D > k_2 c_M^2$，并且 $k_2 c_M^2 \approx k_2 c_{M_0}^2$，故积分式(11)，并规定 $t=0$ 时，$c_D = c_{D\,init}$，$k_1/k_2 = K = c_{\overline{D}}$(这里 $c_{\overline{D}}$是二聚体的平衡浓度)，可以得到如下积分结果：

$$\ln|c_{\overline{D}} - c_D| = k_1 t + \ln|c_{\overline{D}} - c_{D\,init}| \tag{12}$$

吸光度代替浓度：

$$\lg(A_D - \overline{A_D}) = 0.434\, k_1 t + \lg(A_{init} - \overline{A_D}) \tag{13}$$

式中，A_{init}和 A_D均大于$\overline{A_D}$。由式(13)可知，此可逆反应受一级反应动力学控制，即 $\lg(A_D - \overline{A_D})$对时间作图是线性的，由直线的斜率可得二聚体解离反应的速率常数 k_1。若在一系列不同温度下重复上述实验，并以 $\lg k_1$对 $1/T$ 作图，则可得到二聚体解离反应的动力学参数：Arrhenius 活化能 E_1和指前因子 k_0如下：

$$k_1 = k_0 \exp(-E_1/RT) \tag{14}$$

若此单分子反应的指前因子可写成两个部分：

$$k_0=(k_B \cdot T \cdot e/h)\exp(\Delta S^{\neq}/R)$$

则

$$\Delta S^{\neq}=2.303R\lg(k_0 h/ek_B T) \tag{15}$$

式中，k_B是波尔兹曼常数，h 是普朗克常数，$\Delta S^{\neq}$是解离反应的活化熵。

(2)将加热的 t-BuNO 溶液迅速冷却至实验温度，高温下生成的过剩单体向二聚体转化，使二聚体吸光度 A_D随时间增大，在这种情况下，除了 $k_1 c_D < k_2 c_M^2$ 以外，反应速率仍可由等式(11)表述，这样可得到一个与等式(13)相似的方程：

$$\lg(\overline{A_D}-A_D)=-0.434k_1 t+\lg(\overline{A_D}-A_{init}) \tag{16}$$

这里$\overline{A_D}>A_{init}$和 A_D，测得不同 t 时的吸光度 A_D，亦可用作图法得到解离反应的速率常数 k_1。

【仪器与药品】

1. 仪器：双光束记录型分光光度计(带恒温池部件，样品池带有聚四氟乙烯盖)、超级恒温水浴、容量瓶(或比重瓶)、移液管、带磨口塞小试管(或离心管)

2. 药品：2-甲基-2-亚硝基丙烷、庚烷

【实验内容】

1. 测定单体的摩尔吸光系数 ε_M和室温下的平衡常数

(1)将 0.355 g 结晶二聚体放入 5 mL 的容量瓶中，然后注入庚烷至刻度($c_{M_0}=0.816\ \mathrm{mol \cdot L^{-1}}$)，制得贮备液。此液再用纯庚烷照下表稀释成 6 份，并盖紧保存于暗处直至达到平衡(在 20 ℃下约需 40 min，高温时更快)，记录数据见表 44-1。

表 44-1　不同浓度 t-BuNO 溶液的数据表

瓶号	1	2	3	4	5	6
贮备液/mL	0.2	0.4	0.6	0.8	1.0	1.2
庚烷/mL	1.0	0.8	0.6	0.4	0.2	0
$c_{M_0}/\mathrm{mol \cdot L^{-1}}$	0.136	0.272	0.408	0.544	0.680	0.816
A_M						
ε_{eff}						
$c_{M_0}\varepsilon_{eff}^2$						

(2)使用 0.1 cm 的样品池，参比池中注入纯庚烷，在 $\lambda_{max}=678$ nm 处尽可能准确地测定并记录 A_M的值。

2. 反应焓的测定

(1)将 31.8 mg 的结晶二聚体溶于 10 mL 庚烷($c_{M_0}=3.65\times10^{-2}\ \mathrm{mol \cdot L^{-1}}$)中，保存于 20 ℃下的暗处达 40 min。

(2)将分解达到平衡的溶液注入一些到 0.5 cm 带盖的样品池中，测定在 $\lambda_{max}=294$ nm 处的吸光度。然后温度每升高 10 ℃，测定并记录谱线一次。

3. 反应动力学

(1)浓度跃变法

① 将 81 mg 固态二聚体溶解于 10 mL 庚烷($c_{M_0}=9.31\times10^{-2}\ \mathrm{mol \cdot L^{-1}}$)中，存放于暗处 40 min。

② 将一个 1 cm 的带盖样品池中注入庚烷 2.2 mL，放入已达恒温的样品池架上约 10 min，使池内溶液与池架一致。

③ 迅速倒入制备的 t-BuNO 溶液 0.35 mL，摇动样品池(或用聚四氟乙烯搅拌棒搅拌一下)，使之混合均匀，然后记录 $\lambda=294$ nm 处的吸光度扫描曲线。

④ 重复步骤②、③，测定 4～5 个温度下的 $A_D\sim t$ 曲线。

(2)温度跃变法

① 将预先制备的溶液($c_{M_0}=9.31\times10^{-2}\text{mol}\cdot\text{L}^{-1}$)注入一个 0.1 cm 的薄样品池中。然后将样品池放入热水(65 ℃～70 ℃)浴中约 40 s；使二聚体几乎完全分解。

② 再将样品池转入另一个与调好的样品池架温度一致的水浴中，持续 50 s 后取出，用一块浸过乙醇的软布迅速擦去黏附在池外的水分，随即将其放入样品池架上。

③ 迅速测定并记录 A_D随时间增长的变化曲线。

④ 调节不同的池架温度(即反应温度)，并重复步骤②、③，可得到若干条 $A_D\sim t$ 曲线。

4. 数据处理

(1)根据表中数据及式(7)作图计算该解离反应的平衡常数 K。

(2)由不同温度，在 $\lambda_{max}=294$ nm 处的吸光度数据，计算解离反应的 ΔH_m、ΔS_m。

(3)计算各温度下解离反应的速率常数 k_1，指前因子 k_0 和活化能 E_1 及活化熵 $\Delta S^{\neq}$，对比浓度跃变法与温度跃变法所得的 k_1、E_1值是否近似相等。

【注意事项】

1. 吸光度最大值在 $A_D=294$ nm 处恒定意味着溶液在此温度下到达了分解平衡。

2. 注意控制扫描开始时间，使每个温度下的 $A_{init}\approx 2$，因该反应遵循一级反应动力学，记录前的反应进度对结果无影响。

3. 双光束记录型分光光度计是比较贵重的仪器，操作一定要细心。

【思考题】

1. 能否由所得实验结果计算逆反应(二聚反应)的速率常数 k_2、活化能 E_2及指前因子 k_{20}？

2. 若算得的 k_{20} 比通常的双分子缔合反应的指前因子值($10^{10}\ \text{mol}^{-1}\cdot\text{L}\cdot\text{s}^{-1}\sim10^{11}\ \text{mol}^{-1}\cdot\text{L}\cdot\text{s}^{-1}$)低一些，是否合理？如何解释？

【参考文献】

[1] 万洪文，詹正坤. 物理化学[M]. 第一版. 北京：高等教育出版社，2002.

[2] Leenson L A. Thermodymamics and kinetics of chemical equilibrium in solution: Multipurpose experiment in the physical chemistry course[J]. J. Chem. Edu, 1986(5): 437～441.

[3] 柯以侃. 大学化学实验[M]. 第一版. 北京：化学工业出版社，2001.

(金山　改编)

实验四十五
铁和碳纳米复合材料的制备及其微波诱导催化氧化罗丹明 B

【背景知识】

微波(MW)是指波长在 1 mm～1 m、频率在 300 MHz～300 000 MHz 范围内的电磁波。微波技术起源于 20 世纪 30 年代，最初应用于通讯领域。1967 年，N. H. Willians 报道了用微波加快化学反应的实验结果，将微波技术引入化学，并逐渐形成了微波化学新领域。微波技术在 20 世纪 80 年代得到了迅猛的发展，将微波技术用于治理环境污染是近年来兴起的一项新的研究领域，因其快速、高效和无二次污染等特点而备受环境研究者的青睐。

【实验目的】

1. 了解纳米催化材料的制备方法。
2. 探讨铁和碳纳米复合材料微波诱导催化氧化罗丹明 B 水溶液的机理及宏观反应动力学行为。
3. 初步掌握催化剂的表征及催化性能评价的一般方法。

【实验原理】

实验中常用微波频率为 2450 MHz。在液体中，微波能使极性分子高速旋转，产生热效应，其相互关系如下：

$$\frac{\Delta T}{\Delta t}=\frac{2\pi f\varepsilon_0\varepsilon''_{\mathrm{eff}}\left|E\right|^2}{\rho C_p} \tag{1}$$

式中，T 是温度；t 是时间；f 是微波频率；ε_0 是真空介电常数；$\varepsilon''_{\mathrm{eff}}$ 是复介电常数的虚部；E 是电场强度；ρ 是密度；C_p 是热容。

许多磁性物质如过渡金属及其化合物、活性炭等对微波有很强的吸收能力，常作为诱导化学反应的催化剂。众多学者认为微波诱导催化反应的基本原理是将高强度短脉冲微波辐射聚集到含有某种“敏化剂”(如铁磁金属)的固体催化剂表面上，使某些表面点位与微波能强烈地相互作用，微波能将被转变成热能，从而使某些表面点位选择性地被迅速加热到很高的温度(例如很容易超过 1200 ℃)，诱导产生高能电子辐射、臭氧氧化、紫外光解和非平衡态等离子体等多种反应，可以形成活性氧化物质，从而使有机物直接分解或将大分子有机物转变成小分子有机物。由公式(1)可知：这种反应可以通过微波频率及作用时间等来控制。催化剂的作用不仅仅在于把热能聚焦，而且还可借它与反应物和产物相互作用的选择性而影响反应的进程。

微波诱导催化反应中，微波主要是与催化剂或其载体相作用，被激活的催化剂再催化相应反应的进行。由此可见，微波诱导催化反应中催化剂及载体的作用是非常重要的，必须要与所加微波能发生强烈的相互作用。对于金属催化剂，能与微波发生强烈相互作用的当然主要是那些铁磁性金属，如镍、钴和铁等。对于过渡金属氧化物，依据其升温行为及其与微波之间的相互作用情况，可分成 3 类：①微波高损耗物质。如 Ni_2O_3、MnO_2、CoO_4 等，它们都具有很强的吸收微波能力，在微波场中升温速率很快，因而对微波极为敏感，在微波场中具有很高的活性。②微波升温曲线有一个拐点的物质。这类物

质包括 Fe_2O_3、CdO、V_2O_5 等，需要在微波场中辐照一段时间后才开始急剧升温。③微波低损耗物质。它们在微波场中升温很慢或基本不升温，如 TiO_2、ZnO、PbO。很显然，最适宜作催化剂的是微波高损耗物质，而载体则宜选用微波低损耗物质。

物质材料对电磁波的损耗与其复介电常数($\varepsilon=\varepsilon'-j\varepsilon''$)和复磁导率($\mu=\mu'-j\mu''$)相关。复介电常数与复磁导率分别反映了电磁波在进入材料后产生电损耗与磁损耗的能力。介电常数的实部 ε'，也就是实介电常数，反映材料储存电荷或储存能量的能力，虚部 ε''标志着材料对能量损耗的大小，虚部越大意味着电损耗越大。磁导率的实部 μ'反映材料在磁场作用下产生的磁化程度，虚部 μ''是材料在外交变磁场作用下磁损耗的量度，虚部越大意味着磁损耗越大。故复介电常数与复磁导率是研究材料与电磁波相互作用的最重要的电磁参数。

当然物质吸收微波的能力与很多因素有关，所以在实际工作中微波诱导催化反应所用催化剂的选择往往还需要通过大量实验来加以筛选。

碳纳米管、铁纳米线由于本身所具有的小尺寸效应、表面效应、量子尺寸效应和宏观量子隧道效应，以及其特有的螺旋、管状和核壳结构，使其成为一种非常具有潜力的微波诱导催化剂。

为考查铁和碳纳米复合材料对染料化合物的微波诱导催化氧化能力，选用一种常见的碱性染料罗丹明 B 作为目标反应物进行微波诱导催化脱色反应。

罗丹明 B 溶液在 555 nm 处有最大吸收峰，可以在波长为 555 nm 处测量罗丹明 B 溶液的吸光度。根据朗伯-比尔定律：

$$A=Dlc \tag{2}$$

式中，A 为溶液的吸光度；l 为比色皿光径长度；D 为吸收系数；c 为罗丹明 B 溶液的浓度。

催化剂对目标反应物的吸附也会导致浓度变化，用反应溶液的吸光度变化率来表示催化剂的催化活性。

$$\text{Activity}(\%)=\frac{A_0-A}{A_0}\times100\% \tag{3}$$

式中，A_0是起始罗丹明 B 溶液的吸光度，A 是反应后溶液的吸光度。

【仪器与药品】

1. 仪器：紫外可见分光光度计、实验用微波炉、X 射线衍射仪(选用)、扫描电子显微镜(选用)、总有机碳分析仪、离心机、电子天平

2. 药品：三氯化铁、硼氢化钠、碳纳米管(CNTs)、无水乙醇

【实验内容】

1. Fe@Fe_2O_3/CNTs 催化剂的制备

将 0.5 g $FeCl_3\cdot6H_2O$ 溶解在 60 mL 蒸馏水中，然后加入 0.2 g 碳纳米管，搅拌并且超声处理 2 min 分散均匀。在另一个烧杯中加入 30 mL 蒸馏水，加入 0.6 g $NaBH_4$ 溶解。将 $NaBH_4$ 溶液逐滴加入到 $FeCl_3$溶液中，静置 10 min，待反应完全，可观察到有很多黑色絮状物产生。将烧杯中的产物抽滤，并依次用蒸馏水和无水乙醇淋洗，并抽滤至干。得到的黑色粉末就是碳纳米管负载的 Fe@Fe_2O_3。

2. 微波诱导催化氧化 RhB 溶液

取 50 mL、5 $mg\cdot L^{-1}$的 RhB 溶液，加入上述制备的催化剂，置于微波体系中，打开冷凝水，预置 90 ℃，每隔 3 min 取一次溶液。将所得的 5 组样品溶液离心，在 555 nm 处，测其吸光度。

3. 总有机碳(TOC)测定

按照总有机碳测定仪的操作方法测试第三步所取得 RhB 溶液样品的总有机碳值，计算微波诱导催

化氧化 RhB 过程中有机碳矿化成 CO_2 的比例(即矿化率)。

4. 实验完毕,清洗反应器,将仪器恢复原位,桌面擦拭干净。

5. 数据处理

(1)根据吸光度的变化,分析催化剂的降解能力。

(2)考察浓度与时间的变化关系,判断反应的宏观动力学行为。

【注意事项】

1. 在 $Fe@Fe_2O_3$ 的制备过程中,会产生大量的氢气,要防止爆炸。
2. $Fe@Fe_2O_3$ 烘干时应及时通入 N_2。
3. 在微波降解染料取样的过程中,温度可能会过高,应避免烫伤。
4. 实验前仔细阅读离心机等仪器说明书,使用时一定要遵守操作规程。

【思考题】

1. $Fe@Fe_2O_3$ 烘干时,为什么要及时通入大量 N_2?
2. 复合催化剂制作过程中,为什么不用水而用无水乙醇将其混合?
3. Al_2O_3 对微波不具有吸收作用,是"透明"的,直接用于微波反应的催化剂恰当否?
4. 请分析有机物氧化和矿化之间的联系和区别。

【参考文献】

[1] Ai Z H, Wang Y N, Xiao M, Zhang L Z, Qiu J R. Microwave-induced catalytic oxidation of RhB by a nanocomposite of $Fe@Fe_2O_3$ core-shell nanowires and carbon nanotubes[J]. J. Phys. Chem. C, 2008(26): 9847-9853.

[2] Ai Z H, Mei T, Liu J, Li J P, Jia F L, Zhang L Z, Qiu J R. $Fe@Fe_2O_3$ Core-Shell Nanowires as Iron Reagent. 3. Their Combination with CNTs as an Effective Oxygen-Fed Gas Diffusion Electrode in a Neutral Electro-Fenton System[J]. J. Phys. Chem. C, 2007(40): 14799-14803.

[3] Lu L R, Ai Z H, Li J P, Zheng Z, Li Q, Zhang L Z. Synthesis and characterization of $Fe-Fe_2O_3$ core-shell nanowires and nanonecklaces[J]. Crystal Growth & Design, 2007(2): 459-464.

[4] 王鹏. 环境微波化学技术[M]. 北京:化学工业出版社, 2003.

(金山　改编)

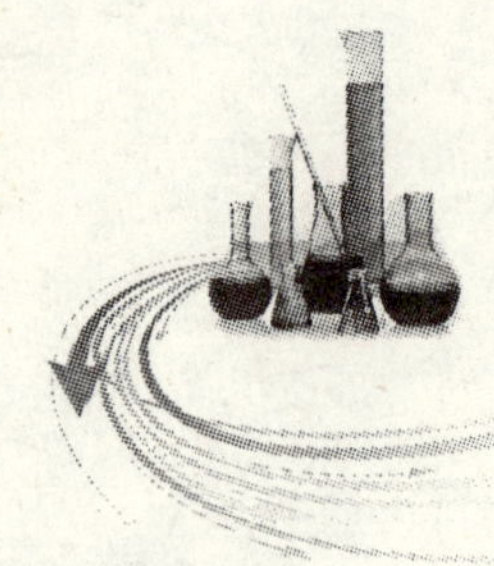

实验四十六 纳米二氧化钛光催化性能研究

【背景知识】

纳米粉体是指颗粒粒径介于 1 nm～100 nm 之间的粒子。由于颗粒尺寸的微细化，使得纳米粉体在保持原物质化学性质的同时，与块状材料相比，在磁性、光吸收、热阻、化学活性、催化和熔点等方面表现出奇异的性能。

纳米 TiO_2 具有许多独特的性质。比表面积大，表面张力大，熔点低，磁性强，光吸收性能好，特别是吸收紫外线的能力强，表面活性大，热导性能好，分散性好等。

自 1972 年 Fujishima 等发现 TiO_2 电极在光照下分解水的功能以来，有关二氧化钛等半导体光催化剂的研究成为能源开发和环境科学领域的热点。利用 TiO_2 粉末对各种有机污染物以及工业废水中的有毒物质进行处理的研究发现，TiO_2 不仅能降解、完全矿化绝大部分有机物，还能杀死微生物，甚至能还原溶液中的有毒金属离子。

【实验目的】

1. 了解纳米光催化材料的性质。
2. 确定纳米二氧化钛光催化降解罗丹明 B 水溶液的反应速率常数。
3. 了解光催化剂催化性能评价的一般方法。

【实验原理】

一般认为二氧化钛的禁带宽度为 3.0 eV～3.2 eV，在紫外光区才有吸收，只能利用太阳光的 5%左右，对室内可见光的利用率就更低，低的光量子力效率是限制二氧化钛光催化实际应用的主要原因。

现在普遍认为，半导体受光激发后会产生电子和空穴。TiO_2 受到大于禁带宽度能量的光子照射后，价带中的电子就会被激发到导带，产生高活性电子 e^- 和空穴 h^+，电子具有还原性，空穴具有氧化性，空穴与 TiO_2 表面的 OH^- 反应生成氧化性很高的 $\cdot OH$ 自由基，激发态的导带电子和价带空穴也可以重新复合，使光能以热或其他形式散发掉。

$$TiO_2 + H_2O \xrightarrow{h\nu} e^- + h^+ \tag{1}$$

$$e^- + h^+ \rightarrow \text{热量} \tag{2}$$

一般而言，TiO_2 的光催化离不开空气和水溶液，这是因为水分子或氧气分子与光电子或空穴结合可产生化学性质极为活泼的自由基，其反应历程如下：

$$h^+ + H_2O \rightarrow \cdot OH + H^+ \tag{3}$$

$$h^+ + OH^- \rightarrow \cdot OH \tag{4}$$

电子(e^-)与表面吸附的氧分子反应历程：

$$O_2 + e^- \rightarrow \cdot O_2^- \tag{5}$$

$$\cdot O_2^- + H_2O \rightarrow \cdot OOH + OH^- \tag{6}$$

$$2\cdot OOH \rightarrow O_2 + H_2O_2 \tag{7}$$

$$\cdot OOH + H_2O + e^- \rightarrow H_2O_2 + OH^- \tag{8}$$

$$H_2O_2 + e^- \rightarrow \cdot OH + OH^- \tag{9}$$

$$H_2O_2 + \cdot O_2^- \rightarrow \cdot OH + OH^- + O_2 \tag{10}$$

在上面的式子中，活泼的羟基自由基（$\cdot OH$）以及超氧离子自由基（$\cdot O_2^-$），都是氧化性很强的活泼自由基，能够将各种有机物直接氧化为 CO_2、H_2O 等无机小分子。因为它们的氧化能力强，氧化反应一般不停留在中间步骤，不产生中间产物。

纳米 TiO_2 作光催化剂，其活性比普通 TiO_2（约 10 μm）高得多。为考查光催化剂对染料化合物的光催化降解能力，选用罗丹明 B——一种常见的碱性染料作为目标反应物进行光催化脱色反应。

罗丹明 B 溶液在 553 nm 处有最大吸收峰，可以在波长为 553 nm 处测量罗丹明 B 溶液的吸光度，用反应前后溶液的吸光度变化率来表示催化剂的光催化活性。而催化剂对目标反应物的吸附也会导致浓度变化，所以，将催化剂对罗丹明 B 溶液暗态吸附 2 h 后的吸光度，计为罗丹明 B 光催化脱色反应的初始浓度，故测量光照射前后吸光度的变化，以下式表示催化剂的光催化活性：

$$\text{Activity}(\%) = \frac{A_0 - A}{A_0} \times 100\% \tag{11}$$

式中，A_0 是充分混合（暗态）待催化剂吸附达平衡后罗丹明 B 溶液的吸光度，A 是光照后溶液的吸光度。

反应液的吸光度数据 $\ln(A_0/A)$ 与时间 t 有很好的线性关系，表明在该光催化剂条件下，罗丹明 B 的光催化脱色反应呈现出一级反应动力学的规律。测定反应系统在不同时刻的浓度，分析其与时间 t 的相关性，可以确定在该条件下反应的动力学规律，求出反应速率常数。若得到不同温度时的反应速率常数，即可求出该反应的表观活化能。

朗伯-比尔定律：

$$A = \varepsilon l c \tag{12}$$

式中，A 为溶液的吸光度；l 为比色皿光径长度；ε 为吸收系数；c 为罗丹明 B 溶液的浓度。

一级反应速率常数 k：

$$\ln A = \ln A_0 - kt \tag{13}$$

用 $\ln A$ 对 t 作图应为一直线，由其斜率可求速率常数 k。

半衰期：

$$t_{1/2} = \ln 2/k \tag{14}$$

【仪器与药品】

1. 仪器：分光光度计、离心机、电动搅拌器、光催化反应器（自制）、卤钨灯（220 V，500 W）
2. 药品：罗丹明 B 溶液、纳米二氧化钛 P25（德国 Degussa 公司产品）

【实验内容】

1. 取 100 mL 罗丹明 B 水溶液置于光催化反应器（自制）中，加入 0.1 g P25，避光，开启冷凝水，搅拌。

2. 半小时后，取 6 mL 反应液，离心分离，测上层清液的吸光度 A_0。

3. 再过半小时后，取 6 mL 反应液，离心分离，测上层清液的吸光度 A_0，将其与第 2 步测定的吸光度进行比较，判断罗丹明 B 溶液在催化剂上是否达到吸附平衡。

4. 确认罗丹明 B 溶液在催化剂上达到吸附平衡后，打开卤钨灯，每隔 0.5 h 取 6 mL 反应液，离心分离，取上层清液用分光光度法测定其吸光度 A。

5. 实验完毕，关闭卤钨灯，停止搅拌，清洗反应器，将仪器恢复原位，桌面擦拭干净。

6. 数据处理，$\ln A$ 对 t 作图，求出 k 及 $t_{1/2}$。

【注意事项】

实验前仔细阅读离心机说明书，使用时一定要遵守操作规程。

【思考题】

1. 如何确定光催化剂的暗态吸附是否达到平衡？
2. 简述 TiO_2 作为光催化剂降解有机污染物的原理。
3. 欲提高 TiO_2 的光催化活性，你认为可采取哪些措施？

【参考文献】

[1] Fujishima A, Honda K. Electrochemical Photolysis of Water at a Semiconductor Electrode[J]. Nature, 1972(5358): 37-38.

[2] Piscopo A, Robert D, Weber J V. Journal of Photo chemistry and Photobiology A[J]. Chemistry, 2001(2-3): 253-256.

[3] 李越湘，吕功煊，李树本，等. 污染物甲醛为电子给体 Pt/TiO_2 光催化制氢[J]. 分子催化，2002，16(4)：241-246.

[4] 黄东升，陈朝凤，李玉花，曾人杰. 铁、氮共掺杂二氧化钛粉末的制备及光催化活性[J]. 无机化学学报，2007，4(4)：738-742.

[5] 张立德，牟季美. 纳米材料和纳米结构[M]. 北京：科学出版社，2001.

（金山　改编）

实验四十七
离子色谱法测定水中的阴离子

【背景知识】

离子色谱(Ion Chromatography,IC)是色谱法的一个分支,它是将色谱法的高效分离技术和离子的自动检测技术相结合的一种分析技术。离子色谱法以离子交换树脂为固定相,电解质溶液为流动相,通常采用电导检测器来进行检测。IC 系统由流动相传送部分、分离柱、检测器和数据处理等部件组成。IC 的流动相要求耐酸碱腐蚀,在可与水互溶的有机溶剂(如乙腈、甲醇和丙酮等)中不溶胀,因此,凡是流动相通过的管道、阀门、泵、柱子及接头等均用耐酸碱腐蚀的 PEEK 材料。离子色谱的最重要的部件是分离柱。柱管材料应是惰性的,一般均在室温下使用。

【实验目的】

1. 了解离子色谱分析的基本原理及操作方法。
2. 掌握离子色谱法的定性和定量分析方法。

【实验原理】

本实验以阴离子交换树脂为固定相,以 $NaHCO_3$-Na_2CO_3混合液为洗脱液,采用外标法定量分析水中 Br^-,NO_3^- 和 SO_4^{2-} 三种阴离子。当含待测阴离子的试液进入分离柱后,在分离柱上发生如下交换过程:

$$R—HCO_3 + MX \xrightleftharpoons{交换} RX + MHCO_3$$

式中,R 代表离子交换树脂。

由于洗脱液不断流过分离柱,使交换在阴离子交换树脂上的各种阴离子又被洗脱而发生洗脱过程。各种阴离子在不断进行交换和洗脱过程中,由于与离子交换树脂的亲和力不同,交换和洗脱过程有所不同,亲和力小的离子先流出分离柱,而亲和力大的离子后流出分离柱。因而各种不同的离子得到分离。

在使用电导检测器时,待测阴离子从柱中被洗脱而进入电导池,电导检测器随时检测出洗脱液中由于试液离子浓度变化所导致的电导变化,并通过一定的方法使得试液中离子电导的测定得以实现。

【仪器与药品】

1. 仪器:离子色谱仪(瑞士万通公司 861 型)、容量瓶、移液管
2. 药品:KBr、K_2SO_4、$NaNO_3$(均为光谱纯)
   Na_2CO_3、$NaHCO_3$、H_2SO_4(均为分析纯)
   经 0.45 μm 的微孔滤膜过滤的超纯水(电导率小于 5 $\mu S \cdot cm^{-1}$)

【实验内容】

1. 实验条件

分离柱：阴离子交换柱 Metrosep A supp4（250×4.0 mm i. d.）

抑制器：Metrohm MSMⅡ抑制器＋853 型 CO_2抑制器

检测器：电导检测器

洗脱液：（$NaHCO_3$－Na_2CO_3）流速：1.0 mL·min^{-1}

进样量：20 μL

2. 按照离子色谱操作说明书，依次打开离子色谱的电源开关，IC Net2.3 色谱工作站，启动泵，调节流速为 1.0 mL·min^{-1}，使系统平衡 30 min。

3. 将仪器调至进样状态，启动 Fill 键，吸取约 1 mL 各阴离子标准使用液进样，再启动 Inject 键，样品开始进行分析，记录色谱图，各样品重复进样 2 次。

4. 工作曲线的绘制：分别取阴离子标准混合使用液 1.00 mL、2.00 mL、4.00 mL、6.00 mL、8.00 mL 于 5 个 10 mL 容量瓶中，用水稀释至刻度，摇匀后进样，每种溶液分别进样 2 次。

5. 取实验室自来水，经 0.45 μm 微孔滤膜过滤后以同样实验条件重复进样 2 次，记录色谱图。

6. 绘制各标准离子的工作曲线。

7. 计算出实际水样中各组分的含量。

8. 打印分析结果和色谱图。

【思考题】

1. 简述阴离子交换法的分离机理。

2. 为什么需要在电导检测器前加入抑制器？

（梁沛　改编）

实验四十八 火焰原子吸收光谱法灵敏度和自来水中钙、镁的测定

【背景知识】

原子吸收光谱法(Atomic Absorption Spectrometry, AAS)是根据物质的基态原子蒸气对特征辐射的吸收作用来进行元素定量分析的方法。它具有灵敏度高、抗干扰能力强、精密度高、选择性好、仪器简单、操作方便等特点。20世纪60年代以后,原子吸收光谱分析法得到迅速发展,并且愈来愈趋于成熟,它是测定微量或痕量元素的灵敏而可靠的分析方法。现在能够直接测定70多种元素,已成为一种常规的分析测试手段,得到广泛的应用。

在原子光谱分析中,灵敏度是评价分析方法和分析仪器性能的重要指标之一。根据IUPAC规定,灵敏度S的定义是分析标准函数$x=f(c)$的一次导数,用$S=\mathrm{d}x/\mathrm{d}c$表示。显然,$S$是标准曲线的斜率,$S$值大,则灵敏度高。在原子吸收光谱分析中,$S=\mathrm{d}A/\mathrm{d}c$或$S=\mathrm{d}A/\mathrm{d}m$,即当被测定元素的浓度或质量改变一个单位时吸光度的变化量。习惯上是采用低浓度或低含量时标准曲线斜率的倒数来表征测定元素的灵敏度,即用特征浓度和特征质量表征灵敏度。

【实验目的】

1. 了解火焰原子吸收光谱仪的工作原理。
2. 掌握火焰原子吸收光谱灵敏度的测定。
3. 掌握自来水中钙、镁的测定方法。

【实验原理】

在使用锐线光源条件下,基态原子蒸气对共振线的吸收,符合朗伯-比尔定律,即$A=\lg(I_0/I_v)=KLN_0$,在一定实验条件下,待测元素原子总数目与该元素在试样中的浓度成正比,则$A=KC$。

由标准曲线法算出元素的含量,并计算灵敏度:

$$S=\frac{C\times 0.0044}{A}(\mathrm{mg\cdot L^{-1}})$$

【仪器与药品】

1. 仪器:TAS-990型原子吸收分光光度仪
2. 药品:(1)50 $\mathrm{mg\cdot L^{-1}}$镁标准溶液

　(2)100 $\mathrm{mg\cdot L^{-1}}$钙标准溶液

　(3)MgO(GR)、无水$CaCO_3$(GR)、HCl(AR)

　配制用水均为二次蒸馏水。

【实验内容】

1. Ca,Mg标液的配制

(1)Ca:2.0 mg·L^{-1},4.0 mg·L^{-1},6.0 mg·L^{-1},8.0 mg·L^{-1},10.0 mg·L^{-1}

(2)Mg:0.1 mg·L^{-1},0.2 mg·L^{-1},0.3 mg·L^{-1},0.4 mg·L^{-1},0.5 mg·L^{-1}

2. 工作条件的设置

(1)吸收线波长 Ca:422.7 nm Mg:285.2 nm

(2)空心阴极灯电流 Ca:3.0 mA Mg:2.0 mA

(3)狭缝宽度 0.4 mm

(4)燃烧器高度 6 mm

(5)空气流量 4 L·min^{-1},乙炔气流量 1.2 L·min^{-1}

3. Ca的测定

(1)用10 mL移液管,吸取自来水样于100 mL容量瓶中,用蒸馏水稀释至刻度,摇匀。

(2)在最佳工作条件下,以蒸馏水为空白,由稀至浓逐个测量Ca系列标准溶液的吸光度,最后测量自来水样的吸光度A。

4. Mg的测定(同上)

5. 结束后,用蒸馏水喷洗原子化系统2 min,按关机程序关机。

6. 绘制钙、镁的标准曲线,由未知样的吸光度求出自来水中的Ca,Mg含量。

7. 根据测量数据,计算仪器测定Ca,Mg的灵敏度S。

【思考题】

为什么要配制Ca,Mg标准溶液?所配制的Ca,Mg标准溶液可以放置到第二天再使用吗?为什么?

(梁沛 改编)

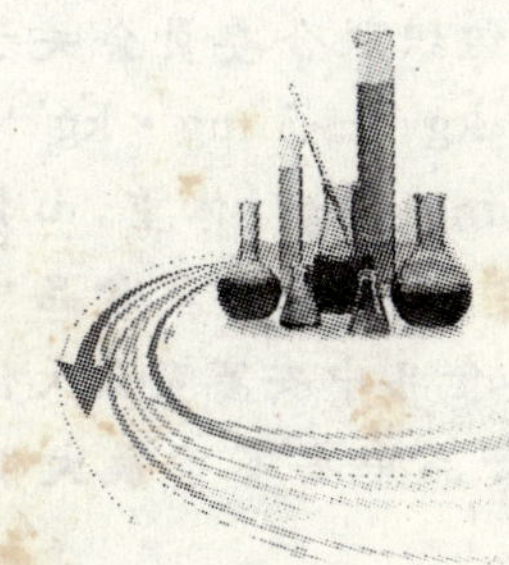

实验四十九
高效液相色谱法同时测定食品中的安赛蜜和糖精钠

【背景知识】

食品添加剂在食品工业中扮演很重要的角色，它们影响着食品的质量和性质。在食品工业中，食品添加剂的使用目的有：①改进和保持食品的营养价值；②延长食品的货架期；③方便食品的加工；④增强食品的风味，改变食品的色泽；⑤确保微生物的安全性；⑥保持食品品质的连续性和统一性。甜味剂是人们日常生活所必需的食品添加剂之一，它们不仅可以改进食品的可口性，而且有的还能起到一定的预防及治疗疾病作用，此外，它还是使用最广泛的添加剂，为食品生产中最常用的配料。随着生活水平的提高，人们对健康越来越重视。近年来，一些热值性甜味剂如蔗糖、葡萄糖、麦芽糖等的过量摄入所引起的肥胖、糖尿病、高血脂等疾病严重影响消费者的健康，也引起国家的重视。越来越多的消费者选择低糖分食品来控制能量的摄入，人工合成高倍甜味剂如糖精钠、安赛蜜，正是符合了消费者的需求，它们热值低，甜度高，不会被吸收，不参与人体代谢，因此不会引起肥胖、糖尿病、高血脂等疾病。它们既可以单独使用，也可以和其他种类联合使用，甜味剂的联合使用随着商业的发展、技术的提高和健康的需要，已经越来越广泛。安赛蜜和糖精钠是两种常用的人工合成的高倍甜味剂，它们在食品工业中应用广泛。

安赛蜜又名A-K糖，结构式为

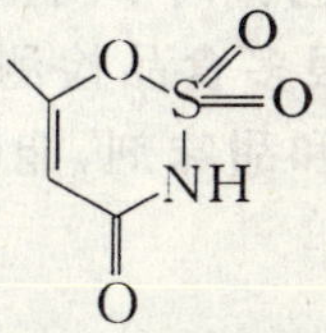

1967年由德国的Karl Clauss博士合成出来，化学名为乙酰磺胺酸钾，是以乙酰乙酰化合物为原料所形成的六元环化合物，经氢氧化钾碳酸钾成盐而得。它被发现以后，经过近20年的毒理学实验和严格的审查，证明该物质对人体安全无害，是一种理想的食用甜味剂，但是最近有报道指出，安赛蜜会导致糖尿病人的血压升高，过量使用会对人体造成伤害。

糖精钠又称为糖精，为邻苯磺亚胺盐，分子式：$C_7H_4O_3NSNa \cdot 2H_2O$ 结构式为

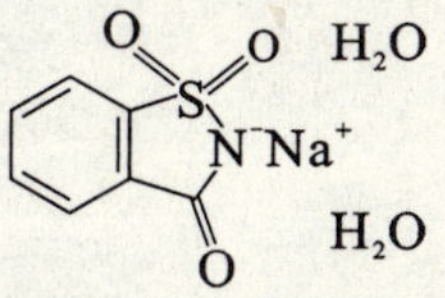

是最早食用的化学合成甜味剂。由于它的价格低，不参加代谢，提供能量，摄入后不会引起人体发胖，不影响口腔卫生，且性质稳定，所以用途非常广泛。在20世纪，科学家们通过老鼠实验发现糖精具有致癌性。1983年5月，许多科学家聚集在Duck大学，对糖精的安全问题进行了最权威的评价，他们认为：白鼠摄入大量的糖精后出现各种明显的生理特性和生化变化，但异常变化不会在人体正常的摄入范围内出现。1979年，美国国家癌症研究所(NCD)的一份报告认为，通过对9000人分析表明：人体较长时间(20年)摄入任何形式的糖精不会有增加癌症发病率的可能，但是对糖精的安全性问题还在研究，糖精钠的安全性也备受争议。

随着人们的食品安全意识不断提高，在不同国家都出台了严格的法律用以约束食品添加剂的使

用。在食品添加剂的使用方面，很多国家都遵循世界粮农组织和世界卫生组织联合委员会关于食品添加剂的建议(JECFA)，其中规定糖精钠的每天允许摄入量(ADI)为 0 mg·kg^{-1}～5 mg·kg^{-1}体重，安赛蜜为 0 mg·kg^{-1}～15 mg·kg^{-1}体重，苯甲酸及其盐为 0 mg·kg^{-1}～5 mg·kg^{-1}体重，山梨酸及其盐为 0 mg·kg^{-1}～25 mg·kg^{-1}体重。我们国家食品添加剂卫生标准规定：瓜子炒货类食品中安赛蜜的最大使用量为 3.0 g·kg^{-1}，糖精钠的最大使用量为1.2 g·kg^{-1}，饮料类食品中安赛蜜最大使用量为 0.30 g·kg^{-1}，糖精钠最大使用量为 0.15 g·kg^{-1}，话梅、陈皮、蜜饯类食品中安赛蜜最大使用量为 0.30 g·kg^{-1}，糖精钠最大使用量为 5.0 g·kg^{-1}。

食品添加剂过量使用会危害人体健康，添加剂的危害也主要来自滥用添加剂，所以对食品中的添加剂含量进行检测并加以控制，具有重要意义。

【实验目的】

1. 了解和掌握高效液相色谱法在食品添加剂检测中的应用。
2. 了解食品中甜味剂的作用，学会对食品中甜味剂进行监控的方法。
3. 加深对食品安全重要性的认识，培养分析问题和解决问题的能力。

【实验原理】

高效液相色谱法是现代分离测定的重要手段，具有分析速度快、分离效率高、灵敏度好和操作自动化等优点，广泛应用于无机分析、生化分析、食品分析、医药领域和环境分析中，尤其在食品分析中起着重要作用，用来检测食品中多种添加剂，如：甜味剂、防腐剂、氨基酸、抗氧化剂等。

目前，反相液相色谱(RP-HPLC)在分离食品添加剂中的应用得到发展，已经可以用来分离食品中的糖精钠、安赛蜜、苯甲酸、山梨酸。反相液相色谱的优点是：它是一个动态过程，在检测过程中样品的消耗量小，定性分析过程中只需测定保留时间。离子对液相色谱法和胶束电动色谱法，在同时测定食品中的防腐剂和甜味剂也已经被报道。在很多食品检测的案例中，食品中往往是不止含有一种添加剂，一些低热量的软饮料中同时含有防腐剂和甜味剂，能同时测定食品中的人工合成甜味剂和防腐剂的分析方法是很有用的。

【仪器与药品】

1. 仪器：岛津 LC-20AT 型高效液相色谱仪(日本岛津公司)(包括二元泵、自动进样器、柱温箱、二极管阵列检测器、LC-solution 色谱工作站)、分析天平(ALC-210.4)、KQ-100DE 型数控超声波清洗器(昆山市超声仪器有限公司)

2. 药品：乙酸铵、甲醇、糖精钠和安赛蜜标准品(Sigma 公司)

【实验内容】

1. 色谱条件

色谱柱为 Shim-pack VP-ODS(150×4.6 mm，5 μm)色谱柱，流动相为甲醇和 0.02 mol·L^{-1}乙酸铵溶液(体积比 16∶84)，流速为 1 mL·min^{-1}，检测波长为 230 nm，进样量为 5 μL，柱温为常温，采用外标法定量。

2. 溶液制备

(1)标准储备液的制备

糖精钠标准储备液的制备：精密称取 0.0222 g 糖精钠对照品，用超纯水稀释至 100 mL，摇匀。

安赛蜜标准储备液的制备：精密称取 0.0555 g 安赛蜜对照品，用超纯水稀释至 100 mL，摇匀。

糖精钠和安赛蜜的混合标准储备液的制备：精密称取 0.0114 g 糖精钠对照品和0.0104 g安赛蜜对照品，用超纯水稀释至 100 mL，摇匀。

(2)标准工作液的制备

精密吸取混合标准储备液 0.2 mL、0.4 mL、0.6 mL、0.8 mL、1.0 mL，分别稀释至 2 mL，摇匀。安赛蜜浓度依次为 0.0104 g·L^{-1}、0.0208 g·L^{-1}、0.0312 g·L^{-1}、0.0416 g·L^{-1}、0.0520 g·L^{-1}，糖精钠浓度依次为 0.0114 g·L^{-1}、0.0228 g·L^{-1}、0.0342 g·L^{-1}、0.0456 g·L^{-1}、0.0570 g·L^{-1}，经 0.45 μm 滤膜过滤，上机测定。

(3)供试品溶液的制备

瓜子和话梅类供试品溶液的制备：剪碎，称取 5 g 样品，加少量水，超声提取 30 min，使样品中的添加剂充分溶入水中，用水稀释至 50 mL，摇匀，静置一段时间，取上清液经 0.45 μm 滤膜过滤后上机测定。

可乐类的供试品溶液制备：量取 25 mL，放入超声仪中超声 30 min，除去可乐中的 CO_2 气体，经 0.45 μm滤膜过滤后上机测定。

3. 结果与讨论

(1)标准曲线的绘制

按上述色谱条件，分别吸取 5 μL 系列标准工作液、5 μL 混合标准工作液进样，以测得峰面积为纵坐标，浓度为横坐标，绘制安赛蜜和糖精钠的标准曲线。

(2)精密度实验

精密吸取 2 mL 标准储备液，加水稀释至 6 mL，摇匀，经 0.45 μm 滤膜过滤后，连续进样 5 次，根据测得峰面积，求出相应浓度，计算安赛蜜和糖精钠的 RSD。

(3)稳定性实验

精密吸取 0.8 mL 标准储备液，加水稀释至 4 mL，摇匀，经 0.45 μm 滤膜过滤后，分别于 0 h、4 h、8 h、12 h、24 h、48 h 进样，根据峰面积和标准曲线求出相应的浓度，计算 RSD，说明样品测定液中安赛蜜和糖精钠的稳定性。

(4)方法回收率实验

取三种可乐供试品溶液各 5 mL，加水稀释至 10 mL，分别吸取 0.25 mL 两份，一份加水稀释至 2.5 mL，另一份加 1 mL 混合标准储备液，用水稀释至 2.5 mL，吸取 5 μL 进样，根据测得结果，分别计算出各样品中安赛蜜和糖精钠添加量，回收量，计算回收率。

(5)样品含量测定

取瓜子、蜜饯和可乐类供试品溶液，进行检测，求出各样品中安赛蜜和糖精钠的浓度，样品重量以千克为单位，计算出每千克样品对应添加剂的量。

【参考文献】

[1] Thompson Catherine O, Craige Trenerry V. Micellar electrokinetic capillary chromatographic determination of artificial sweeteners in low-Joule soft drinks and other foods[J]. Journal of Chromatography A, 1995(2): 507-514.

[2] Cubuk Demirala E, Ozkan G, Guzel-Seydim Z. Isocratic Separation of Some Food Additivesby Reversed Phase Liquid Chromatography[J]. Chromatographia, 2006(1): 91-96.

[3] 牛培志，康明丽. 甜味剂的种类、功能及发展趋势[J]. 山西食品工业，2004(2)：2-3.

[4] 张琰，赵堡宁，隋明辉. 食品添加剂发展现状及使用中存在的问题[J]. 肉类工业，2007(4)：36-37.

[5] 汪文陆，陈子昂，李韶雄. 新型低热量甜味剂——安赛蜜(A-K 糖)[J]. 中国食品添加剂，1994(4).

[6] 田丽铁，田年寿. 第四代合成甜味剂——安赛蜜[J]. 食品科学，1998，19(8)：29-32.

[7] 中国食品添加剂生产应用工业协会. 食品添加剂分析检验手册[M]. 北京：中国轻工业出版社，1999.

[8] GB2760，食品添加剂卫生标准. 中国疾病预防控制中心营养与食品安全所，全国食品添加剂标准化技术委员会秘书处.

（宋丹丹　改编）